大数据与人工智能产教融合系列丛书

数据库原理与应用实践教程

（SQL Server 2022）

主　编　罗养霞

電子工業出版社
Publishing House of Electronics Industry
北京 · BEIJING

内容简介

本书全面、系统地讲述了数据库原理与应用实践的相关知识，共分为9章，包括SQL Server 2022基础、数据库管理、T-SQL基础、数据库编程、数据库访问技术、数据库建模工具、基于JDBC的数据库管理系统、基于B/S结构的大学生项目管理系统、数据库系统测试和维护。本书内容翔实、体系完整，有助于读者掌握要点、攻克难点，快速、轻松地掌握数据库技术知识及其应用。

本书每个章节均以通俗易懂的语言，简单明了的案例展示实践内容，配套的教学源代码、视频资源等教辅材料齐全，方便读者参考。本书可以作为高等院校计算机类、信息技术类、大数据类相关专业的教学用书，也可以作为数据库系统工程师的培训教材，还可以作为数据库应用开发人员的参考用书。

图书在版编目（CIP）数据

数据库原理与应用实践教程 : SQL Server 2022 / 罗养霞主编. -- 北京 : 电子工业出版社, 2024. 12.
ISBN 978-7-121-49470-3

Ⅰ. TP311.132.3

中国国家版本馆CIP数据核字第2025CQ0035号

责任编辑：王　璐
印　　刷：涿州市京南印刷厂
装　　订：涿州市京南印刷厂
出版发行：电子工业出版社
　　　　　北京市海淀区万寿路173信箱　　　邮编：100036
开　　本：787×1092　1/16　印张：14.5　字数：326千字
版　　次：2024年12月第1版
印　　次：2024年12月第1次印刷
定　　价：49.80元

凡所购买电子工业出版社图书有缺损问题，请向购买书店调换。若书店售缺，请与本社发行部联系，联系及邮购电话：（010）88254888，88258888。

质量投诉请发邮件至zlts@phei.com.cn，盗版侵权举报请发邮件至dbqq@phei.com.cn。

本书咨询联系方式：（010）88254178，liujie@phei.com.cn。

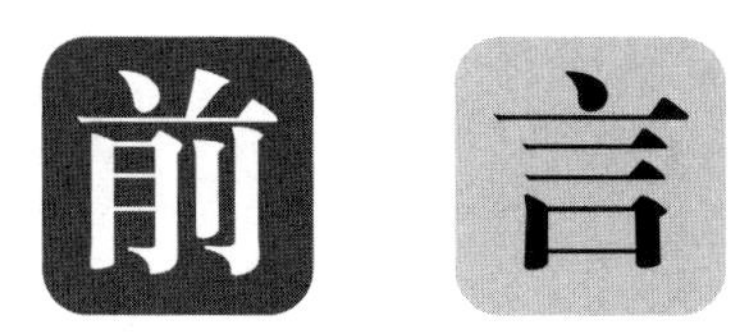

数据库技术产生于20世纪60年代末，随着计算机技术的发展，数据库技术及其应用迅速发展，被普遍应用于高校、银行、政府、企业等各个行业和领域，成为信息系统的核心技术和重要基础。

本书是一本理论和实践并重的技术类应用教材。通过学习本书，学生可以掌握数据库技术的基础理论、工具和应用，以及数据库管理系统的实现过程，为进一步设计与实现大型信息系统打下基础。

本书适用于计算机类、信息技术类、大数据类相关专业的必修课程，同时，适用于统计、会计、管理等相关专业的选修课程。本书的特点主要包括以下几点。

（1）内容全面、新颖。本书参考 SQL Server 2022 的最新标准，结合具体案例分析，融入编程新思路、建模新工具，给出数据库实现案例的全过程。

（2）图文结合，由浅入深，易于理解。本书博采众长，注重基础理论与实践相结合，以图文结合的方式辅助讲解理论与实践，使学生在实践应用中更好地理解和掌握所学知识。

（3）校企结合，深入实践应用。本书的编写得到甲骨文（中国）软件系统有限公司在数据库实现与开发方面的指导，使得模型工具选用、实现技术等结合了企业生产与实践。

本书由“数据库原理与应用”省级课程教学团队完成编写，同时该课程被认定为省级一流本科课程及省级课程思政示范课程。全书由罗养霞统稿；第 1 章由查欣洁编写；第 2 章和第 3 章由李薇编写；第 4 章和第 9 章由史西兵编写；第 5 章和第 7 章由刘通编写；第 6 章由罗养霞、殷亚玲编写；第 8 章由殷亚玲编写。

本书的出版得到西安财经大学信息学院的大力资助，在此表示诚挚的谢意。同时，也在此感谢西安财经大学教务处与电子工业出版社的大力支持。

本书借鉴了多位专家的意见和建议，在此表示诚挚的谢意。同时，也在此感谢多位学生（如赵金龙、胡至琪等）的帮助和反馈。

由于编者水平有限，书中难免存在不足之处，望广大读者批评指正。编者的电子邮箱地址为 yxluo8836@163.com。

编　者

2024 年 3 月 28 日

目 录

第1章

SQL Server 2022 基础

SQL Server 2022 是 Microsoft SQL Server 产品的最新版本（截至编者完成本书的编写时）。SQL Server 2022 是一个混合数据平台，为安全性、性能、可用性和数据虚拟化方面的创新提供支持。SQL Server 2022 旨在帮助希望通过 SQL Server 实现数据资产现代化的组织，并为想要启用混合数据方案的用户提供新的云连接功能。

1.1 主要的服务器组件

SQL Server 2022 的体系结构用于描述 SQL Server 的组成部分和这些组成部分之间的关系。SQL Server 2022 由 4 个组件组成，这 4 个组件均被称为服务，分别是数据库引擎、分析引擎、报表引擎和集成引擎。

数据库引擎是 SQL Server 2022 的核心功能，负责完成数据的存储、处理、查询和安全管理等操作。

分析引擎（SQL Server Analysis Services，SSAS）为用户提供了多维分析和数据挖掘功能。

报表引擎（SQL Server Reporting Services，SSRS）为用户提供了支持 Web 方式的企业级报表功能。

集成引擎（SQL Server Integration Services，SSIS）是一个数据集成平台，负责完成有关数据的提取、转换和加载等操作。

1.2 管理工具

Azure Data Studio：一个轻量级的编辑器，可以按照需要进行 SQL 查询，查看结果并将结果保存为文本文件，以及 JSON 或 Excel 格式的文件，还可以连接到云环境和本地数据库。

SQL Server Management Studio（SSMS）：管理具有完整 GUI 支持的 SQL Server 实例或数据库；访问、配置、管理和开发 SQL Server、Azure SQL 数据库及 Azure Synapse Analytics 的所有组件；提供一个单一的综合应用程序，将大量的图形工具与丰富的脚本编辑器结合在一起，为开发人员和数据库管理员提供对 SQL Server 的访问功能。

SQL Server Data Tools（SSDT）：用于构建 SQL Server 关系数据库、Azure SQL 数据库、Analysis Services（AS）数据模型、Integration Services（IS）包和 Reporting Services（RS）报表的现代开发工具。使用 SSDT，可以像在 Visual Studio 中开发应用程序一样轻松地设计和部署任何 SQL Server 内容类型。

Visual Studio Code：Visual Studio Code 的 MSSQL 扩展是官方的 SQL Server 扩展，它支持连接 SQL Server 并在 Visual Studio Code 中为 T-SQL（Transact-SQL）提供丰富的编辑体验，允许在轻量级编辑器中编写 T-SQL 脚本。

1.3 主要版本

SQL Server 2022 数据库管理系统产品的引擎服务器版本有多种，包括企业版（Enterprise）、开发版（Developer）、标准版（Standard），以及 Web 版和免费版。

从功能上来看，企业版和开发版主要用于大客户，可以支持更多的 CPU、内存，可以支持集群（Cluster）、日志传输（Log Shipping）、并行数据库控制台命令（DBCC）、并行创建索引、索引视图等高级功能。

从安装上来看，企业版和标准版只能安装在 Windows 的 Server 版本（NT、2000、2003）上。

1.4 安装 SQL Server 2022

1.4.1 安装前的准备工作

1. 提高物理安全性

提高物理安全性的方法包括保持机器的磁盘和备份的安全性，限制对数据和设备的物理访问，加强系统安全。

2. 使用防火墙

使用防火墙可以限制他人进入内部网络，从而过滤不安全的服务和非法用户；防止入侵者接近防御设施；限制用户访问特殊站点，为监视 Internet 安全提供方便。

3. 隔离功能

计算机系统的隔离功能是指在计算机中建立一个虚拟空间，将带有木马病毒的网页封闭在这个空间中进行浏览，使网页中的木马病毒无法接触真实的计算机系统，从而避免对计算机系统的攻击。

4. 禁用 NetBIOS 和引擎服务器消息块

NetBIOS（Network Basic Input Output System，网络基本输入输出系统）定义了一种软件接口，以及在应用程序和连接介质之间提供通信接口的标准方法。NetBIOS 是一种会话层协议，应用于各种局域网（如 Ethernet、Token Ring 等）和广域网（如 TCP/IP、PPP 和 X.25 网络等）环境中。

1.4.2　硬件环境

仅 x64 处理器支持 SQL Server 的安装，x86 处理器不再支持其安装，其他硬件环境如表 1.1 所示。

表 1.1　硬件环境

组　　件	要　　求
磁盘	SQL Server 要求至少有 6 GB 的可用磁盘驱动器空间； 要求磁盘空间随所安装的 SQL Server 组件不同而发生变化； 有关详细信息可参阅官网的磁盘空间要求
显示器	SQL Server 要求使用 Super-VGA（800 像素×600 像素）或更高分辨率的显示器
Internet	要使用 Internet 功能，需要连接 Internet（可能需要付费）
内存	• 最低要求 Express 版本：512 MB； 所有其他版本：1 GB。 • 推荐 Express 版本：1 GB； 所有其他版本：至少 4 GB，并且应随着数据库大小的增加而增加，以确保最佳性能
处理器（速度）	• 最低要求 x64 处理器：1.4 GHz。 • 推荐 x64 处理器：2.0 GHz 或更快
处理器（类型）	x64 处理器：AMD Opteron、AMD Athlon 64、支持 Intel EM64T 的 Intel Xeon，以及支持 EM64T 的 Intel Pentium IV

注意：内存至少为 2GB RAM，才能在 Data Quality Services（DQS）中安装数据质量引擎服务器组件。此要求不同于 SQL Server 的最低内存要求。

1.4.3　软件环境

软件环境如表 1.2 所示。

表 1.2　软件环境

组　　件	要　　求
操作系统	Windows 10 1607 或更高版本； Windows Server 2016 或更高版本
.NET 框架	SQL Server 2022(16.x)需要.NET Framework 4.7.2
网络软件	SQL Server 支持的操作系统具有内置网络软件； 独立安装项的命名实例和默认实例支持共享内存、命名管道和 TCP/IP

1.4.4　磁盘要求

在安装 SQL Server 的过程中，Windows Installer 会在磁盘驱动器中创建临时文件。在运行安装程序以安装或升级 SQL Server 之前，应当检查磁盘驱动器中是否有至少 6 GB 的可用磁盘驱动器空间来存储这些文件。即使在将 SQL Server 组件安装到非默认驱动器中时，此要求也适用。SQL Server 2022 基于以前的版本构建，将 SQL Server 发展为一个平台，让用户可以自由选择开发语言、数据类型、本地环境或云环境，以及操作系统。

1.4.5　安装过程

SQL Server 2022 的安装过程与其他 Windows 系列产品类似。用户可以根据向导提示，选择需要的选项来一步一步地完成。

（1）将 SQL Server 2022 的安装盘插入光驱中，并双击安装盘中的 setup.exe 文件，弹出如图 1.1 所示的界面。

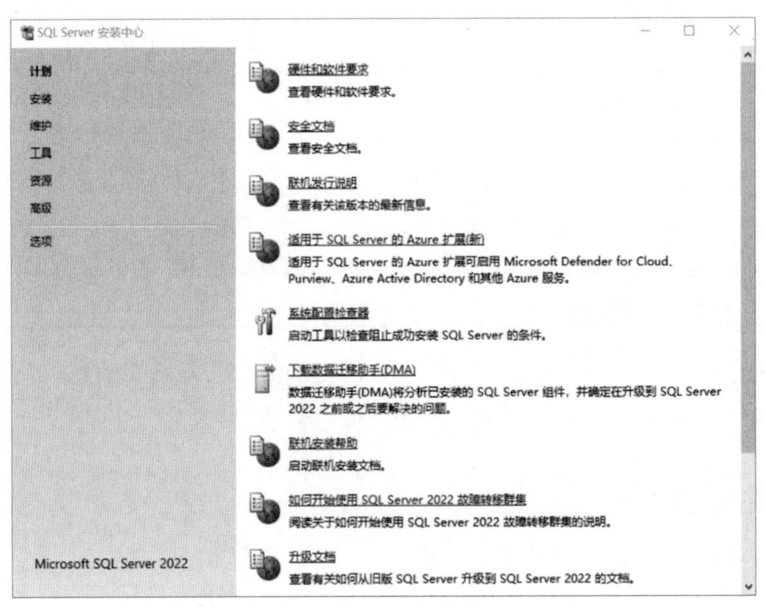

图 1.1　“SQL Server 安装中心”界面

（2）选择界面左侧的“安装”选项，之后单击界面右侧的“全新 SQL Server 独立安装或向现有安装添加功能”文字链接，如图 1.2 所示。

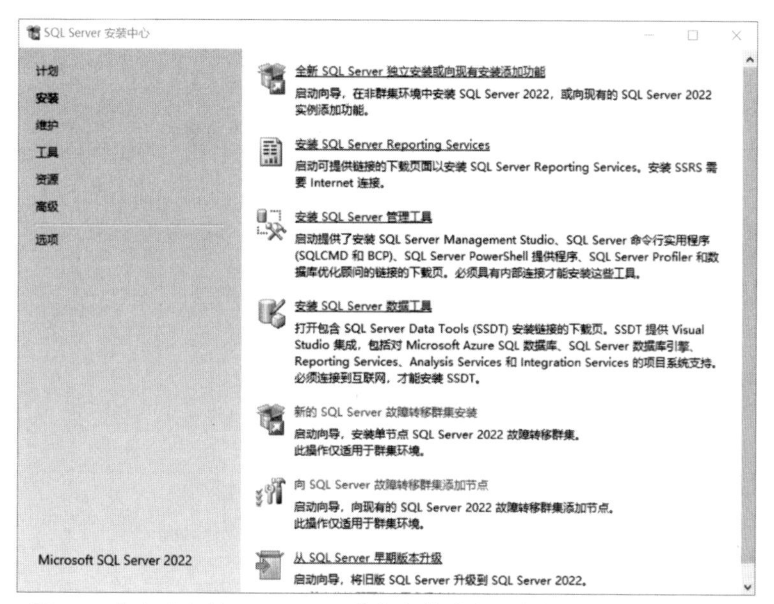

图 1.2　单击“全新 SQL Server 独立安装或向现有安装添加功能”按钮

（3）在“版本”界面中，选择“指定可用版本”为“Developer”（学生学习时使用 Developer 版本即可），单击“下一步”按钮，如图 1.3 所示。

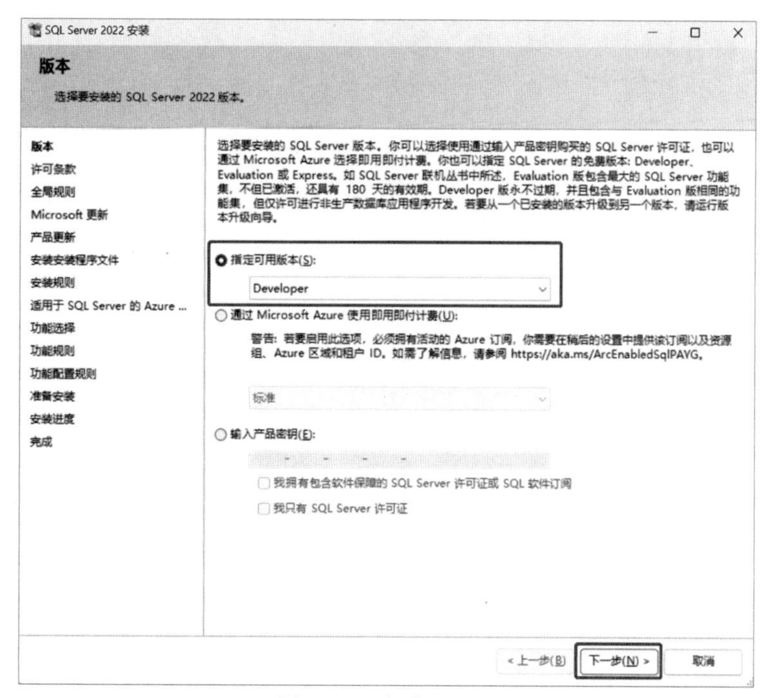

图 1.3　“版本”界面

（4）在“许可条款”界面中，勾选“我接受许可条款和(A)隐私声明”复选框，单击“下一步”按钮，如图 1.4 所示。

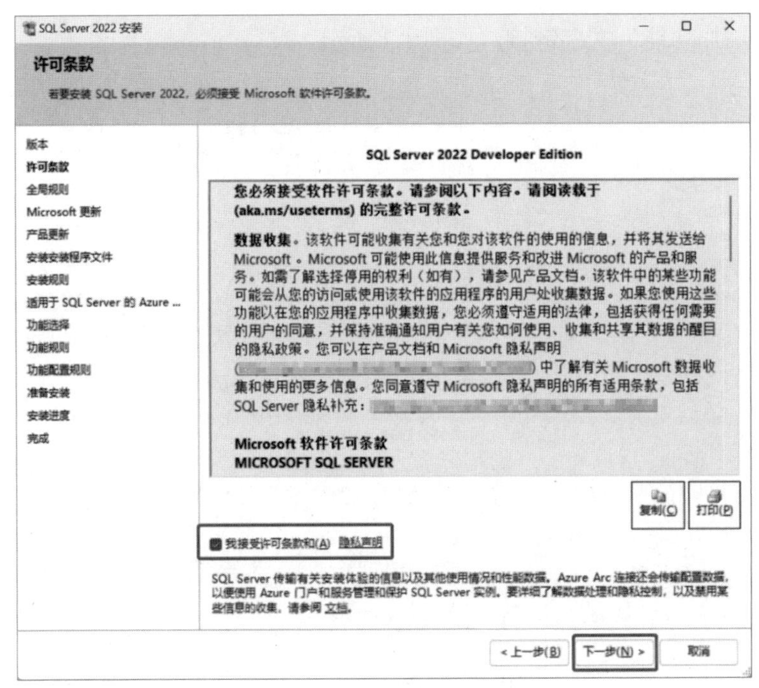

图 1.4　“许可条款”界面

（5）在“Microsoft 更新”界面中，直接单击“下一步”按钮，如图 1.5 所示。

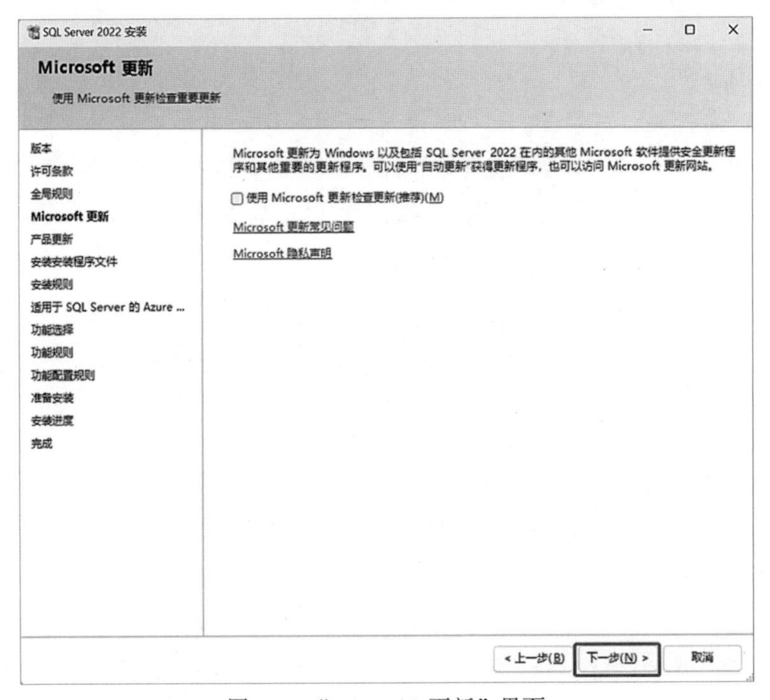

图 1.5　“Microsoft 更新”界面

（6）在“安装规则”界面中，保证通过所有安装规则（即规则的状态为“已通过”），当有问题时更正失败项，之后单击“下一步”按钮，如图 1.6 所示。

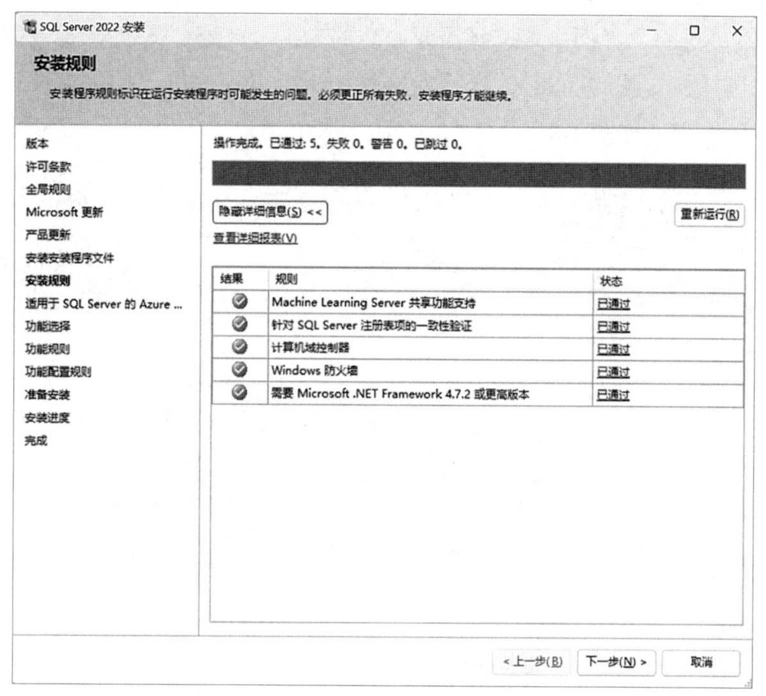

图 1.6　“安装规则”界面

（7）在“适用于 SQL Server 的 Azure 扩展”界面中，若在默认勾选“适用于 SQL Server 的 Azure”复选框的情况下，单击“下一步”按钮时报错，则取消勾选该复选框后单击“下一步”按钮，如图 1.7 所示。

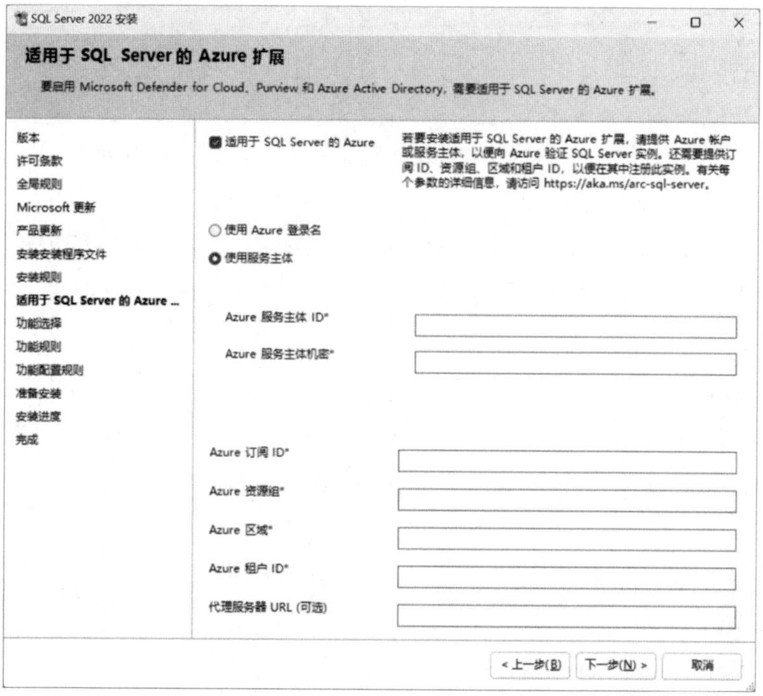

图 1.7　“适用于 SQL Server 的 Azure 扩展”界面

（8）在“功能选择”界面中，选择需要安装的功能，此处单击“全选”按钮（也可以根据自己的需求选择要安装的功能），选择安装路径（可以根据自己的需求进行更改），之后单击“下一步”按钮，如图 1.8 所示。

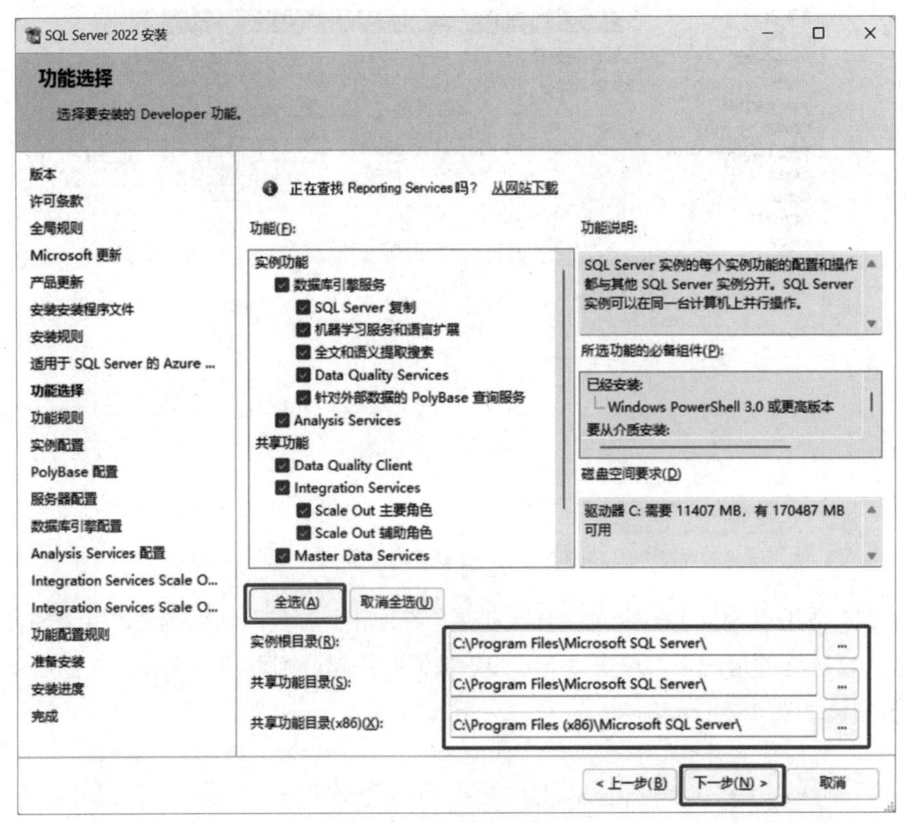

图 1.8 “功能选择”界面

（9）在“实例配置”界面中，选中“默认实例”单选按钮（如果要命名，则名称不可重复），并单击“下一步”按钮，如图 1.9 所示；在“PolyBase 配置”界面中，指定 PolyBase 服务的端口范围，并单击“下一步”按钮，如图 1.10 所示；在“服务器配置”界面中，可以将各个服务器的“启动类型”修改为“手动”，降低内存占有率，并单击“下一步”按钮，如图 1.11 所示。

（10）在“数据库引擎配置”界面中，选中“混合模式（SQL Server 身份验证和 Windows 身份验证）”单选按钮，为系统管理员 sa 设置密码（记住自己设置的密码）为“admin@123”，并单击“添加当前用户”按钮，其余选项保持默认设置，之后单击“下一步”按钮，如图 1.12 所示。

（11）在“Analysis Services 配置”界面中，单击“添加当前用户”按钮，并单击“下一步”按钮，如图 1.13 所示。

（12）在“Integration Services Scale Out 配置-主节点”界面中，指定 Scale Out 主节点的端口号和安全证书，并单击“下一步”按钮，如图 1.14 所示。

图 1.9　“实例配置”界面

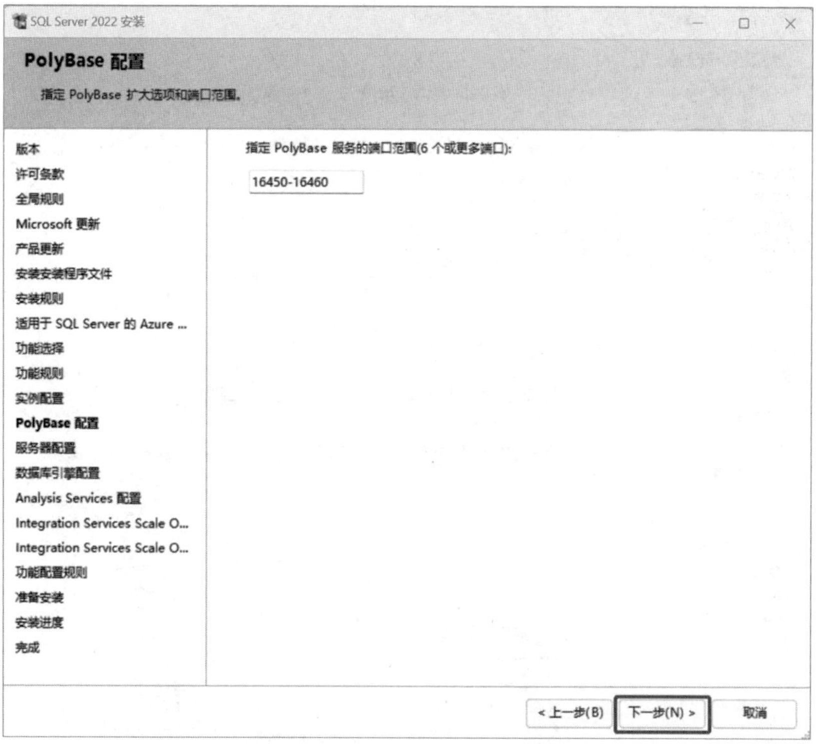

图 1.10　“PolyBase 配置”界面

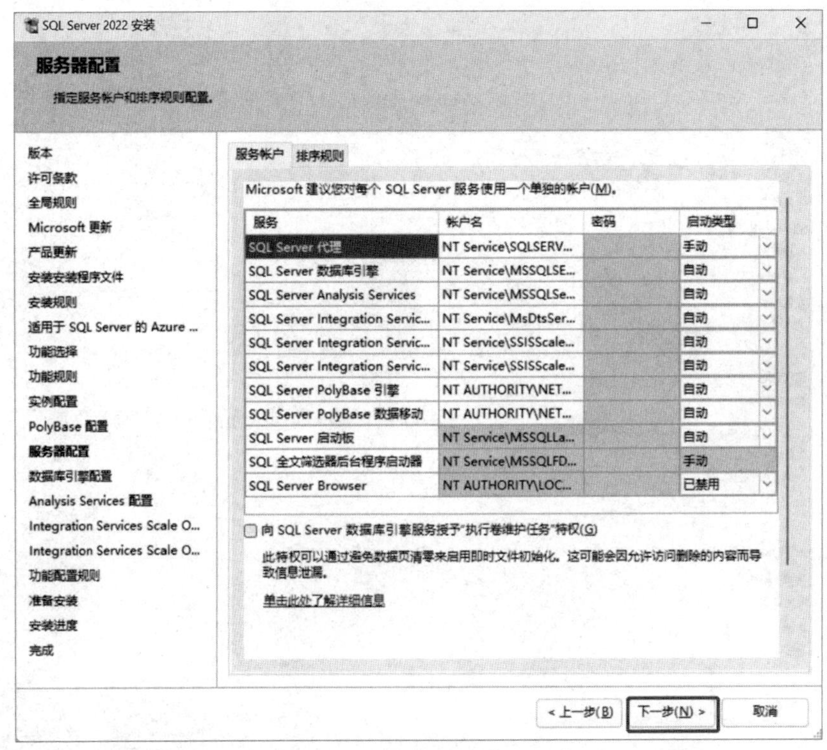

图 1.11　“服务器配置”界面

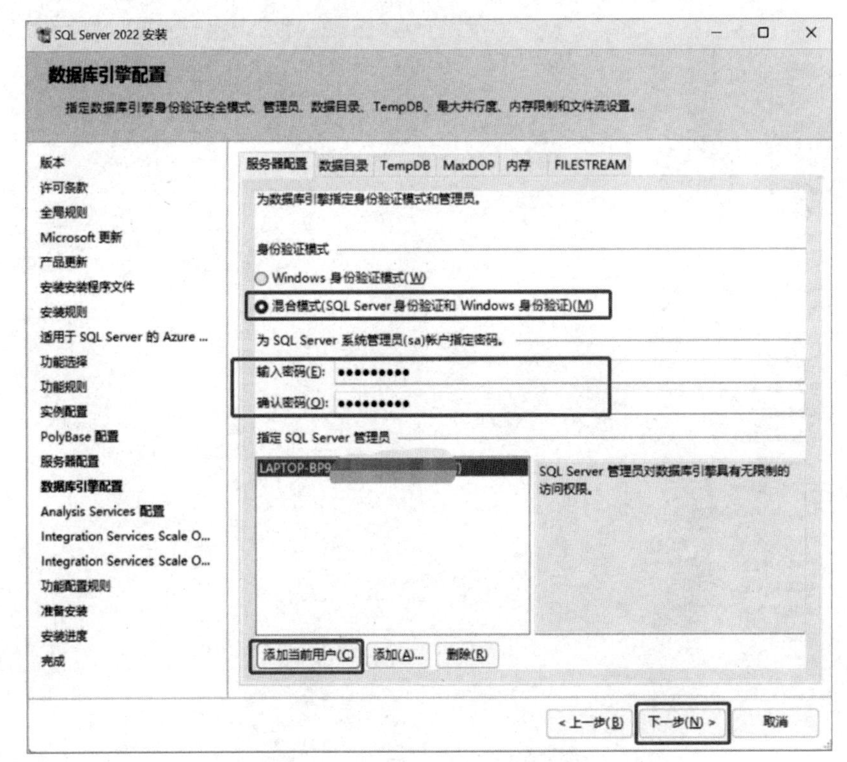

图 1.12　“数据库引擎配置”界面

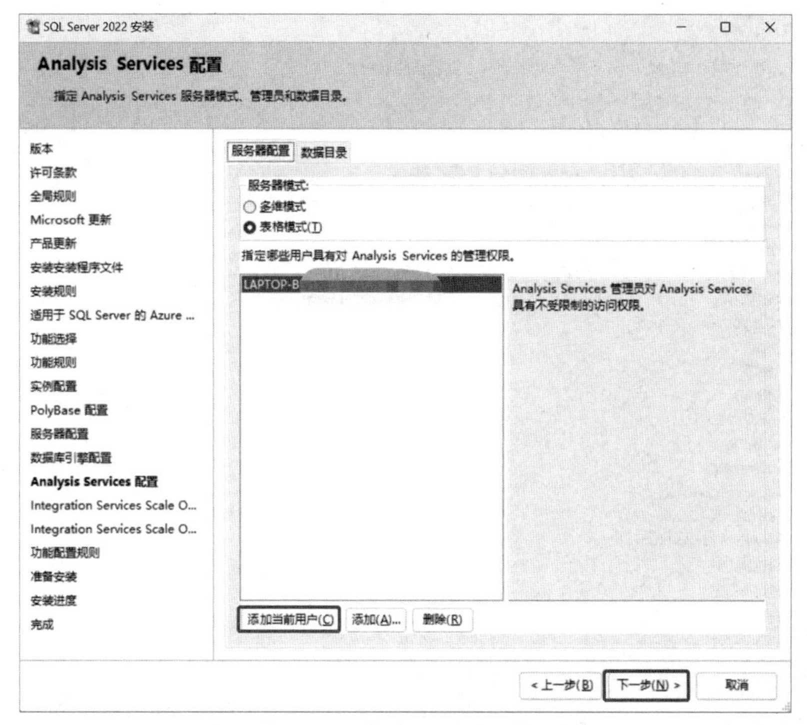

图 1.13　“Analysis Services 配置”界面

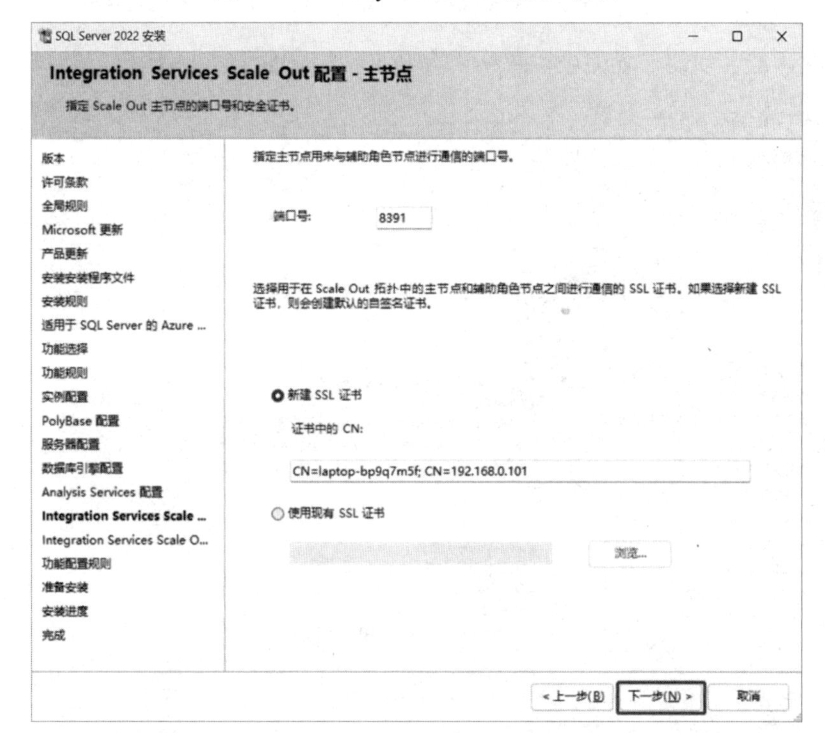

图 1.14　“Integration Services Scale Out 配置-主节点”界面

（13）在“Integration Services Scale Out 配置-辅助角色节点”界面中，指定 Scale Out 辅助角色节点所使用的主节点端点和安全证书，并单击“下一步”按钮，如图 1.15 所示。

图 1.15　“Integration Services Scale Out 配置-辅助角色节点”界面

（14）在“准备安装”界面中，单击“安装”按钮，如图 1.16 所示。

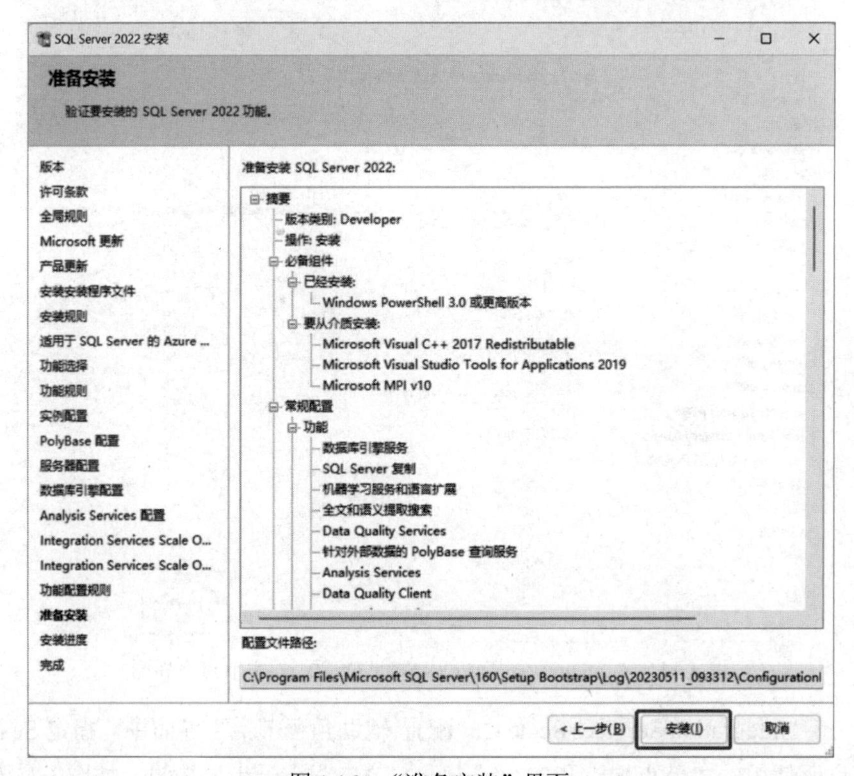

图 1.16　“准备安装”界面

（15）在“安装进度”界面中，等待安装完成，这个过程大约需要 20 分钟，如图 1.17 所示。

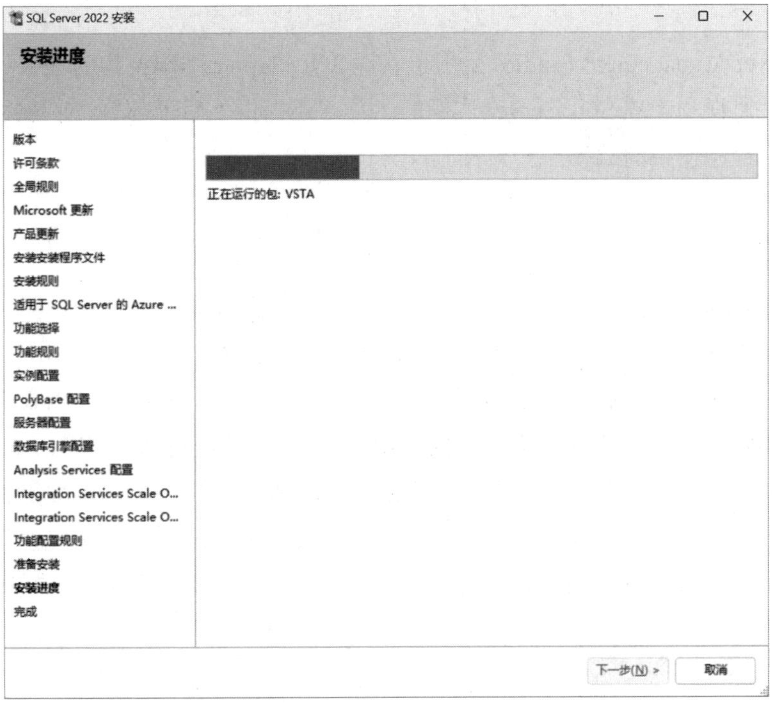

图 1.17　“安装进度”界面

（16）当出现“完成”界面时，说明安装完成，如图 1.18 所示。

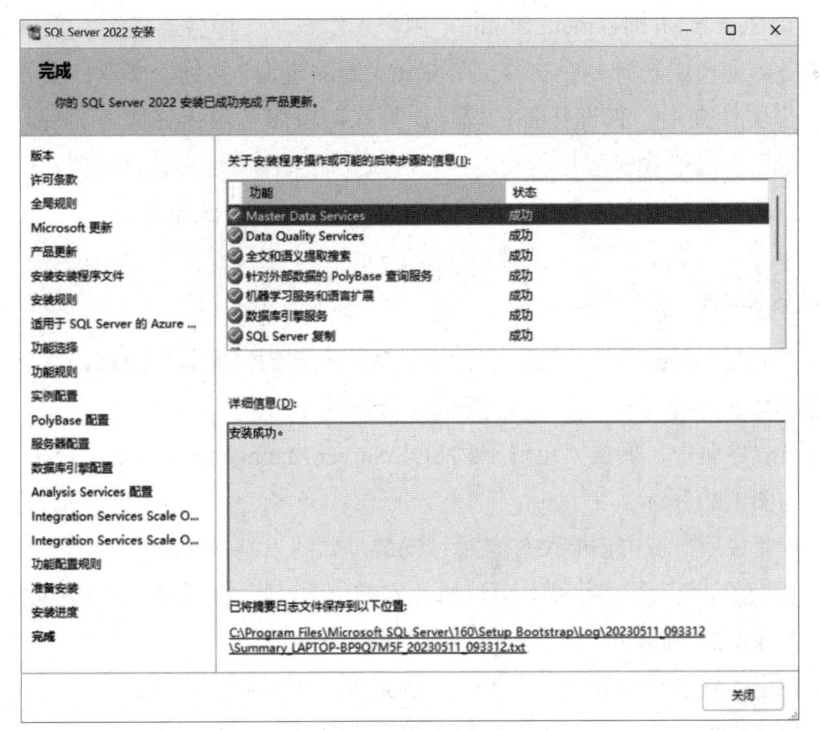

图 1.18　“完成”界面

1.5 安装 SQL Server Management Studio

SQL Server Management Studio 是用于管理 SQL Server 基础架构的集成环境。它提供了用于配置、监视和管理 SQL Server 实例的工具，还提供了用于部署、监视和升级数据层组件（如应用程序使用的数据库和数据仓库）的工具。

1.5.1 优点

SQL Server Management Studio 是一个用于管理 SQL Server 对象的功能齐全的实用工具，具有易于使用的图形界面和丰富的脚本撰写功能。它最大的优点是易用、强大、整合。

SQL Server Management Studio 可用于管理数据库引擎、分析引擎、报表引擎和集成引擎。它将早期版本的 SQL Server 中包含的企业管理器、查询分析器和分析管理器功能整合到单一的环境中。此外，它还可以和 SQL Server 的所有组件协同工作，如报表引擎、集成引擎、SQL Server 2005 Compact Edition 和 Notification Services。通过使用 SQL Server Management Studio，开发人员可以获得熟悉的体验，而数据库管理员可以获得功能齐全的单一实用工具。

1.5.2 功能

很多人都把 SQL Server Management Studio 用作查询工具，其实它的功能丰富得多。通过使用 SQL Server Management Studio，用户可以在单一服务器中运行查询程序，也可以在注册服务器窗口中选择一个文件夹并单击“新的查询”按钮，在多台服务器中进行查询。在同一个文件夹中，查询任务可以一次性在所有服务器上完成。另外，SQL Server Management Studio 还有调试程序的功能，它可以在服务器中逐步调试代码、检查变量并验证路径。注意，不要在生产服务器中使用 SQL Server Management Studio。

1.5.3 安装过程

（1）在“SQL Server 安装中心”界面中，选择左侧的“安装”选项，之后单击界面右侧的“安装 SQL Server 管理工具”文字链接，如图 1.19 所示。

（2）在下载界面中，单击“免费下载 SQL Server Management Studio（SSMS）19.0.2”文字链接，如图 1.20 所示。

（3）下载完成后，双击安装文件，进行安装，如图 1.21 所示。

（4）在弹出的安装向导界面中，可以修改安装位置，此处采用默认安装位置，单击“安装”按钮，如图 1.22 所示。

（5）在弹出的安装进程界面中，等待安装完成，如图 1.23 所示。

（6）安装完成后，单击“关闭”按钮，如图 1.24 所示。

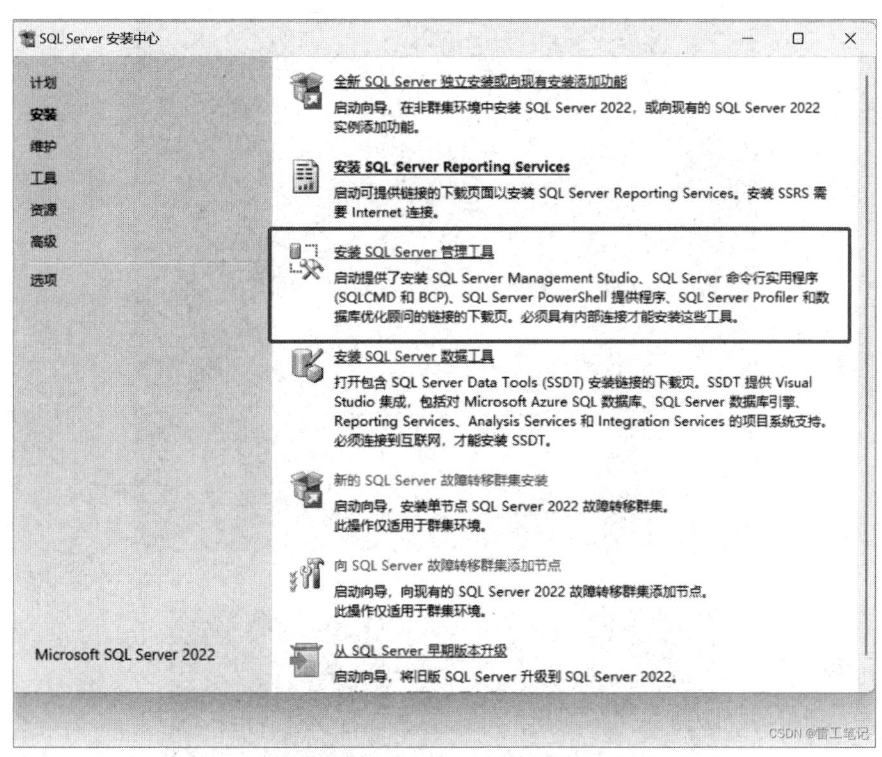

图 1.19　安装 SQL Server 管理工具

图 1.20　免费下载 SQL Server Management Studio（SSMS）19.0.2

名称	修改日期	类型	大小
SSMS-Setup-CHS	2023/5/11 11:02	应用程序	660,474 KB

图 1.21　双击安装文件

图 1.22　安装向导界面

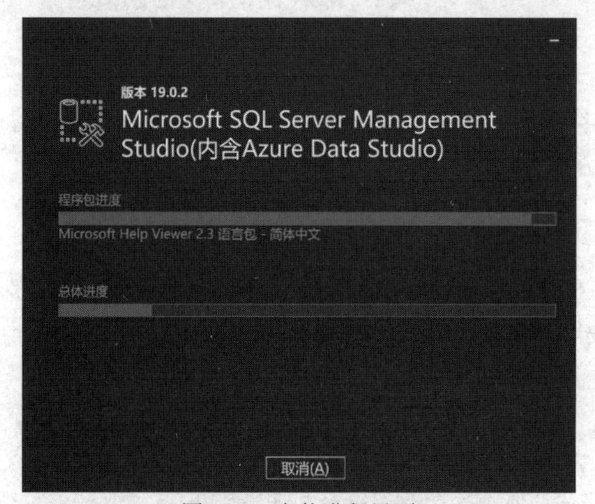

图 1.23　安装进程界面

图 1.24　安装完成

（7）在桌面中双击快捷方式图标，打开 SQL Server Management Studio，其初始界面如图 1.25 所示。

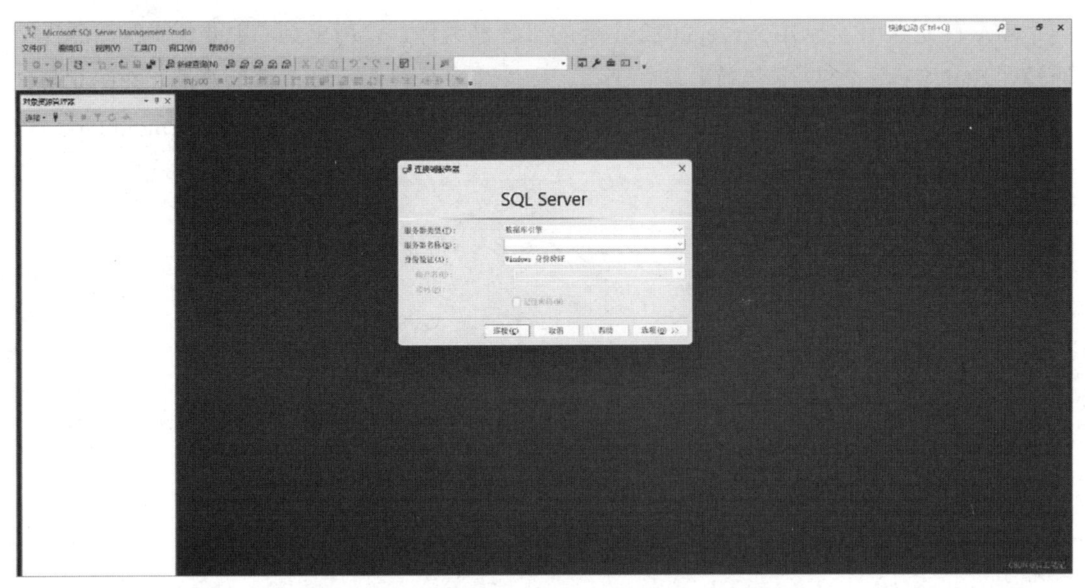

图 1.25　SQL Server Management Studio 初始界面

（8）在自动弹出的“连接到服务器”对话框中，单击“连接”按钮（见图 1.25），进入 SQL Server Management Studio 主界面，如图 1.26 所示。

图 1.26　SQL Server Management Studio 主界面

1.6 本章小结

本章首先介绍了 SQL Server 2022 主要的服务器组件、管理工具、主要版本；然后详细介绍了 SQL Server 2022 安装前的准备工作、硬件环境、软件环境、磁盘要求，并在此基础上介绍了 SQL Server 2022 的安装过程；最后介绍了 SQL Server Management Studio 的优点、功能及安装过程。

第 2 章 数据库管理

2.1 创建和管理数据库

在安装好 SQL Server 2022 后，用户首先需要做的工作就是创建一个数据库。SQL Server 2022 的数据库是指以一定方式存储、能被多个用户共享、具有尽可能小的冗余度、与应用程序彼此独立的数据集合。在 SQL Server 2022 中，创建数据库是每个软件开发人员和数据库管理员的必备技能。

2.1.1 系统数据库

在 SQL Server 2022 运行时，所使用的系统信息都是以数据库的形式存在的，而存放这些系统信息的数据库被称为系统数据库。在用户成功安装 SQL Server 2022 后，打开该数据库时会发现，系统自动创建了 master、tempdb、model、msdb、resource 这 5 个系统数据库。这些系统数据库具有不同的功能。

1. master 数据库

master 数据库是 SQL Server 2022 中最重要的系统数据库，其中存放着 SQL Server 2022 中几乎所有的系统信息，包括登录账户，系统配置，服务器中数据库的名称、相关信息和这些数据库文件的位置，以及 SQL Server 2022 初始化信息等。由于 master 数据库记录了如此众多且重要的信息，一旦数据库文件受损或被损毁，将对 SQL Server 2022 的运行造成重大影响，甚至使整个系统瘫痪，因此要经常对 master 数据库进行备份，以便在发生问题时及时对数据库进行恢复。

2. tempdb 数据库

tempdb 数据库是存在于 SQL Server 2022 会话期间的一个临时性的系统数据库。一旦关闭 SQL Server 2022，tempdb 数据库中保存的内容就会自动消失。在重新启动 SQL Server 2022 时，系统将重新创建内容为空的新 tempdb 数据库。

tempdb 数据库中保存的内容主要包括显式创建的临时对象，如表、存储过程、表变量或游标；所有版本的更新记录；SQL Server 2022 创建的内部工作表；创建或重新生成索引时临时排序的结果。

3. model 数据库

model 数据库是一个模板数据库，可以用作创建数据库的模板。它包含创建新数据库时所需的基本对象，如系统表、查询表、登录信息等。在系统执行创建新数据库的操作时，它会复制这个模板数据库中的内容到新的数据库中。由于创建的所有新数据库都是继承自 model 数据库的，因此若更改了 model 数据库中的内容，则之后创建的新数据库都会包含该变动。

model 数据库是 tempdb 数据库的基础，由于每次启动 SQL Server 2022 时，系统都会创建 tempdb 数据库，因此 model 数据库必须始终存在于 SQL Server 2022 中，用户不能删除它。

4. msdb 数据库

msdb 数据库是代理服务数据库，为其报警、进行任务调度和记录操作员的操作提供存储空间。SQL Server 代理服务是 SQL Server 2022 中的一个 Windows 服务，用于运行任何已创建的计划作业。作业是指 SQL Server 2022 中定义的能自动运行的一系列操作。例如，如果用户希望在每周五下班后备份公司的所有服务器，那么可以通过配置 SQL Server 代理服务，使数据库备份任务在每周五下班后自动运行。

5. resource 数据库

resource 数据库是只读数据库，包含 SQL Server 2022 中的所有系统对象，如 sys.object 对象。SQL Server 2022 中的系统对象在物理层面持续存在于 resource 数据库中。

2.1.2 SQL Server 2022 的命名规则

为了提供完善的数据库管理机制，SQL Server 2022 设计了严格的命名规则。用户在创建或引用数据库实体（如表、索引、约束等）时，必须遵循 SQL Server 2022 的命名规则，否则可能会发生一些难以预料和检查的错误。本节将具体讲解标识符及其分类，以及数据库的对象命名规则与实例命名规则。

1. 标识符

SQL Server 2022 的所有对象，包括服务器、数据库及数据库对象，如表、视图、列、索引、触发器、存储过程、规则、默认值和约束等，都可以有一个标识符。对绝大多数对象来说，标识符是必不可少的；但对某些对象（如约束）来说，标识符是可选的。对象的标识符一般在创建对象时定义，作为引用对象的工具使用。

例如：

```
CREATE TABLE Student
(
  Sno CHAR(10) PRIMARY KEY,
  Sname CHAR(20) UNIQUE
)
```

这个例子创建了一个表，表的名称 Student 是一个标识符。表中定义了两列，列名为 Sno 和 Sname，它们都是合法的标识符。

2. 标识符分类

具体来说，SQL Server 2022 定义了两种类型的标识符：常规标识符和分隔标识符。

1）常规标识符

常规标识符以 ASCII 字符、Unicode 字符、下画线（_）、@或#开头，后续跟一个或若干个 ASCII 字符、Unicode 字符、数字、下画线（_）、美元符号（$）、@或#，但不能全为下画线（_）、@或#。

常规标识符的命名规则如下。

- 标识符长度可以为 1～128 个字符。
- 标识符的首字符必须为 ASCII 字符、Unicode 字符、下画线（_）、@或＃。
- 后续字符可以为 ASCII 字符、Unicode 字符、数字、下画线（_）、美元符号（$）、@或＃。
- 标识符内不能嵌入空格或其他特殊字符。
- 标识符不能与 SQL Server 2022 的保留关键字同名。

2）分隔标识符

分隔标识符允许在标识符中使用 SQL Server 2022 的保留关键字或常规标识符中不允许使用的一些特殊字符，这时该标识符应包含在双引号（“”）或方括号（[]）内。在使用分隔标识符时，既可以遵循标识符命名规则，又可以不遵循标识符命名规则。需要注意的是，对于遵循标识符命名规则的标识符，加分隔符和不加分隔符是等效的。例如，SELECT * FROM Student 语句，其功能与 SELECT * FROM [Student]语句的功能相同。如果是不遵循标识符命名规则的标识符，那么在 T-SQL 语句中必须使用分隔符加以限定。例如，在 SELECT * FROM [ORDER]语句中，必须使用分隔符，因为 ORDER 是系统的保留关键字。

3. 对象命名规则

SQL Server 2022 使用 T-SQL，该语言使用的数据库对象包括表、视图、存储过程、触发器等，这些对象的标识符也必须符合上面描述的标识符命名规则。

除非另外指定，否则所有对数据库对象的 T-SQL 引用都是由 4 部分组成的，格式如下。

```
server_ name. [database_name] . [owner name]. object_ name
| database_name. [owner name]. object_ name
| owner name. object_ name
| object_ name
```

语法解释如下。

- server_ name 用于指定链接服务器名称或远程服务器名称。
- 当对象在 SQL Server 2022 数据库中时，database_name 用于指定该 SQL Server 2022 数据库的名称；当对象在链接服务器中时，则用于指定 OLE DB 目录。
- 当对象在 SQL Server 2022 数据库中时，owner _ name 用于指定拥有该对象的用户；当对象在链接服务器中时，则用于指定 OLE DB 架构名称。
- object_name 是引用对象的名称。

4. 实例命名规则

所谓 SQL 实例，就是 SQL 服务器引擎。每个 SQL Server 2022 数据库引擎实例都有一套不与其他实例共享的系统及用户数据库。在一台计算机上可以安装多个 SQL Server 2022，每个 SQL Server 2022 都可以被理解为一个实例。

实例又分为"默认实例"和"命名实例"，如果在一台计算机上安装了第一个 SQL Server 2022，并保持默认命名设置，那么这个实例就是默认实例。在 SQL Server 2022 中，默认实例的名称采用计算机名称。命名实例是在安装 SQL Server 服务器时自定义名称的实例，如果要访问命名实例，那么需要使用"计算机名称/命名实例名称"的方法。

2.1.3 使用对象资源管理器创建和管理数据库

在 SQL Server 2022 中，创建和管理数据库一般有两种方法：一是使用对象资源管理器；二是使用 SQL 语句。下面介绍使用对象资源管理器创建和管理数据库的方法。

1. 使用对象资源管理器创建数据库

（1）启动 SQL Server Management Studio，在"对象资源管理器"窗格中选择"数据库"节点并右击，在弹出的快捷菜单中选择"新建数据库"命令，如图 2.1 所示。

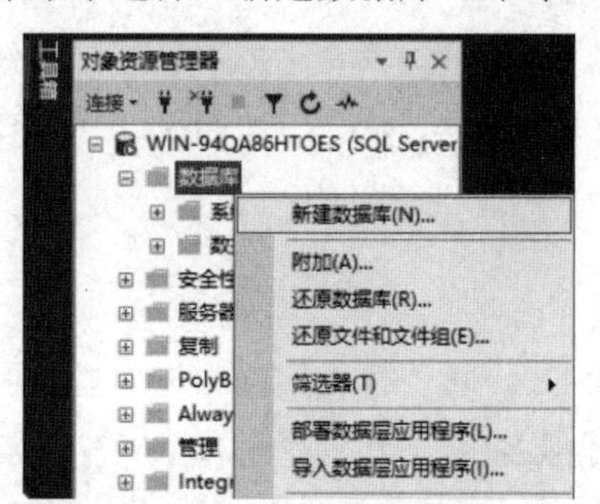

图 2.1　选择"新建数据库"命令

（2）在弹出的“新建数据库”窗口中填写数据库信息，包括数据库名称（此处命名为TEST）、文件类型、初始大小、自动增长/最大大小等，如图 2.2 所示。

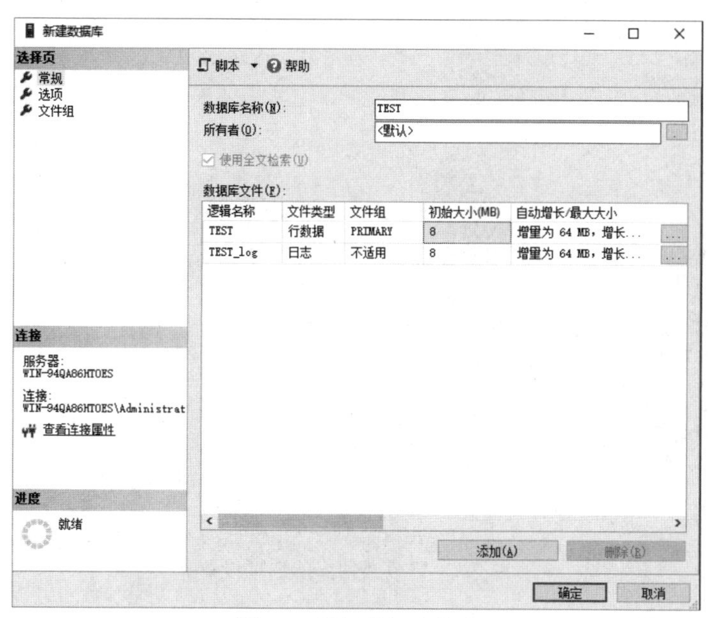

图 2.2　填写数据库信息

（3）单击“确定”按钮，即可生成一个数据库 TEST，此时里面是没有表的。

2. 使用对象资源管理器修改数据库

1）重命名数据库

重命名数据库是指修改已经创建好的 SQL Server 2022 数据库的名称，具体实现步骤如下。

（1）在“对象资源管理器”窗格中，连接到数据库引擎实例。

（2）展开“数据库”节点，右击要重命名的数据库，在弹出的快捷菜单中选择“重命名”命令。

（3）在弹出的窗口中，输入新的数据库名称，并单击“确定”按钮。

2）更改数据库的选项设置

对于已经创建好的 SQL Server 2022 数据库，用户可以更改该数据库的选项设置，具体实现步骤如下。

（1）在“对象资源管理器”窗格中，连接到数据库引擎实例，之后展开“数据库”节点，右击要更改的数据库，在弹出的快捷菜单中选择“属性”命令。

（2）在弹出的“数据库属性”窗口中，选择左侧的“选项”选项，更改数据库的选项设置，并单击“确定”按钮，如图 2.3 所示。

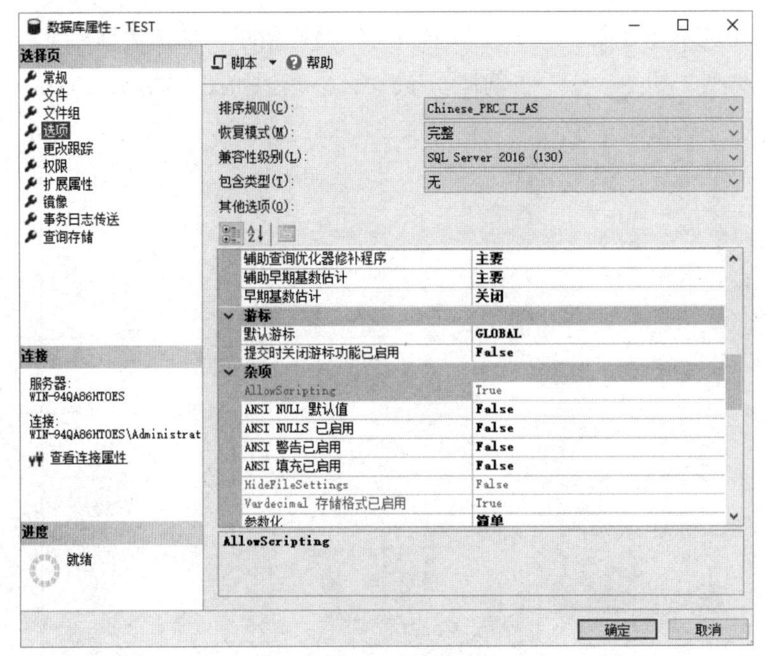

图 2.3　更改数据库的选项设置

3）增加数据库的大小

用户在使用 SQL Server 2022 数据库的过程中，因数据量的增大而导致数据库无法容纳数据时，可以增加数据库的大小，具体实现步骤如下。

（1）在“对象资源管理器”窗格中，连接到数据库引擎实例。

（2）展开“数据库”节点，右击要扩展的数据库，在弹出的快捷菜单中选择“属性”命令。

（3）在弹出的“数据库属性”窗口中，选择左侧的“文件”选项。

（4）要增加现有文件的大小，可以增加文件的“大小（MB）”列中的值，数据库的大小必须至少增加 1MB。

（5）要通过添加新文件增加数据库的大小，可以单击“添加”按钮，并输入新文件的大小。

（6）单击“确定”按钮，完成操作，如图 2.4 所示。

3. 使用对象资源管理器删除数据库

当用户需要删除 SQL Server 2022 中的某个数据库时，可以直接在 SQL Server Management Studio 的“对象资源管理器”窗格中删除该数据库。具体操作为：在“对象资源管理器”窗格中选择目标数据库，如 TEST 数据库，之后右击该数据库，在弹出的快捷菜单中选择“删除”命令，确认删除目标数据库，并单击“确定”按钮即可。

图 2.4　增加数据库的大小

2.1.4　使用 SQL 语句创建和管理数据库

1. 使用 SQL 语句创建数据库

创建数据库就是在磁盘中划分一块区域，用于数据的存储和管理，同时需要定义一系列参数来对数据库进行描述。常用的参数有数据库的名称、数据库的容量、初始大小、可否自动增长等。

在 SQL 中，使用 CREATE DATABASE 语句创建数据库。CREATE DATABASE 语句的基本语法格式如下。

```
CREATE DATABASE database_name
[ ON  [ PRIMARY ]
(
  [ NAME=logical_file_name ,]
  FILENAME = 'os_file_name'
[, SIZE = size]
[, MAXSIZE = { max_size |UNLIMITED }]
[, FILEGROWTH = growth_ increment ]
)
[, ...n ] ]
```

- database_name：指定要创建的数据库的名称。数据库的名称只能限制在 128 个字符以内，并且不能和 SQL Server 2022 中已存在的数据库实例重名。
- PRIMARY：指定关联的主文件，也就是.mdf 文件。一个数据库只能有一个主文件。

如果未指定 PRIMARY，那么 CREATE DATABASE 语句中列出的第一个文件将成为主文件。

- NAME：指定数据库的逻辑名，在引用数据库时使用逻辑名。
- FILENAME：指定数据库文件的全路径地址，也是最终数据库文件.mdf、次要文件.ndf 和日志文件.ldf 的文件名。
- SIZE：指定数据库文件的初始大小。如果在创建数据库时未指定 SIZE，那么数据库文件的初始大小将使用 model 数据库中的文件大小。
- MAXSIZE：指定 FILENAME 文件可扩展容量的极限，即文件最大大小。如果未指定 MAXSIZE，那么数据库文件会一直扩充，直到磁盘容量不足。
- FILEGROWTH：指定文件自增量。注意，文件的 FILEGROWTH 值不能超过 MAXSIZE 值。

【例 2.1】 创建一个名称为 test 的数据库，格式如下。

```
CREATE DATABASE test
ON PRIMARY
(
NAME = test,                                          ---数据库逻辑名
FILENAME = " C: \SQL Server 2022\test.mdf ",          ---文件存储位置
SIZE = 10MB,                                          ---文件初始大小为 10MB
MAXSIZE = 20MB,                                       ---文件最大大小为 20MB
FIlEGROWTH =1MB                                       ---文件自增量为 1MB
)
```

上述代码创建了一个名称为 test 的数据库，数据库文件存放在 C 盘的 SQL Server 2022 文件夹下，名称为 test.mdf，文件初始大小为 10MB，文件最大大小为 20MB，文件自增量为 1MB。在创建 test 数据库时并没有创建日志文件，但是系统会以“已有数据库名称+_log”的命名方式创建一个容量为 2MB 的日志文件。

2. 使用 SQL 语句修改数据库

在 SQL 中，使用 ALTER DATABASE 语句修改数据库。ALTER DATABASE 语句的基本语法格式如下。

```
ALTER DATABASE database_name
{ ADD FILE < filespec > [ , ...n ] [ TO FILEGROUP filegroup_ name]
|ADD LOG FILE < filespec > [ , ...n]
|REMOVE FILE logical _ file_name
|ADD FILEGROUP filegroup_ name
|REMOVE FILEGROUP filegroup_ name
|MODIFY FILE < filespec >
|MODIFY NAME = new_dbname
```

```
|MODIFY FILEGROUP filegroup_ name {filegroup_property |NAME = new_ filegroup_ name }
|SET < optionspec > [ , ... n ] [ WITH < termination > ]
|COLLATE < collation_name >
< filespec > ::=
( NAME = logical_file_name
[, NEWNAME= new_ logical _ name]
[, FILENAME = ' os_file_name ' ]
[, SIZE = size]
[, MAXSIZE = { max_size| UNLIMITED }]
[, FILEGROWTH = growth_ increment ] )
```

- database_name：指定要修改的数据库的名称。
- ADD FILE TO FILEGROUP：在文件组中添加新数据库文件。
- ADD LOG FILE：添加日志文件。
- REMOVE FILE：从 SQL Server 实例中删除文件。
- MODIFY FILE：指定要修改的文件名。
- MODIFY NAME：对数据库进行重命名。
- MODIFY FILEGROUP：可以通过将文件组的状态设置为 READ_ONLY 或 READ_WRITE 来更改文件组的访问状态。

【例 2.2】 在 test 数据库中添加一个大小为 10MB 的日志文件。

```
ALTER DATABASE test                                   ---需要修改的数据库逻辑名
ADD LOG FILE                                          ---操作类型：添加日志文件
(  NAME = testlog2,                                   ---日志文件逻辑名
FILENAME= ' C: \SQL Server 2022\ testlog2.ldf ',         ---文件存储位置
SIZE = 10MB,
MAXSIZE = 100MB,
FlLEGROWTH = 5MB
)
```

上述代码通过 ALTER DATABASE 语句中的 ADD LOG FILE 添加了名称为 testlog2.ldf 的日志文件，将文件存储在 C 盘中的 SQL Server 2022 文件夹下，并对文件初始大小、文件最大大小、文件自增量进行了设置。

3. 使用 SQL 语句删除数据库

在 SQL 中，使用 DROP DATABASE 语句删除数据库。在删除数据库后，数据库中所有的内容同时被删除并释放磁盘的存储空间。DROP DATABASE 语句的基本语法格式如下。

```
DROP DATABASE database _name
```

database _name：指定要删除的数据库的名称。

【例 2.3】 删除 test 数据库的语句如下。

```
DROP DATABASE test
```

2.1.5 大学生项目管理数据库

创建一个大学生项目管理数据库 SP，该数据库包括 4 个数据表，即学院表（Department 表）、学生表（Student 表）、项目表（Project 表）和参与表（SP 表），表结构分别如表 2.1～表 2.4 所示。

表 2.1 Department 表结构

字 段 名	数 据 类 型	长　度	是 否 为 空	约　束	含　义
Dno	char	4	否	主键	学院编号
Dname	varchar	40	否	唯一	学院名称
Dprexy	varchar	20	是		学院负责人
Dphone	varchar	20	是		办公电话

表 2.2 Student 表结构

字 段 名	数 据 类 型	长　度	是 否 为 空	约　束	含　义
Sno	char	10	否	主键	学号
Sname	varchar	20	否		姓名
Ssex	char	2	是	'男'或'女'	性别
Sage	smallint	默认值	是		年龄
Dno	char	4	是	外键	学院编号

表 2.3 Project 表结构

字 段 名	数 据 类 型	长　度	是 否 为 空	约　束	含　义
Pno	char	5	否	主键	项目编号
Pname	varchar	40	是		项目名称
Projecttype	varchar	40	是		项目类型

表 2.4 SP 表结构

字 段 名	数 据 类 型	长　度	是 否 为 空	约　束	含　义
Sno	char	10	否	主键，外键	学号
Pno	char	5	否	主键，外键	项目编号
Times	date	默认值	是		参与时间
Awards	varchar	20	是		奖项名称
Supervisor	char	10	是		指导教师
Remark	varchar	100	是		备注

2.2 使用对象资源管理器创建和管理数据表

数据表是数据库中最基本的操作对象，人们通常所说的把数据存放在数据库中其实就是把数据存放在数据库的数据表中。在创建好数据库以后，就可以创建数据库中的数据表了。下面介绍使用对象资源管理器创建和管理数据表的方法。

2.2.1　创建和管理数据表

1. 创建数据表

在 SQL Server 2022 中，使用对象资源管理器创建数据表是非常简单有效的方法。现在我们需要在 SP 数据库中创建一个新的数据表 Department，具体操作步骤如下。

（1）在“对象资源管理器”窗格中，右击“SP”→“表”节点，在弹出的快捷菜单中选择“新建”→ “表”命令，如图 2.5 所示。

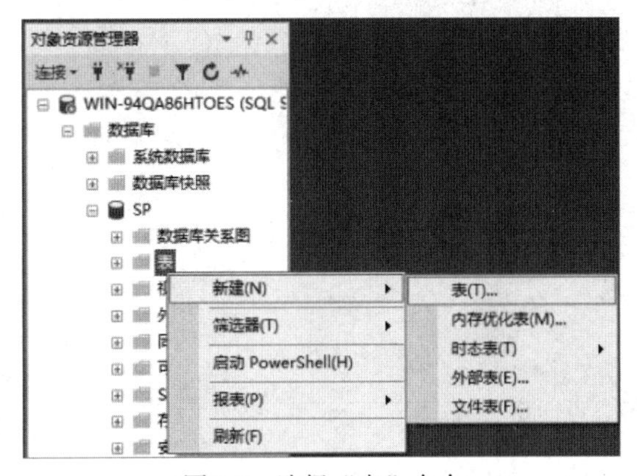

图 2.5　选择“表”命令

（2）在弹出的表设计窗口中输入所有列名，并设置相应的数据类型，之后勾选相应的“允许 Null 值”复选框，分别设置 Department 表的 4 个字段。在字段信息设置完成后，单击“保存”按钮，在弹出的“选择名称”对话框中输入表名称“Department”，如图 2.6 所示。

（3）在执行上述操作后，Department 表创建成功，可以在“对象资源管理器”窗格中的“SP”→“表”节点下找到新建的数据表，同时使用相同的方法在 SP 数据库中分别创建 Student 表、Project 表和 SP 表，如图 2.7 所示。

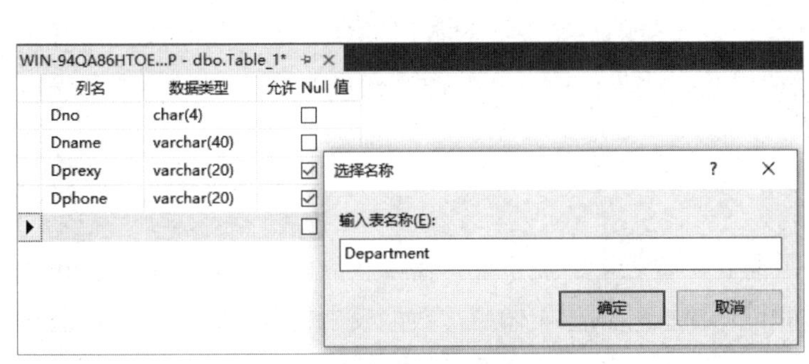

图 2.6　输入表名称

图 2.7　新建的数据表

2. 添加字段

使用对象资源管理器对创建好的数据表添加字段的操作非常简单。例如，在 Department 表中添加一个新字段，名称为 Dws（学院网址），数据类型为 varchar(100)，允许为空（Null）值。具体操作步骤为：在“对象资源管理器”窗格中右击“SP”→“表”→“dbo.Department”节点，在弹出的快捷菜单中选择“设计”命令，打开表设计窗口，在表设计窗口中添加新字段“Dws”并设置数据类型为“varchar(100)”，勾选相应的“允许 Null 值”复选框，如图 2.8 和图 2.9 所示。

图 2.8　打开表设计窗口

列名	数据类型	允许 Null 值
Dno	char(4)	☐
Dname	varchar(40)	☐
Dprexy	varchar(20)	☑
Dphone	varchar(20)	☑
Dws	varchar(100)	☑

图 2.9　添加新字段“Dws”

在执行上述操作后，Dws 字段添加成功。如果需要继续添加字段，那么只需要在下一行继续输入字段信息即可。

3. 修改字段的数据类型

使用对象资源管理器可以随时修改已经设定好的字段的数据类型。例如，将刚才添加的 Dws 字段的数据类型更改为“char(100)”：进入数据表对应的表设计窗口，单击数据类型右边的下拉按钮，在弹出的下拉列表中选择“char(100)”选项即可，或者直接输入数据类型名，也可以达到相同的效果。

在修改字段的数据类型时，必须考虑数据内容和数据类型的匹配关系，对于已有数据的数据表来说，修改数据类型是有风险的，如果新的数据类型与已存储的数据内容出现不匹配的情况，那么很可能造成数据丢失，所以在修改字段的数据类型时，需要先考虑数据表中的数据内容。

4. 删除数据表

要删除已创建的数据表，只需要在“表”节点下右击需要删除的数据表，并在弹出的快捷菜单中选择“删除”命令即可。在执行删除操作后，数据表中的所有数据内容和数据结构都将被删除，所以在删除前必须确保选择了正确的目标文件。当因为有对象依赖于该数据表而无法删除数据表时，应该先删除依赖关系，再删除数据表。

2.2.2　创建数据表的完整性约束

在设计一个数据表时，通常不仅需要对表中所用字段和内容进行考虑，还有一个更加重要的问题，就是对数据完整性的设计。数据完整性是指数据的精确性和可靠性，可以防止数据表中出现不符合既定设置的数据（非法数据）。这些非法数据可能是用户没有根据规则输入的数据，也可能是黑客在破解数据库时做出的一些特定尝试所遗留的数据。所以，确保数据的完整性对整个数据库系统而言是非常重要的。

在 SQL Server 2022 中，通常会通过约束的方式确保数据表中数据的完整性，主要的约束方式包括 5 种，分别是主键约束（Primary Key Constraint）、唯一性约束（Unique Constraint）、检查约束（Check Constraint）、默认约束（Default Constraint）和外键约束（Foreign Key Constraint）。这些约束可以通过对象资源管理器或 SQL 语句进行设置。下面介绍使用对象资源管理器进行设置的方式。

1. 用主键约束防止无效数据

主键约束是指在数据表中定义一个字段作为数据表的主要关键字，即主键。主键是数据表中记录的唯一性标识，每个数据表中只允许有一个主键约束，并且作为主键约束的字段不允许为空值。若在一个数据表中，多列组合在一起作为主键约束，则一列中的值可以是重复的，但是主键约束列中的组合值一定是唯一的。

使用对象资源管理器对大学生项目管理数据库 SP 中 Department 表的学院编号字段 Dno 进行主键约束设置，具体操作步骤如下。

（1）在“对象资源管理器”窗格中右击“SP”→“表”→“dbo.Department”节点，在弹出的快捷菜单中选择“设计”命令。之后，在弹出的表设计窗口中右击“Dno”字段，在弹出的快捷菜单中选择“设置主键”命令，如图 2.10 所示。

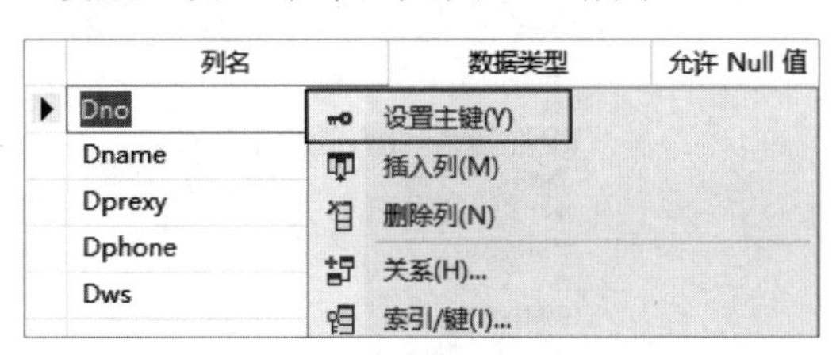

图 2.10　选择“设置主键”命令

（2）在主键约束设置完成后，学院编号字段 Dno 前面会出现一个钥匙形状的小图标，表示该字段为数据表的主键列。

当某列被设置为主键列时，不允许有空值，也不能有重复值。

2. 用唯一性约束防止重复数据

唯一性约束可以确保数据表主键列中字段的唯一性，保证其中的数值只出现一次而不会重复。在 SQL Server 2022 中，可以对一个数据表中的多个字段进行唯一性约束。在进行唯一性约束时，需要注意以下几点。

- 唯一性约束是允许有空值的。
- 可以在一个数据表中设置多个唯一性约束。
- 使用了唯一性约束的字段会建立唯一性索引。
- 在默认情况下，唯一性约束创建的是非聚集索引。

使用对象资源管理器对 Department 表的 Dname 字段进行唯一性约束的操作步骤如下。

（1）在“对象资源管理器”窗格中右击“SP”→“表”→“dbo.Department”节点，在弹出的快捷菜单中选择“设计”命令。之后，在弹出的表设计窗口中右击“Dname”字段，在弹出的快捷菜单中选择“索引/键”命令，如图 2.11 所示。

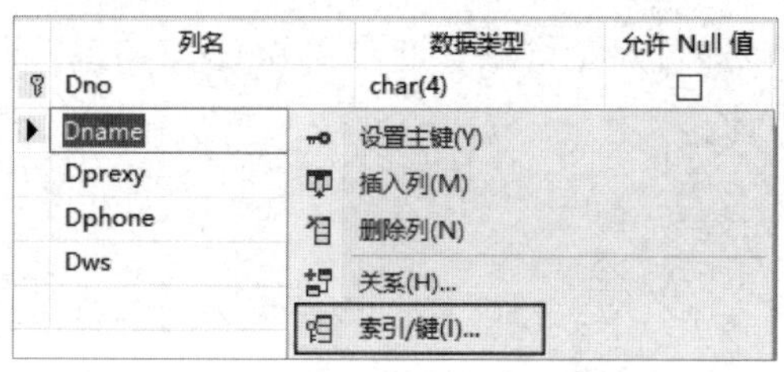

图 2.11　选择“索引/键”命令

（2）在弹出的“索引/键”对话框中单击“添加”按钮，添加一个唯一性约束 IX_DN，之后单击“列”栏后面的 ... 按钮，在弹出的下拉列表中选择“Dname(ASC)”选项，并在“是唯一的”栏中选择“是”选项，如图 2.12 所示。

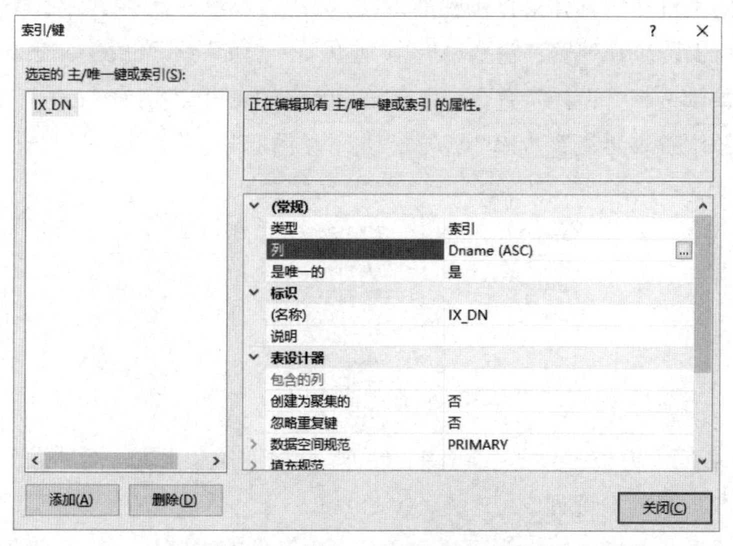

图 2.12　添加一个唯一性约束

（3）在设置完成后，单击“关闭”按钮完成操作。

3. 用检查约束限制输入值

检查约束是指对数据表中的数据设置的检查条件，以限制输入值，用于确保数据的完整性。可以通过逻辑表达式对字段的值进行输入限制。例如，在 Student 表中定义了 Sage 字段，这时我们需要把在这个字段中录入的数据限制在一个合理及合法的范围内，比如 10～60 岁，可以通过逻辑表达式“age>= 10 AND age<=60”来进行判断。逻辑表达式会返回 TRUE 或 FALSE，分别用来表示符合约束条件和不符合约束条件两种情况。在使用检查约束时，通常需要注意以下几点。

- 在对列进行检查约束限制时，只能与字段有关；在对表进行检查约束限制时，只能与限制表中的字段有关。
- 在数据表中，可以对多列进行检查约束的设置。
- 在使用 CREATE TABLE 语句时，只能对每个字段设置一个检查约束。
- 若在数据表中对多个字段进行检查约束，则为表级约束。
- 检查约束将在数据表进行 INSERT 和 UPDATE 操作时对数据进行验证。
- 在设置检查约束时，不能包含子查询。

使用对象资源管理器对大学生项目管理数据库 SP 中 Student 表的性别字段 Ssex 进行检查约束的设置，要求只能输入'男'或'女'，具体操作步骤如下。

（1）在“对象资源管理器”窗格中右击“SP”→“表”→“dbo.Student”节点，在弹出的快捷菜单中选择“设计”命令。之后，在弹出的表设计窗口中右击“Ssex”字段，在弹出的快捷菜单中选择“CHECK 约束”命令，如图 2.13 所示。

（2）在弹出的“检查约束”对话框中单击“添加”按钮，添加一个检查约束 CK1_Student*，选中该约束，在“表达式”栏中输入条件表达式“Ssex='男' or Ssex='女'”，如图 2.14 所示。

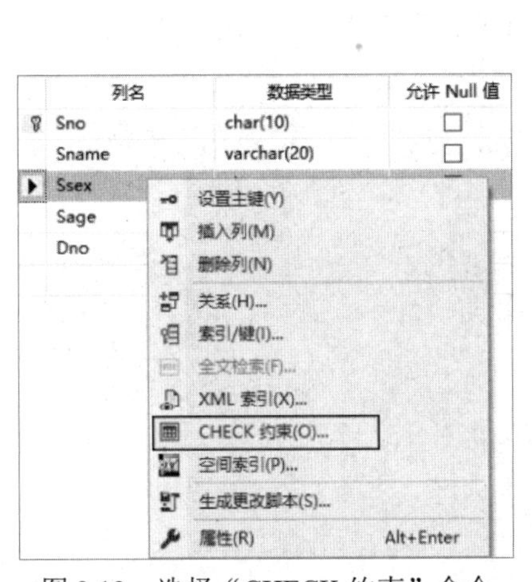

图 2.13　选择“CHECK 约束”命令

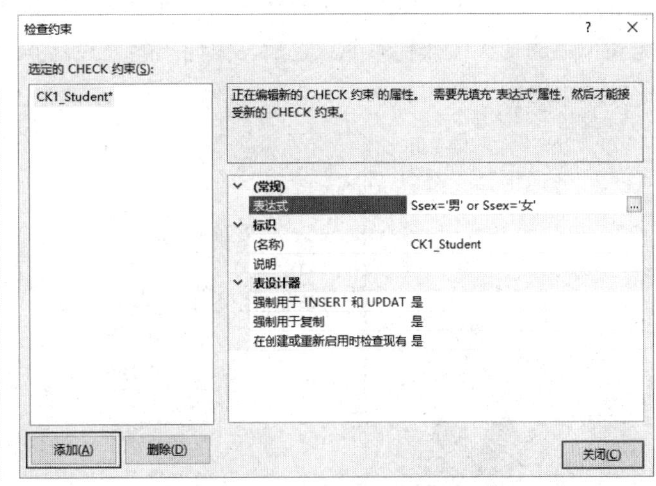

图 2.14　添加一个检查约束

4. 用默认约束赋予默认值

默认约束是指当某一字段没有提供数据内容时，系统会自动给该字段赋予一个设定好的值。当必须向数据表中加载一行数据但不知道某一字段的值或该值不存在时，可以使用默认约束。默认约束可以使用常量、函数、空值作为默认值。在使用默认约束时，需要注意以下几点。

- 每个字段只能有一个默认约束。
- 若默认约束设置的值大于字段允许的长度，则仅截取字段允许的长度。
- 默认约束不能被添加到带有 IDENTITY 或 TIMESTAMP 属性的字段上。
- 若字段的数据类型为用户自定义类型，并且已经有默认值绑定在此数据类型上，则不允许再次使用默认值。

5. 用外键约束创建链接

外键约束是指在两个数据表的数据之间创建链接的一列或多列的组合，可以控制在外键表中存储的数据。在外键引用中，当包含一个数据表的主键值的一列或多列被另一个数据表中的一列或多列引用时，就在这两个数据表之间创建了链接。在使用外键约束时，需要注意以下几点。

- 外键约束是对字段参照完整性的设置。
- 外键约束不支持自动创建索引，需要手动创建。
- 数据表中最多可以使用 253 个外键约束。
- 临时数据表中不能创建外键约束。
- 主键和外键的数据类型必须严格匹配。

使用对象资源管理器将 Student 表中的学院编号字段 Dno 设置为外键，参照 Department 表的 Dno 字段，具体操作步骤如下。

（1）在“资源管理器”窗格中右击“SP”→“表”→“dbo.Student”节点，在弹出的快捷菜单中选择“设计”命令。之后，在弹出的表设计窗口中右击“Dno”字段，在弹出的快捷菜单中选择“关系”命令，如图 2.15 所示。

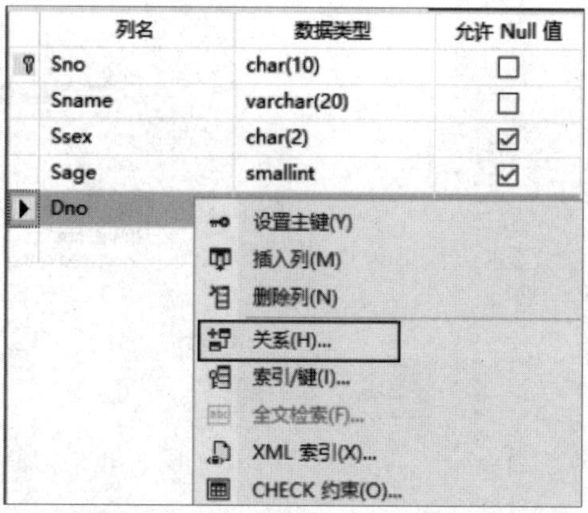

列名	数据类型	允许 Null 值
Sno	char(10)	☐
Sname	varchar(20)	☐
Ssex	char(2)	☑
Sage	smallint	☑
Dno		

设置主键(Y)
插入列(M)
删除列(N)
关系(H)...
索引/键(I)...
全文检索(F)...
XML 索引(X)...
CHECK 约束(O)...

图 2.15　选择“关系”命令

（2）在弹出的“外键关系”对话框中单击“添加”按钮，添加一个外键约束 FK_SD。单击“表和列规范”右侧的小圆点按钮，在弹出的“表和列”对话框中设置“主键表”为

“Department”，被参照属性为“Dno”；设置“外键表”为“Student”，参照属性为“Dno”，如图 2.16 所示。

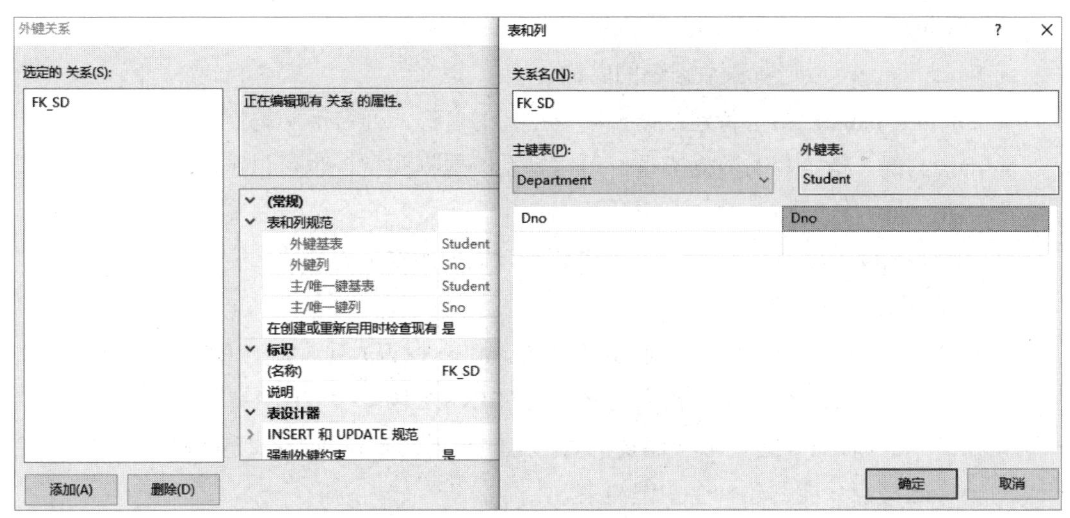

图 2.16　添加一个外键约束

2.3 使用 SQL 语句创建和管理数据表

SQL Server 2022 提供了丰富的数据表操作方法，用户可以使用对象资源管理器和 SQL 语句对数据表进行操作。使用 SQL 语句操作数据表具有灵活、快捷等特点，也是数据库管理员使用最多的一种方式。对于数据表的操作，主要分为使用 CREATE TABLE 语句创建数据表、使用 ALTER TABLE 语句修改数据表和使用 DROP TABLE 语句删除数据表。

2.3.1　使用 CREATE TABLE 语句创建数据表

数据表是数据库中数据集合的基本对象，数据表的创建主要是对数据表基本结构的构建，如列属性的设置、数据完整性的约束。

使用 CREATE TABLE 语句创建数据表，基本语法格式如下。

```
CREATE TABLE
[ database_name . [ schema_name ] . | schema_name.] table_name
(
 column_ name  <data_type>
[NULL| NOT NULL] | [DEFAULT constant_exptession] | [ROWGUIDCOL]
|[{PRIMARY KEY | UNIQUE } [CLUSTERED | NONCLUSTERED]
[ASC | DESC]]
[, ...n]
)
```

- database_name：指定要在其中创建数据表的数据库的名称。database_name 必须指定现有数据库的名称，若未指定，则 database_name 默认为当前数据库。
- schema_name：指定新建数据表所属架构的名称。
- table_name：指定新建数据表的名称。
- column_ name：指定新建数据表中数据列的名称，列名不能重复。
- data_type：指定列的数据类型，可以是系统数据类型，也可以是用户自定义的数据类型。
- NULL| NOT NULL：设置数据列中是否可以使用空值。
- DEFAULT：指定默认列。
- ROWGUIDCOL：指示新列是 GUID（全局唯一标识）列。对于每个表，只能将其中的一个 uniqueidentifier 列指定为 ROWGUIDCOL。
- PRIMARY KEY：通过唯一性索引对给定的一列或多列强制进行实体完整性的约束，一个数据表只能创建一个主键约束。
- UNIQUE：通过唯一性索引对一个或多个指定列进行实体完整性的约束，一个数据表可以有多个唯一性约束。
- CLUSTERED | NONCLUSTERED：指定为主键约束或唯一性约束创建聚集索引还是非聚集索引。主键约束默认为 CLUSTERED（聚集索引），唯一性约束默认为 NONCLUSTERED（非聚集索引）。
- ASC | DESC：指定列的排序方式。ASC 表示升序排列，DESC 表示降序排列。在不指定的情况下，默认为 ASC。

另外，还可以对上述定义的列级别添加检查约束，或者对表级别添加检查约束和外键约束。

【例 2.4】 在 SP 数据库中创建 Student 表，具体结构如表 2.2 所示。

```
CREATE TABLE Student
(
  Sno char(10) PRIMARY KEY,
  Sname varchar(20) NOT NULL,
  Ssex char （2） CHECK (Ssex='男'or Ssex='女'),
  Sage smallint,
  Dno char（4）,
  FOREIGN KEY (Dno) REFERENCES Department(Dno)
)
```

在上述语句中，设置表名为 Student，并对每个字段的数据类型、是否为主键、是否为空及检查约束进行了设置，同时对表级别设置了外键约束。

2.3.2 创建、删除和修改约束

在使用 SQL 语句创建数据表时，可以给字段添加各种约束，但是一般会将创建数据表的过程和创建约束的过程分开。若没有为数据表添加任何完整性约束，则可以用下面的方法为已经创建好的数据表创建、删除和修改约束。

1. 创建约束

创建约束的语法格式如下。

```
ALTER TABLE  table_name
ADD CONSTRAINT constraint_name constraint_type
```

- table_name：指定要创建约束的数据表的名称。
- constraint_name：指定约束的名称。
- constraint_type：指定约束的具体类型。

【例 2.5】在 Student 表中创建主键约束，设置学号字段 Sno 为主键。

```
---创建主键约束
ALTER TABLE Student
ADD CONSTRAINT  PK_Sno  PRIMARY KEY(Sno)
```

【例 2.6】在 Student 表中创建检查约束，设置性别字段 Ssex 的取值为'男'或'女'。

```
---创建检查约束
ALTER TABLE Student
ADD CONSTRAINT C1_Ssex  CHECK  ( Ssex='男'or Ssex='女')
```

2. 删除约束

如果在创建约束时发生了错误，那么可以删除已经创建好的约束，语法格式如下。

```
ALTER TABLE  table_name
DROP CONSTRAINT constraint_name
```

【例 2.7】删除例 2.6 中创建的检查约束 C1_Ssex。

```
ALTER TABLE Student
DROP CONSTRAINT C1_Ssex
```

3. 修改约束

如果需要修改约束，则通常需要先删除要修改的约束，再进行重新创建。

2.3.3 使用 ALTER TABLE 语句修改数据表

在数据表已经创建好的情况下，可以使用 ALTER TABLE 语句对数据表中的列进行添加或修改，具体语法格式如下。

```
ALTER TABLE [ database_name . [ schema name ] . | schema name . ] table_name
[ALTER COLUMN column_name type_ name [ column_constraints]]
```

```
| [ ADD COLUMN newcolumn_name type_ name [column_ constraints]]
| [ DROP COLUMN column_name]
```

- ALTER：修改数据表的字段属性。
- ADD：添加字段，表示在数据表中添加一列，可以连续添加多个字段，只要字段之间以逗号隔开即可。
- DROP：删除数据表中的字段，可以同时删除多个字段，只要字段之间以逗号隔开即可。

【例 2.8】 修改 SP 数据库中的 Student 表，向其中添加手机号码字段 Stel，设置数据类型为 char (20)，不允许为空值，语句如下。

```
ALTER TABLE Student
ADD COLUMN Stel char(20) NOT NULL
```

【例 2.9】 删除 SP 数据库中 SP 表的备注字段 Remark，语句如下。

```
ALTER TABLE SP
DROP COLUMN Remark
```

2.3.4 使用 DROP TABLE 语句删除数据表

删除数据表是指删除数据库中已经创建好的数据表，且在删除数据表的同时会删除数据表中定义的数据、索引、视图等。在进行任何删除操作前，应做好备份工作，可以使用 DROP TABLE 语句删除数据库中的数据表，语法格式如下。

```
DROP TABLE table_name
```

table_name：指定要删除的数据表的名称。

2.4 数据操作

数据操纵语言（Data Manipulation Language，DML）用于对数据表中的数据进行添加、查询、修改、删除等操作。可以说，在 SQL Server 2022 中，对数据内容的检索和管理大多是通过 DML 来完成的，本节将主要对这部分内容进行讲解。

2.4.1 使用 INSERT 语句添加数据

使用 INSERT 语句可以向已经创建好的数据表中添加数据，可以添加一条数据或多条数据，且添加的数据必须符合数据表中字段的数据类型和相关约束条件。INSERT 语句的基本语法格式如下。

```
INSERT INTO table_name (column list)
VALUES(value list) ;
```

- table_name：指定要添加数据的数据表的名称。
- column list：指定要添加数据的列。
- value list：指定要添加到列中的数据。

【例 2.10】向 Department、Student、Project 和 SP 表中添加数据，语句如下。

```
INSERT INTO Department(Dno,Dname,Dprexy,Dphone)
VALUES
    ('DP01','经济学院','张长弓',81660128),
    ('DP02','计算机学院','李岚春',81660148),
    ('DP03','数学学院','赵聪', 81660168),
    ('DP04','管理学院','朱照', 81660188);
GO;
INSERT INTO Student (Sno, Sname, Ssex,Sage, Dno)
VALUES
    ('S202301011','李辉','男',20,'DP02'),
    ('S202301012','张昊','男',18,'DP03'),
    ('S202301013','王翊','女',21,'DP02'),
    ('S202301014','赵岚','女',19,'DP01'),
    ('S202301015','韦峰','男',20,'DP04'),
    ('S202301016','刘瑶瑶','男',18,'DP03'),
    ('S202301017','陈恪','男',22,'DP02');
GO;
INSERT INTO Project (Pno,Pname,Projecttype)
VALUES
    ('P1001','大学生创新创业训练计划项目','学生项目'),
    ('P1002','全国大学生数学建模竞赛','学生竞赛'),
    ('P2003','互联网+电子商务三创竞赛','电子商务三创赛'),
    ('P2004','基于深度学习的恶意软件分析','教师科研项目'),
    ('P3005','全国信息安全与对抗技术竞赛','网络安全竞赛');
GO;
INSERT INTO SP(Sno,Pno,Times, Awards,Supervisor,Remark)
VALUES
    ('S202301012','P3005','2022','省二等奖','周顺',''),
    ('S202301011','P2003','2020','校二等奖','顾明',''),
    ('S202301017','P1002','2021','省一等奖','张载之',''),
    ('S202301012','P2004','2023','国家二等奖','毛舜城',''),
    ('S202301011','P1001','2023','国家级项目立项','殷开山',''),
    ('S202301014','P3005','2022','省一等奖','朱毅',''),
    ('S202301011','P2004','2021','省部级项目立项','王锡城',''),
    ('S202301015','P1001','2022','省级项目立项','刘弼州',''),
    ('S202301016','P1002','2021','国家二等奖','罗熠',''),
```

```
    ('S202301013','P2003','2019','国家二等奖','钟栾','');
GO;
```

2.4.2 使用 SELECT 语句查询数据

对数据库管理员而言，查询数据是最频繁的，也是数据库中非常重要的一项操作。在 SQL 中，使用 SELECT 语句并配合多种条件的设置，可以实现非常高效的查询操作。

SELECT 语句的基本语法格式如下。

```
SELECT [ ALL | DISTINCT [ ON ( expression [ , ...] ) ] ]
* | expression [ AS output_name ] [ , ...]
[ FROM  item [ , ...] ]
[ WHERE condition ]
[ GROUP BY expression [ , ...] ]
[ HAVING condition [ , ...] ]
[ ORDER BY expression [ ASC | DESC ] [ , ...] ]
```

- ALL：指定返回所有查询结果，结果集中可以包含重复值。
- DISTINCT：在结果集中可能包含重复值，DISTINCT 用于返回唯一不同的值。
- FROM：指定查询的数据源。在 SQL Server 2022 中，查询的数据源可以是表和视图。
- WHERE：指定查询的条件。
- GROUP BY：指定查询结果是否按字段进行分组。
- HAVING：指定分组过滤条件，对聚集函数运行结果的输出进行限制。
- ORDER BY：指定查询结果的排序方式。ASC 表示升序排列，DESC 表示降序排列。

1. 基本查询

【例 2.11】 查询 Student 表中所有学生的记录信息，语句如下。

```
SELECT * FROM  Student;
```

等价于

```
SELECT Sno,Sname,Ssex,Sage,Dno
FROM Student;
```

执行结果如图 2.17 所示。

结果 消息

	Sno	Sname	Ssex	Sage	Dno
1	S202301011	李辉	男	20	DP02
2	S202301012	张昊	男	18	DP03
3	S202301013	王翊	女	21	DP02
4	S202301014	赵岚	女	19	DP01
5	S202301015	韦峰	男	20	DP04
6	S202301016	刘瑶瑶	男	18	DP03
7	S202301017	陈恪	男	22	DP02

图 2.17　查询 Student 表中所有学生的记录信息

在查询语句中，星号（*）被当作通配符来使用，表示返回所有列。在左下角的统计数据中可以看到，Student 表中共有 7 条记录。

2. 指定字段或使用表达式查询

当使用星号作为通配符时，返回的是数据表中的所有数据字段，如果只想查询某个特定字段的内容，那么可以通过指定查询字段的方式来检索。

【例 2.12】查询全体学生的姓名、出生年份和所在的学院编号，要求用小写字母表示学院编号。

```
SELECT Sname,'year of Birth: ',2023-Sage,lower (Dno)  FROM Student;
```

执行结果如图 2.18 所示。

结果　消息

	Sname	(无列名)	(无列名)	(无列名)
1	李辉	year of Birth:	2003	dp02
2	张昊	year of Birth:	2005	dp03
3	王翊	year of Birth:	2002	dp02
4	赵岚	year of Birth:	2004	dp01
5	韦峰	year of Birth:	2003	dp04
6	刘瑶瑶	year of Birth:	2005	dp03
7	陈恪	year of Birth:	2001	dp02

图 2.18　查询指定列

用户可以通过指定别名来改变查询结果的列名，这对于包含算术表达式、常量名、函数名的目标列表达式尤为有用。例如，对于例 2.12，可以定义别名：

```
SELECT Sname NAME,'year of Birth: ' BIRTH,
2023-Sage BIRTHDAY,LOWER (Dno) DEPARTMENT
FROM Student;
```

3. 带条件的查询

在查询数据的过程中，经常要做的一项操作就是查询数据表中符合条件的记录，并通过设置特殊的条件对数据进行过滤。在 SELECT 语句中，可以通过 WHERE 子句对过滤条件进行设置。WHERE 子句常用的查询条件如表 2.5 所示。

表 2.5　WHERE 子句常用的查询条件

查 询 条 件	谓　词
比较	=、>、<、>=、<=、!=、<>、!>、!< NOT+上述比较运算符
确定范围	BETWEEN AND、NOT BETWEEN AND
确定集合	IN、NOT IN
字符匹配	LIKE、NOT LIKE
空值	IS NULL、IS NOT NULL
多重条件（逻辑运算）	AND、OR、NOT

【例 2.13】查询学院编号为 DP01 的学生的名单。

```
SELECT Sname
FROM  Student
WHERE Dno='DP01';
```

【例 2.14】查询年龄为 20～23 岁（包括 20 岁和 23 岁）的学生的姓名、学院编号和年龄。

```
SELECT Sname,Dno,Sage
FROM  Student
WHERE Sage BETWEEN 20 AND 23;
```

【例 2.15】查询学院编号为 DP01、DP02、DP03 的学生的姓名和性别。

```
SELECT Sname,Ssex
FROM  Student
WHERE Dno IN （'DP01','DP02','DP03'）;
```

【例 2.16】查询项目名称中包含“数学建模”的项目编号和项目名称。

```
SELECT Pno, Pname
FROM Project
WHERE Pname LIKE '%数学建模%';
```

4. 多重条件查询

使用逻辑运算符 AND 和 OR 可以连接多个查询条件。AND 的优先级高于 OR，但用户可以用括号改变优先级。

【例 2.17】查询学院编号为 DP01 且年龄在 20 岁以下的学生姓名。

```
SELECT Sname
FROM  Student
WHERE Dno = 'DP01' AND Sage<20;
```

5. 使用 ORDER BY 子句排序

使用 ORDER BY 子句可以将查询结果按照一个或多个属性列进行升序（ASC）或降序（DESC）排列，默认为升序排列。

【例 2.18】查询参与了 P1001 号项目的学生的学号及项目编号，查询结果按学号升序排列。

```
SELECT Sno,Pno
FROM  SP
WHERE Pno='P1001'
ORDER BY Sno ASC;
```

6. 使用聚集函数

为了进一步方便用户，增强检索功能，SQL 提供了许多聚集函数，主要包括如下几个。

- COUNT（*）：统计元组个数。
- COUNT（[DISTINCT | ALL] <列名>）：统计一列中值的个数。
- SUM（[DISTINCT | ALL]<列名）：计算一列值的总和（此列必须是数值型）。
- AVG（[DISTINCT | ALL] <列名>）：计算一列值的平均值（此列必须是数值型）。
- MAX（[DISTINCT | ALL] <列名>）：计算一列值中的最大值。
- MIN（[DISTINCT | ALL]<列名>）：计算一列值中的最小值。

若指定了 DISTINCT 短语，则表示在计算时要取消指定列中的重复值；若未指定 DISTINCT 短语或指定了 ALL 短语（ALL 为默认值），则表示不取消重复值。

【例 2.19】查询参与了项目的学生人数。

```
SELECT COUNT（DISTINCT Sno）
FROM  SP;
```

【例 2.20】查询所在学院编号为 DP02 的学生的平均年龄。

```
SELECT AVG（Sage）
FROM  Student
WHERE Dno='DP02';
```

7. 使用 GROUP BY 子句分组

使用 GROUP BY 子句可以将查询结果按某一列或多列的值分组，且值相等的为一组。

对查询结果分组的目的是细化聚集函数的作用对象。如果未对查询结果分组，那么聚集函数将作用于整个查询结果。

【例 2.21】统计各个项目编号及相应的参与人数。

```
SELECT Pno as  '项目编号',COUNT（Sno）as  '参与人数'
FROM  SP
GROUP BY Pno;
```

执行结果如图 2.19 所示。

	项目编号	参与人数
1	P1001	2
2	P1002	2
3	P2003	2
4	P2004	2
5	P3005	2

图 2.19　各个项目编号及相应的参与人数

8. 连接查询

若一个查询同时涉及两个及两个以上的数据表，则称为连接查询。连接查询是关系数据库中最主要的查询，包括等值连接查询、自然连接查询、非等值连接查询、自身连接查询、外连接查询和复合条件连接查询等。

【例 2.22】查询每个学生自身及其参与项目的情况。

由于学生自身的情况存放在 Student 表中，学生参与项目的情况存放在 SP 表中，所以本查询实际上涉及 Student 表与 SP 表。这两个数据表之间的连接是通过公共属性字段 Sno 实现的。

```
SELECT Student.*,SP.*
FROM  Student,SP
WHERE Student.Sno=SP.Sno;/*将Student表与SP表中同一学生的元组连接起来*/
```

该查询的执行结果如图 2.20 所示。

Sno	Sname	Ssex	Sage	Dno	Sno	Pno	times	Awards	Supervisor	remark
S202301011	李辉	男	20	DP02	S202301011	P1001	2023-01-01	国家级项目立项	殷开山	
S202301011	李辉	男	20	DP02	S202301011	P2003	2020-01-01	校二等奖	顾明	
S202301011	李辉	男	20	DP02	S202301011	P2004	2021-01-01	省部级项目立项	王锡城	
S202301012	张昊	男	18	DP03	S202301012	P2004	2023-01-01	国家二等奖	毛舜城	
S202301012	张昊	男	18	DP03	S202301012	P3005	2022-01-01	省二等奖	周顺	
S202301013	王翊	女	21	DP02	S202301013	P2003	2019-01-01	国家二等奖	钟栾	
S202301014	赵岚	女	19	DP01	S202301014	P3005	2022-01-01	省一等奖	朱毅	
S202301015	韦峰	男	20	DP04	S202301015	P1001	2022-01-01	省级项目立项	刘弼州	
S202301016	刘瑶瑶	男	18	DP03	S202301016	P1002	2021-01-01	国家二等奖	罗熠	
S202301017	陈恪	男	22	DP02	S202301017	P1002	2021-01-01	省一等奖	张载之	

图 2.20　每个学生自身及其参与项目的情况

连接操作可以在两个表之间进行，称为两表连接，还支持一个表与其自身进行连接，称为表的自身连接。

【例 2.23】查询和学号为 S202301011 的学生参与的项目相同的学生的学号。

```
SELECT DISTINCT SECOND.Sno
FROM  SP  FIRST, SP  SECOND
WHERE FIRST.Pno=SECOND.Pno AND FIRST.Sno='S202301011';
```

连接操作除了两表连接、表的自身连接，还支持两个以上的表进行连接，后者通常称为多表连接。

【例 2.24】查询每个学生的信息及参与项目的项目名称。本查询涉及 3 个数据表，完成该查询的 SQL 语句如下。

```
SELECT Student.Sno,Sname,Ssex,Sage,Dno,SP.Pno,Pname
FROM  Student,SP,Project
WHERE Student.Sno=SP.Sno AND SP.Pno=Project.Pno;
```

9. 嵌套查询

在 SQL 中，一个 SELECT…FROM…WHERE 语句称为一个查询块。将一个查询块嵌套在另一个查询块的 WHERE 子句或 HAVING 短语的条件中的查询称为嵌套查询。

【例 2.25】查询与姓名为刘瑶瑶的学生在同一个学院学习的学生的信息。

```
SELECT Sno,Sname,Dno
FROM  Student
```

```
WHERE Dno in (SELECT  Dno
              FROM Student
              WHERE Sname='刘瑶瑶'
              );
```

10. 集合查询

SELECT 语句的查询结果是元组的集合，所以可以对多个 SELECT 语句的查询结果进行集合操作。集合操作主要包括并操作 UNION、交操作 INTERSECT 和差操作 EXCEPT。

注意：参与集合操作的各查询结果的列数必须相同，对应项的数据类型也必须相同。

【例 2.26】 查询所在学院编号为 DP02 的学生与年龄不大于 19 岁的学生的交集。

```
SELECT   *
FROM   Student
WHERE Dno = 'DP02'
INTERSECT
SELECT   *
FROM   Student
WHERE Sage <= 19;
```

11. 基于派生表的查询

子查询不仅可以出现在 WHERE 子句中，还可以出现在 FROM 子句中，这时子查询生成的临时派生表（Derived Table）成为主查询的查询对象。

【例 2.27】 查询所有参与了项目编号为 P1002 的项目的学生姓名。

```
SELECT  Sname
FROM   Student, (SELECT Sno FROM SP WHERE Pno='P1002')  AS  SP1
WHERE Student.Sno = SP1.Sno;
```

2.4.3　使用 UPDATE 语句修改指定数据

使用 SQL 中的 UPDATE 语句可以对已经插入数据表中的数据进行更新操作，并且可以更新特定的数据或一次性更新所有的数据。

UPDATE 语句的基本语法格式如下。

```
UPDATE table_name
SET column_name1 = value1 , column_name2=value2 ,.".., column_nameN=valueN
WHERE search condition
```

column_name1 为要更新的字段名；value1 为更新后的值。通过数据参数可以看出，在进行更新操作时，可以一次性对多列进行操作。

1. 修改某个元组的值

【例 2.28】将学号为 S202301014 的学生的年龄改为 22 岁。

```
UPDATE  Student
SET Sage = 22
WHERE Sno ='S202301014';
```

2. 修改多个元组的值

【例 2.29】将所有学生的年龄增加 1 岁。

```
UPDATE Student
SET Sage = Sage + 1;
```

3. 带子查询的修改语句

子查询也可以嵌套在 UPDATE 语句中，用于构造修改操作的条件。

【例 2.30】将学院编号为 DP02 的学院的全体学生年龄置为零。

```
UPDATE  Student
SET Sage =0
WHERE Sno IN( SELETE Sno
              FROM   Student
              WHERE Dno   = 'DP02'
);
```

2.4.4 使用 DELETE 语句删除指定数据

SQL 的删除操作可以对数据表中的一条或多条数据进行删除。如果指定了删除数据的条件，就会删除符合条件的数据；如果没有指定，就会删除所有的数据，即清空数据表。

DELETE 语句的基本语法格式如下。

```
DELETE FROM table_name
[WHERE condition]
```

table_name 为要删除数据的数据表的名称；condition 为删除数据的条件表达式。

1. 删除某个元组的值

【例 2.31】删除学号为 S202301018 的学生信息。

```
DELETE
FROM  Student
WHERE Sno   = 'S202301018' ;
```

2. 删除多个元组的值

【例 2.32】删除所有学生参与项目的信息。

```
DELETE
FROM   SP ;
```

执行上述语句，将使 SP 表成为空表，该语句删除了 SP 表中的所有元组。

3. 带子查询的删除语句

子查询同样可以嵌套在 DELETE 语句中，用于构造删除操作的条件。

【例 2.33】删除学院编号为 DP02 的学院的所有学生参与项目的信息。

```
DELETE
FROM   SP
WHERE Sno IN ( SELETE Sno
               FROM   Student
               WHERE Dno = 'DP02 '
);
```

2.5 SQL Server 数据库的安全设置

数据库服务器是所有应用的数据中转站，如果数据库服务器被恶意攻击，那么很可能造成数据泄露、数据丢失、数据被恶意篡改等诸多无法挽回的损失。因此，对数据库服务器进行安全设置是每个数据管理员都应该掌握的技能。本节将从更改用户验证方式、设置权限、管理角色等方面对数据库服务器进行安全设置。

2.5.1　创建与删除登录用户

在 SQL Server 中，可以创建多个登录用户来访问数据库服务器，也可以对创建的登录用户进行严格的设置来控制用户的访问权限等。下面介绍如何在 SQL Server 2022 中创建新的登录用户。

（1）在“对象资源管理器”窗格中展开“安全性”节点，右击“登录名”节点，在弹出的快捷菜单中选择“新建登录名”命令。

（2）在弹出的“登录名-新建”窗口中选择左侧的“常规”选项，之后输入新建用户的名称“LoginUser”，选中“SQL Server 身份验证”单选按钮，并输入登录密码，如图 2.21 所示。

（3）选择左侧的“服务器角色”选项，对用于向用户授予服务器范围内的安全特权的服务器角色进行设置，如图 2.22 所示。这里勾选的是“public”复选框，这是 SQL Server 中的一类默认角色，如果想让角色拥有服务器管理的最高权限，那么可以勾选“sysadmin”复选框。

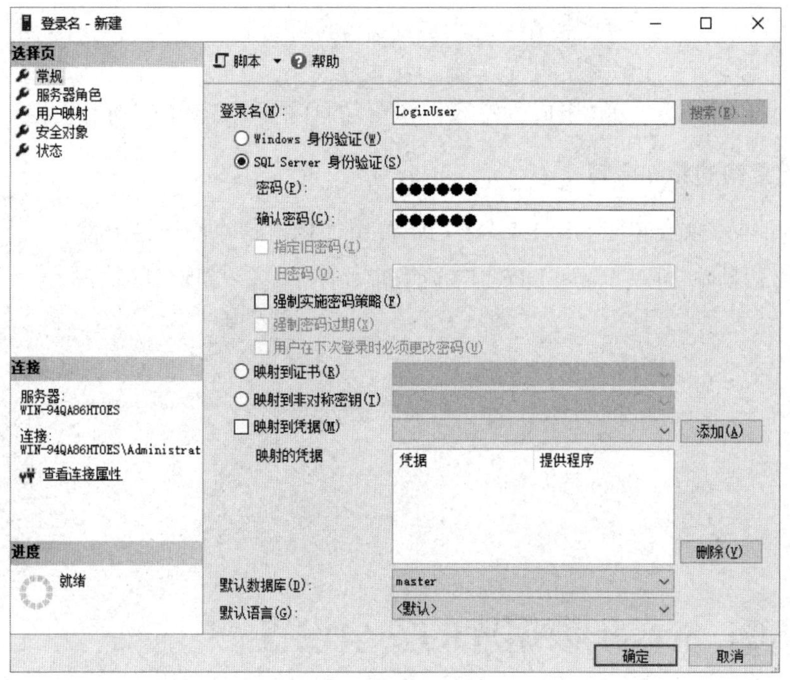

图 2.21　新建登录用户

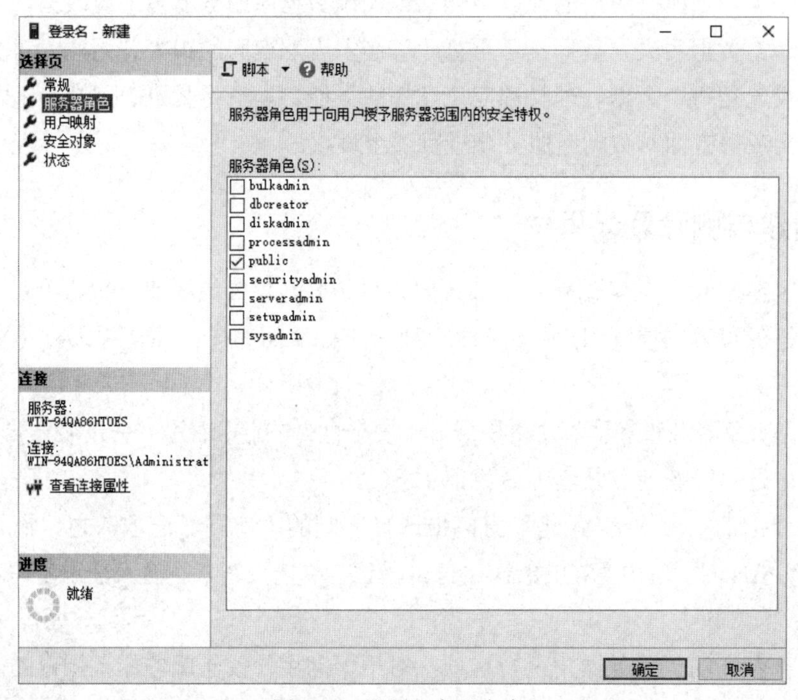

图 2.22　设置服务器角色

（4）选择左侧的“用户映射”选项，在窗口右上部分勾选此用户可以操作的数据库；在右下部分勾选定义登录用户的数据库角色成员身份，如图 2.23 所示。

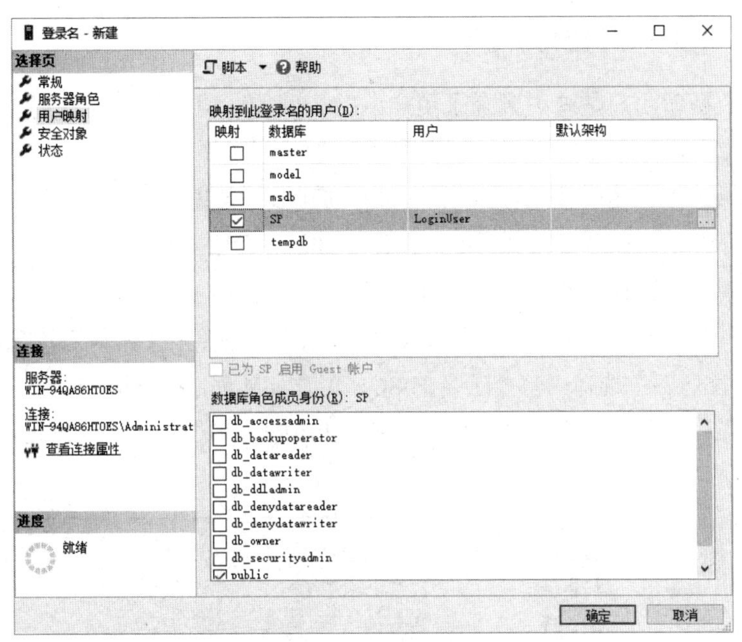

图 2.23　设置用户映射

（5）选择左侧的“状态”选项，在窗口右侧选中“授予”和“启用”单选按钮，允许连接到数据库引擎并启用登录名，如图 2.24 所示。

（6）设置完成后，单击“确定”按钮，新的登录用户就创建完成了，可以在“对象资源管理器”窗格的“登录名”节点下找到新建登录用户的登录名“LoginUser”，如图 2.25 所示。

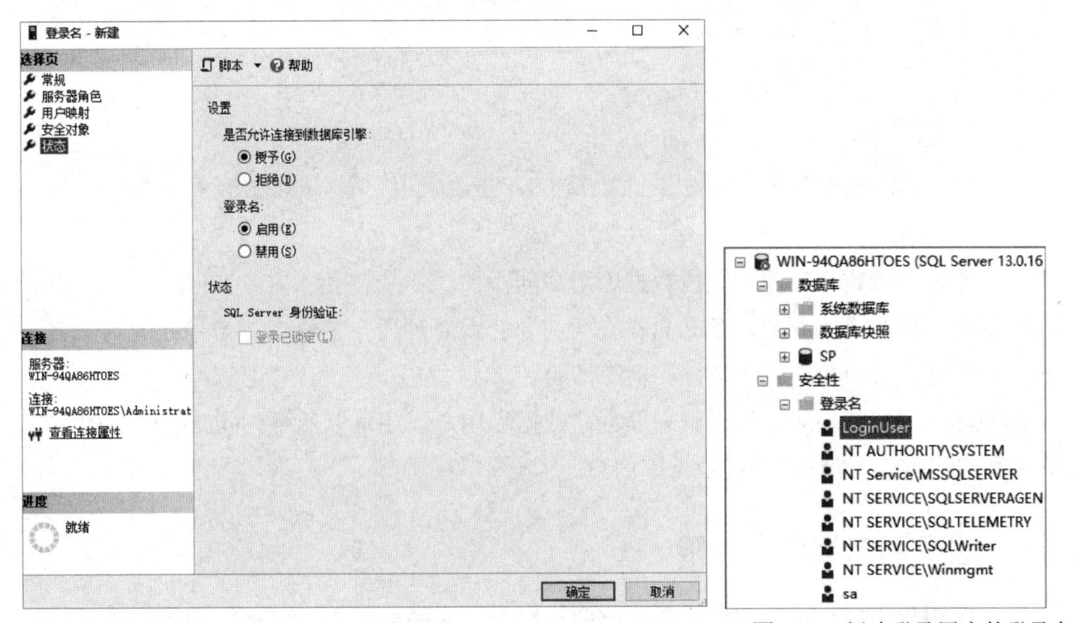

图 2.24　设置状态

图 2.25　新建登录用户的登录名

如果需要删除某个登录用户，那么只需右击其登录名，在弹出的快捷菜单中选择“删除”命令即可。

2.5.2 创建与删除数据库用户

实际上，数据库用户是映射到登录用户上的。例如，用户需要查看刚才创建登录用户时创建的数据库用户。

在 SQL Server 2022 中，可以为一个数据库创建多个数据库用户，具体操作步骤如下。

（1）在“对象资源管理器”窗格中，选择“SP”→“安全性”→“用户”节点并右击，在弹出的快捷菜单中选择“新建用户”命令。

（2）在弹出的“数据库用户-新建”对话框中，选择左侧的“常规”选项，并在右侧的“用户类型”下拉列表中选择“带登录名的 SQL 用户”选项，在下面的“用户名”和“登录名”文本框中输入已注册的登录用户的用户名“USER1”和登录名“LoginUser”，如图 2.26 所示。

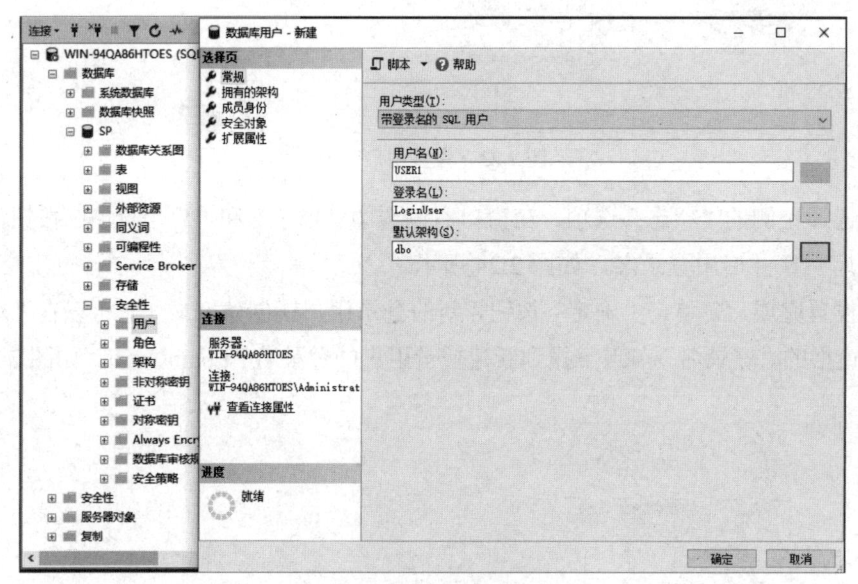

图 2.26　新建数据库用户

（3）单击“确定”按钮，完成数据库用户的添加。

如果要删除数据库用户，那么只需在“对象资源管理器”窗格中右击相应的用户名，并在弹出的快捷菜单中选择“删除”命令即可。

用户除了可以使用对象资源管理器创建数据库用户，还可以使用 SQL 语句 CREATE USER 和 CREATE LOGIN 创建数据库用户。

2.5.3 设置服务器角色权限

当几个用户需要在某个特定的数据库中执行类似的动作时（此处没有相应的 Windows 用户组），可以向该数据库中添加一个服务器角色，用于指定可以访问相同数据库对象的一组数据库用户。

固定服务器角色已经具备了执行指定操作的权限，可以把其他登录名作为成员添加到固定服务器角色中，这样该登录名就可以继承固定服务器角色的权限了。在 SQL Server 2022 中，默认的服务器角色如图 2.27 所示。

图 2.27　默认的服务器角色

这些角色具有不同的作用和权限，具体描述如下。

- bulkadmin：这个服务器角色的成员可以执行 BULK INSERT 语句。该语句允许从文本文件中将数据导入 SQL Server 2022，为执行大批量插入数据库的域账户而设计。
- dbcreator：这个服务器角色的成员可以创建、更改、删除和还原任何数据库。这既是适合助理 DBA 的角色，也可能是适合开发人员的角色。
- diskadmin：这个服务器角色的成员可以管理磁盘文件，比如镜像数据库和添加备份设备。
- processadmin：SQL Server 2022 支持多任务化，也就是说，可以通过执行多个进程完成多个事件。
- public：这个服务器角色有两大特点，一是初始状态时成员没有权限，二是所有数据库用户都是它的成员。
- securityadmin：这个服务器角色的成员可以管理登录名及其属性。他们可以授权、拒绝和撤销服务器级权限，也可以授权、拒绝和撤销数据库级权限。另外，他们可以重置 SQL Server 登录名的密码。
- serveradmin：这个服务器角色的成员可以更改服务器范围的配置选项和关闭服务器。
- setupadmin：为需要管理链接服务器和控制启动的存储过程的用户而设计。这个服务器角色的成员可以增加、删除和配置链接服务器，并控制启动过程。
- sysadmin：这个服务器角色的成员有权在 SQL Server 2022 中执行任何任务。

1. 查看服务器角色

要想查看服务器角色的属性，只需右击要查看的服务器角色名，在弹出的快捷菜单中选择“属性”命令即可。

2. 添加服务器角色

在 SQL Server 2022 中，默认有 9 种服务器角色，用户也可以根据自己的使用需求添加额外的服务器角色，并赋予其适当的权限。添加服务器角色的操作步骤如下。

（1）在“对象资源管理器”窗格中，右击“服务器角色”节点，在弹出的快捷菜单中选择“新服务器角色”命令。

（2）在弹出的对话框中，依次对角色名、角色权限和成员身份等进行设置。

（3）可以在“服务器角色”节点下查看新建的服务器角色。

3. 操作服务器角色权限

对服务器角色权限的操作分为 3 种，即授予、撤销、拒绝，分别使用 GRANT 语句、REVOKE 语句和 DENY 语句来进行。授予服务器角色权限的基本语法格式如下。

```
GRANT
{ALL|statement[ , ...n] }
To security _account [ , ...n]
```

2.6 SQL Server 数据库的备份与恢复

在一些对数据可靠性要求很高的行业（如银行、证券、电信等）中，如果发生意外停机或数据丢失的情况，那么其损失会十分惨重。为此，数据库管理员应针对具体的业务要求制定详细的数据库备份与恢复策略，并通过模拟故障对每种可能出现的情况进行严格测试，只有这样才能保证数据的高可用性。数据库备份是一个长期的过程，而恢复只在发生事故后进行。恢复可以被看作备份的逆过程，因此恢复程度在很大程度上依赖于备份的情况。此外，数据库管理员在恢复时采取的步骤是否正确也直接影响最终的恢复结果。

2.6.1 备份类型

备份数据库是指对数据库或事务日志进行复制，当系统、磁盘或数据库文件损坏时，可以使用备份文件进行恢复，防止数据丢失。SQL Server 数据库支持以下几种备份类型，分别应用于不同的场合。

- 仅复制备份（Copy-Only Backup）：独立于正常 SQL Server 备份序列的特殊用途备份。
- 数据备份（Data Backup）：包括完整数据库的数据备份、部分数据库的数据备份、一组数据文件或文件组的备份。
- 数据库备份（Database Backup）：数据库的备份。完整数据库备份表示备份完成时的整个数据库；差异数据库备份只包含最近完整备份以来对数据库所做的更改。
- 差异备份（Differential Backup）：基于完整数据库或部分数据库，以及一组数据文件或文件组的最新完整备份的数据备份（差异基准），仅包含自差异基准以来发生了更改的数据区。
- 完整备份（Full Backup）：一种数据备份，包含特定数据库或者一组特定的数据文件或文件组中的所有数据，以及可以恢复这些数据的日志。
- 日志备份（Log Backup）：包括以前日志备份中未备份的所有日志记录的事务日志备份，完全恢复模式。
- 文件备份（File Backup）：一组数据文件或文件组的备份。
- 部分备份（Partial Backup）：仅包含数据库中部分文件组的数据（包含主要文件组、每个读写文件组，以及任何可以指定的只读文件中的数据）。

2.6.2　恢复模式

恢复模式旨在控制事务日志维护，给用户提供选择。SQL Server 2022 有 3 种恢复模式：简单恢复模式、完全恢复模式和大容量日志恢复模式。数据库通常使用简单恢复模式或完全恢复模式进行恢复。

1. 简单恢复模式

简单恢复模式可以最大限度地减少事务日志的管理开销，因为它不备份事务日志。若数据库损坏，则简单恢复模式将带来极大的数据丢失风险——数据只能恢复到已丢失数据的最新备份。因此，在简单恢复模式下，备份时间间隔应尽可能短，以防止大量丢失数据。但是，设置的备份时间间隔应当避免备份的开销影响生产工作。在备份策略中加入差异备份，有助于减小开销。

简单恢复模式通常用于测试和开发数据库，或者用于主要包含只读数据的数据库（如数据仓库）。简单恢复模式并不适合生产系统，因为对生产系统而言，丢失最新的数据更改是无法令人接受的。在这种情况下，建议使用完全恢复模式。

2. 完全恢复模式和大容量日志恢复模式

与简单恢复模式相比，完全恢复模式和大容量日志恢复模式提供了更强的数据保护功能。这些恢复模式基于备份事务日志来提供完整的可恢复性，以及在最大范围的故障情形内防止数据丢失。

（1）完全恢复模式。完全恢复模式需要日志备份。此模式完整记录了所有事务并将事务日志记录保留到对其备份完毕为止。如果能够在出现故障后备份日志尾部，就可以使用完全恢复模式将数据库恢复到故障点的状态。完全恢复模式也支持还原单个数据页。

（2）大容量日志恢复模式。大容量日志记录了大多数大容量操作，被用作完全恢复模式的附加模式。对于某些大规模、大容量操作（如大容量导入或索引创建），暂时切换到大容量日志恢复模式可以提高性能并减小日志空间使用量。与完全恢复模式相同，大容量日志恢复模式也将事务日志记录保留到对其备份完毕为止。

2.6.3　备份数据库

为了方便用户，SQL Server 2022 支持在数据库在线且正在使用时进行备份，但是存在以下限制。

1. 无法备份脱机数据

如果数据处于脱机状态，那么任何尝试备份这些数据的操作都会失败，因为脱机状态意味着数据无法被访问或处理。

2. 备份过程中的并发限制

在数据库仍处于使用状态时，SQL Server 可以使用联机备份来备份数据库。在备份过程中，可以进行多个操作。

如果备份操作与文件管理操作或收缩操作重叠，就会产生冲突。无论哪个冲突操作先开始，第二个操作都会等待第一个操作设置的锁超时（超时期限由会话超时设置控制）。如果在超时期限内释放锁，那么第二个操作将继续执行，否则第二个操作失败。

一般来说，SQL Server 2022 可以通过 SQL Server Management Studio 工具实现备份，其主要操作步骤如下。

（1）在“对象资源管理器”窗格中右击要备份的数据库，在弹出的快捷菜单中选择“任务”→“备份”命令。

（2）在弹出的“备份数据库”窗口中，单击“添加”按钮，并在弹出的“定位数据库文件”对话框中选择备份路径，设置“文件类型”为“备份文件（*.bak;*.trn)”，在“文件名”文本框中填写要备份的数据库的名称，之后连续单击“确定”按钮，即可完成数据库的备份操作，如图 2.28 所示。

图 2.28　备份数据库

2.6.4　恢复数据库

数据库完全恢复的目的是还原整个数据库，整个数据库在还原期间处于脱机状态。在数据库的任何部分变为联机状态之前，必须将所有数据恢复到同一时间点的状态，即数据库的所有部分都处于同一时间点的状态且不存在未提交的事务。在简单恢复模式下，数据库不能被还原到特定备份中特定时间点的状态。

在完全恢复模式下还原数据备份后，必须先还原所有后续的事务日志备份，再恢复数据库。我们可以将数据库还原到这些日志备份的一个特定恢复点的状态。恢复点可以是特定的日期和时间、标记的事务或日志序列号。在恢复数据库时，特别是在完全恢复模式或大容量日志恢复模式下，应当指定一个还原顺序。

与备份数据库类似，用户可以通过 SQL Server Management Studio 工具的对象资源管理器来实现恢复数据库的操作，其主要操作步骤如下。

（1）在“对象资源管理器”窗格中展开“数据库”节点，根据具体的数据库选择一个用户数据库，或者继续展开“系统数据库”节点，选择一个系统数据库，右击相应的数据库，在弹出的快捷菜单中选择“还原数据库”命令。

（2）在弹出的“还原数据库”窗口中，选择左侧的“常规”选项，在“源”选项组中指定要还原的备份集的源和位置；在“目标”选项组中，“数据库”文本框中会自动填充要还原的数据库的名称，若要修改数据库名称，则可以在“数据库”文本框中输入新名称；在“还原到”文本框中，保持默认设置“上次执行的备份（2024 年 3 月 3 日 23:40:15）”（或者单击“时间线”按钮，弹出“备份时间线”窗口，手动选择要停止恢复操作的时间点），如图 2.29 所示。

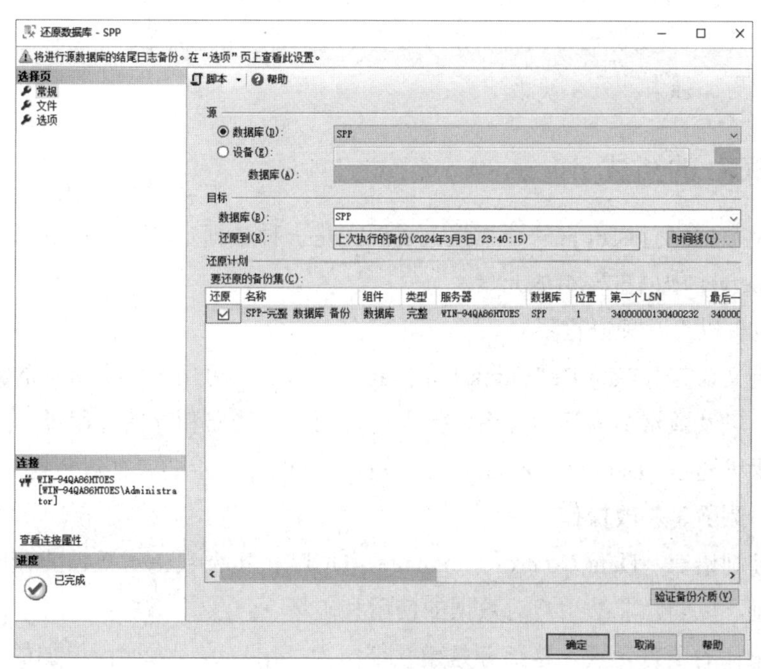

图 2.29　还原数据库

2.7 本章小结

本章首先介绍了使用对象资源管理器和 SQL 语句来创建和修改数据库，以及创建、修改和删除数据表的基本操作；然后在数据库和数据表创建成功的基础上，重点介绍了如何使用 SQL 语句对数据表中的数据进行添加、查询、修改和删除操作；最后介绍了数据库安全设置的常用方法，以及数据库的备份与恢复。

第 3 章

T-SQL 基础

3.1 T-SQL 概述

T-SQL 是 Transact-SQL 的缩写，是微软公司针对其自身的数据库产品 SQL Server 设计开发的、遵循 SQL 标准的结构化查询语言，是 SQL 在 Microsoft SQL Server 上的增强版。T-SQL 具有 SQL 的主要特点，同时增加了变量、运算符、函数、流程控制语句和注释等语言元素，功能更加强大。

3.1.1 T-SQL 的组成

T-SQL 是数据库查询语言的一个强大实现，是一种数据定义、数据操纵和数据控制语言，是 SQL Server 中的重要组成元素。

T-SQL 包含以下几种语言要素。

- 数据定义语言（Data Definition Language，DDL）：可用于定义所存放数据的结构和组织，以及数据项之间的关系，如表、视图、触发器和存储过程等。
- 数据操纵语言（Data Manipulation Language，DML）：主要包括对数据库数据的查询、插入、删除、修改操作。
- 数据控制语言（Data Control Language，DCL）：主要包括对数据的存储控制和完整性控制，以防止非法用户对数据的使用和破坏。
- 一些附加的语言元素。这部分是微软公司为了用户编程方便而增加的语言要素。T-SQL 作为一种过程型语言，除了与数据库建立连接、处理数据，还具有过程型语言的元素组成，如批处理命令、标识符、系统函数、表达式、变量、数据类型、运算符、流程控制语句、注释、保留关键字等。

3.1.2 T-SQL 语法规则

在 T-SQL 中，通常会用到一些符号。T-SQL 语法规则如表 3.1 所示。

表 3.1 T-SQL 语法规则

<table>
<tr><th>语法规则</th><th>说明</th></tr>
<tr><td>大写</td><td>T-SQL 关键字</td></tr>
<tr><td>斜体</td><td>T-SQL 语句中用户提供的参数</td></tr>
<tr><td>|（竖线）</td><td>分隔方括号或花括号内的语法项，只能选择一个语法项</td></tr>
<tr><td>[ ]（方括号）</td><td>可选语法项，不必键入方括号</td></tr>
<tr><td>{}（花括号）</td><td>必选语法项，不必键入花括号</td></tr>
<tr><td>[,...n]</td><td>表示前面的语法项可重复 n 次，每个语法项由逗号分隔</td></tr>
<tr><td>[...n]</td><td>表示前面的语法项可重复 n 次，每个语法项由空格分隔</td></tr>
<tr><td>加粗</td><td>数据库名、表名、列名、索引名、存储过程、实用工具、数据类型名，以及必须按所显示的原样键入的文本</td></tr>
<tr><td><标签>::=</td><td>语法块的名称，此规则用于对可在语句中的多个位置使用的过长语法或语法单元部分进行分组和标记，适合使用语法块的每个位置由括在尖括号内的标签表示：<标签></td></tr>
</table>

3.1.3 批处理

批处理是指同时从应用程序发送到 SQL Server 中并得以执行的一组单条或多条 T-SQL 语句。SQL Server 将批处理编译为单个可执行单元，称为执行计划。执行计划中的语句每次仅被执行一条。

如果批处理中的某条语句发生编译错误，那么批处理中的所有语句都将无法执行。但是通过编译的批处理语句，如果在运行时发生错误，那么错误的语句之前所执行的语句不会受影响（批处理位于事务中并且错误导致事务回滚的情况例外）。

在编写批处理时，GO 语句是批处理的结束标志，从程序开头或某一个 GO 语句开始到下一个 GO 语句或程序结束为一个批处理。当编译器读取 GO 语句时，会把 GO 语句前的所有语句当作一个批处理，并将这些语句打包发送给数据库服务器。

使用批处理的规则如下。

- CREATE DEFAULT、CREATE FUNCTION、CREATE PROCEDURE、CREATE RULE、CREATE TRIGGER、GREATE VIEW 语句不能在批处理中与其他语句组合使用。
- 若 EXECUTE 语句是批处理中的第一条语句，则 EXECUTE 关键字可以省略；若 EXECUTE 语句不是批处理中的第一条语句，则 EXECUTE 关键字不能省略。
- 在删除一个对象之后，不能在同一个批处理中再次引用该对象。
- 在定义一个检查约束之后，不能立即在同一个批处理中使用该检查约束。
- 在把规则和默认值绑定到表字段之后，不能立即在同一个批处理中使用该表字段。
- 在修改数据表中的一个字段之后，不能立即在同一个批处理中引用该字段。
- 局部变量的作用域被限制在一个批处理中，不能在 GO 语句之后再次引用该变量。

3.2 数据类型

在 SQL Server 中，列、变量和参数与高级语言的变量一样，都有自己的数据类型。数据类型是指定这些对象可以存储的数据类型的属性，包括整数数据类型、浮点数据类型、字符数据类型、货币数据类型、日期和时间数据类型等。下面分别介绍 SQL Server 中的常见数据类型。

1. 整数数据类型（int、smallint、tinyint、bigint）

- int（或称 integer）。int 类型用于存储 -2^{31}～$2^{31}-1$ 的所有正/负整数，每个 int 类型的数据占用 4 字节（32 位）的存储空间，其中 1 位表示整数值的正/负号，其他 31 位表示整数值的长度和大小。
- smallint。smallint 类型用于存储 -2^{15}～$2^{15}-1$ 的所有正/负整数，每个 smallint 类型的数据占用 2 字节（16 位）的存储空间，其中 1 位表示整数值的正/负号，其他 15 位表示整数值的长度和大小。
- tinyint。tinyint 类型用于存储 0～255 的所有正整数，每个 tinyint 类型的数据占用 1 字节的存储空间。
- bigint。bigint 类型用于存储 -2^{63}～$2^{63}-1$ 的所有正/负整数，每个 bigint 类型的数据占用 8 字节的存储空间。

2. 浮点数据类型（real、float、decimal、numeric）

浮点数据类型用于存储十进制小数。

- real。real 类型可精确到第 7 位小数，用于存储-3.40E+38～3.40E+38 的数值。每个 real 类型的数据占用 4 字节的存储空间。
- float。float 类型可精确到第 15 位小数，用于存储-1.79E+308～1.79E+308 的数值。每个 float 类型的数据占用 8 字节的存储空间。float 类型的定义形式为 float（[n]）。n 用于指定 float 类型数据的精度，取值范围为 1～15 的整数值。当 n 取 1～7 时，系统实际上定义了一个 real 类型的数据，占用 4 字节的存储空间；当 n 取 8～15 时，系统认为该数据为 float 类型，占用 8 字节的存储空间。
- decimal。decimal 类型可以提供小数所需要的实际存储空间，但也有一定的限制，用户可以用 2～17 字节来存储 $-10^{38}+1$～$10^{38}-1$ 的数值。decimal 类型的定义形式为 decimal[(p,[s])]，p 和 s 确定了精确的比例和数位。其中，p 表示可供存储的值的总位数（不包括小数点），默认值为 18；s 表示小数点后的位数，默认值为 0。例如，decimal(15,5)，表示共有 15 位数，其中整数有 10 位，小数有 5 位。
- numeric。numeric 类型与 decimal 类型完全相同。

3. 二进制数据类型（binary、varbinary）

- binary。binary 类型用于存储二进制数据，其定义形式为 binary(n)，n 表示数据的长度，取值范围为 1～8000。在使用时，必须指定 binary 类型数据的大小至少为 1 字节。binary 类型的数据占用 n+4 字节的存储空间。在输入数据时必须在数据前加上字符“0x”作为二进制标识，例如，要输入“abc”，应输入“0xabc”。若输入的数据过长，则会截掉其超出部分。若输入的数据位数为奇数，则会在起始符号“0x”后添加一个 0，如上述的“0xabc”会被系统自动变为“0x0abc”。
- varbinary。varbinary 类型的定义形式为 varbinary(n)。它与 binary 类型相似，n 的取值范围也为 1～8000，若输入的数据过长，则会截掉其超出部分。不同的是，varbinary 类型具有变动长度的特性，因为 varbinary 类型的存储长度为实际数值长度+4 字节。当 binary 类型允许 Null 值（所谓 Null 值，是指空值或无意义的值）时，将被视为 varbinary 类型。

在一般情况下，由于 binary 类型长度固定，因此它比 varbinary 类型的处理速度快。

4. 布尔数据类型（bit）

SQL Server 2022 中的布尔数据类型是 bit 类型。bit 类型的数据只能取 0、1 或 Null，分别代表 TRUE、FALSE 和 UNKNOWN。

5. 字符数据类型（char、nchar、varchar、nvarchar）

字符数据类型是使用最多的数据类型。它可以用来存储各种字母、数字符号、特殊符号。在一般情况下，使用该数据类型的数据时必须在其前后加上单引号。

- char。char 类型的定义形式为 char[(n)]。以 char 类型存储的每个字符和符号占 1 字节的存储空间。n 表示所有字符所占的存储空间，取值范围为 1～8000，即可容纳 8000 个 ANSI 字符。若不指定 n 值，则系统默认值为 1。若输入数据的字符数小于 n，则系统会自动在其后添加空格来填满设定好的空间。若输入的数据过长，将会截掉其超出部分。
- nchar。nchar 类型的定义形式为 nchar[(n)]。它与 char 类型相似。不同的是，n 的取值范围为 1～4000。因为 nchar 类型采用 Unicode 标准字符集。Unicode 标准规定每个字符占用 2 字节的存储空间，所以它比非 Unicode 标准的数据类型多占用一倍的存储空间。使用 Unicode 标准的好处是它使用 2 字节作为存储单位，其一个存储单位的容纳量就大大增加了，可以将全世界的语言文字都囊括在内，在一个数据列中就可以同时出现中文、英文、法文、德文等，而不会出现编码冲突。
- varchar。varchar 类型的定义形式为 varchar[(n)]。它与 char 类型相似，n 的取值范围也为 1～8000，若输入的数据过长，则会截掉其超出部分。不同的是，varchar 类型具有变动长度的特性，因为 varchar 类型的存储长度为实际数据长度，若输入数据的字符数小于 n，则系统不会在其后添加空格来填满设定好的空间。

- nvarchar。nvarchar 类型的定义形式为 nvarchar[(n)]。它与 varchar 类型相似。不同的是，nvarchar 类型采用 Unicode 标准字符集，n 的取值范围为 1～4000。

在一般情况下，由于 char 类型的长度固定，因此它比 varchar 类型的处理速度快。

6. 文本和图形数据类型（text、ntext、image）

这类数据类型用于存储大量的字符或二进制数据。

- text。text 类型用于存储大量文本数据，其容量理论上为 $1\sim2^{31}-1$ 字节，在实际应用时需要根据磁盘的存储空间来确定。
- ntext。ntext 类型与 text 类型相似。不同的是，ntext 类型采用 Unicode 标准字符集，因此其容量理论上为 $1\sim2^{30}-1$ 字节。
- image。image 类型用于存储大量的二进制数据，其容量理论上为 $1\sim2^{31}-1$ 字节。其存储数据的模式与 text 类型相同。它通常用来存储图形等 OLE 对象。在输入数据时，与 binary 类型一样，必须在数据前加上字符“0x”作为二进制标识。

7. 日期和时间数据类型（datetime、smalldatetime）

- datetime。datetime 类型用于存储日期和时间的结合体。它可以存储从公元 1753 年 1 月 1 日零时到公元 9999 年 12 月 31 日 23 时 59 分 59 秒的所有日期和时间，其精确度可达三百分之一秒，约 3.33 毫秒。datetime 类型所占用的存储空间为 8 字节。其中，前 4 字节用于存储公元 1900 年 1 月 1 日以前或以后的天数，数值分正数和负数，正数表示在此日期之后的日期，负数表示在此日期之前的日期；后 4 字节用于存储从此日期零时到指定的时间所经过的毫秒数。如果在输入数据时省略了时间部分，那么系统会将 12:00:00:000AM 作为时间默认值；如果省略了日期部分，那么系统会将公元 1900 年 1 月 1 日作为日期默认值。
- smalldatetime。smalldatetime 类型与 datetime 类型相似，但其日期和时间范围较小，为从公元 1900 年 1 月 1 日到公元 2079 年 6 月 6 日；精度较低，只能精确到分钟，其分钟个位上为根据秒数进行四舍五入的值（以 30 秒为界进行四舍五入）。例如，当 datetime 时间为 14:38:30.283 时，smalldatetime 时间为 14:39:00。smalldatetime 类型使用 4 字节存储数据。其中，前 2 字节用于存储从公元 1900 年 1 月 1 日以来的天数，后 2 字节用于存储从此日期零时到指定的时间所经过的分钟数。

8. 货币数据类型（money、smallmoney）

货币数据类型用于存储货币值。在使用货币数据类型时，必须在数据前加上货币符号，系统才能辨识出其为哪国的货币，若不加货币符号，则默认为“¥”。

- money。money 类型数据是一个有 4 位小数的 decimal 值，其取值范围为 $-2^{63}\sim2^{63}-1$，数据精度为万分之一货币单位。money 类型占用 8 字节的存储空间。

- smallmoney。smallmoney 类型与 money 类型相似，但其存储的货币值范围比 money 类型小，为 $-2^{31}\sim2^{31}-1$，占用 4 字节的存储空间。

3.3 常量和变量

常量是在程序运行过程中，值保持不变的量；变量是在程序运行过程中，值可以发生变化的量，通常用来保存程序运行过程中的录入数据、中间结果和最终结果。

3.3.1 常量

常量称为文字值或标量值，是表示一个特定数据值的符号。常量的格式取决于它所表示的值的数据类型。根据常量值的不同类型，T-SQL 常量分为数字常量、字符串常量、日期和时间常量，以及符号常量等。

1. 数字常量

数字常量，即数值型常量，其格式不需要采用任何其他的符号，只需要按照特定的数据类型进行赋值即可。T-SQL 主要包含以下几种数字常量。

- bit 常量。bit 常量使用数字 0 或 1 表示，并且不使用引号。如果使用一个大于 1 的数字，那么它将被转换为 1。
- integer 常量。intcgcr 常量由没有用引号括起来且不含小数点的一串数字表示。integer 常量必须是整数，不能包含小数点，如 176、99 等。
- decimal 常量。decimal 常量由没有用引号括起来且包含小数点的一串数字表示，如 176.87、0.2314、99.0 等。
- float 常量和 real 常量。float 常量和 real 常量使用科学记数法表示，如 10.23E4、0.83E-3 等。
- money 常量。money 常量使用以可选小数点和可选货币符号作为前缀的一串数字表示。这些常量不使用引号，如$1234.56、$100 等。

2. 字符串常量

T-SQL 的字符串常量是用单引号括起来且包含字母或数字（a～z、A～Z 和 0～9）的字符及特殊字符，如感叹号（!）、@和#。

字符串常量分为 ASCII 字符串常量和 Unicode 字符串常量。

- ASCII 字符串常量。ASCII 字符串常量用单引号括起来，如'China' 'How are you?' 'O"Bbaar'等，此外，空字符串用中间没有任何字符的两个单引号"表示。
- Unicode 字符串常量。Unicode 字符串常量的格式与普通字符串的格式相似，但它前面有一个 N 标识符［N 代表 SQL-92 标准中的国际语言（National Language）］。N 前缀必须是大写字母形式。例如，'Michél'是字符串常量，而 N'Michél'则是 Unicode 字符串常量。Unicode 字符串常量被解释为 Unicode 数据，并且不使用代码页进行计算。Unicode 字符串常量确实有排序规则，主要用于比较和区分大小写。通常会为 Unicode 字符串常量指派当前数据库的默认排序规则，除非使用 COLLATE 子句为其指定了排序规则。Unicode 数据中的每个字符都使用 2 字节进行存储，而字符类型数据中的每个字符都使用 1 字节进行存储。

3. 日期和时间常量

日期和时间常量是用单引号将表示日期和时间的字符串括起来而构成的。根据日期和时间的不同表示格式，T-SQL 的日期和时间常量可以有多种表示方式。

- 字母日期格式，如'April 20, 2000'。
- 数字日期格式，如'4/15/1998''1998-04-15'。
- 未分隔的字符串格式，如'20001207'。
- 时间常量，如'14:30:24''04:24:PM'。
- 日期和时间常量，如'April 20, 2000 14:30:24'。

4. 符号常量

符号常量（或称唯一标识常量）是用于表示全局唯一标识符（GUID）的字符串，可以使用字符或二进制字符串指定。例如，两个相同的 GUID 示例如下。

```
'6A526F-88C635-DA94-0035C4100FC'
'0xfa35998cc44abe3e60028d5daf279ff'
```

3.3.2 变量

T-SQL 包括两种形式的变量：用户自己定义的局部变量和系统提供的全局变量。下面分别介绍局部变量和全局变量。

1. 局部变量

局部变量是一个拥有特定数据类型的对象，它的作用范围仅限于程序内部。局部变量是用于保存特定数据类型的单个数据值的变量。在 T-SQL 中，局部变量必须先定义再使用。

1）声明局部变量

在 T-SQL 中，用户可以使用 DECLARE 语句声明局部变量。在声明局部变量时，需要注意以下 3 个方面。

（1）为局部变量指定名称，且名称的第一个字符必须是@。

（2）指定局部变量的数据类型和长度。

（3）在默认情况下，将局部变量值设置为 Null。

用户可以在一个DECLARE语句中声明多个局部变量，且多个局部变量之间使用逗号分隔，语法格式如下。

```
DECLARE  { @local_variable data_type }  [ ,...n]
```

- @ local_variable：指定局部变量的名称。
- data_type：设置局部变量的数据类型及长度。局部变量可以为除text类型、ntext类型、image类型之外的任何数据类型。
- 所有局部变量在声明后均被初始化为Null，可以使用SELECT或SET语句设置相应的值。

2）为局部变量赋值

使用SET语句为局部变量赋值，或者使用SELECT语句选择列表中当前所引用的值来为局部变量赋值，语法格式如下。

```
SET  @local_variable=expression
SELECT {@local_variable=expression} [,...n]
[FROM table_name
WHERE condition]
```

- expression：给局部变量赋值的有效表达式，与局部变量@local_variable的数据类型相匹配。
- SELECT语句通常用于将单个值返回给局部变量，当有多个值时，将返回的最后一个值赋给局部变量。
- 若无返回值，则局部变量将保留当前值。
- 若expression不返回值，则局部变量值为Null。
- 一个SELECT语句可以初始化多个局部变量。

3）输出局部变量的值

使用PRINT、SELECT语句输出局部变量的值，语法格式如下。

```
PRINT    @local_variable | expression
SELECT   @local_variable[,...n] | expression[,...n]
```

【例3.1】定义一个可变长度字符变量@name，长度为20；固定长度字符变量@sex，长度为2；小整型变量@age。将变量@name赋值为'刘英子'；变量@sex赋值为'女'；变量@age赋值为19，并将它们输出。

T-SQL语句如下。

```
DECLARE @name varchar(20) , @sex char （2） , @age smallint
SET @name='刘英子'
SET @sex='女'
SET @age=19
```

```
SELECT @name, @sex, @age
```

或

```
DECLARE @name varchar(20) , @sex char (2) , @age smallint
SELECT @name='刘英子',@sex='女',@age=19
PRINT @name
PRINT @sex
PRINT @age
```

【例 3.2】将 Student 表中学号为 S202301011 的学生姓名赋值给变量@name。T-SQL 语句如下。

```
DECLARE @name varchar(20)
SELECT @name=Sname
FROM Student
WHERE Sno='S202301011'
PRINT @name
```

【例 3.3】定义两个变量@Max_Score 和@Min_Score，将 Student 表中的最大年龄和最小年龄分别赋给这两个变量。

```
DECLARE @Max_Sage smallint, @Min_Sage smallint
SELECT @Max_Sage =MAX(Sage), @Min_Sage=MIN(Sage)
FROM Student
SELECT @Max_Sage as 最大年龄,@Min_Sage as 最小年龄
```

2. 全局变量

全局变量由系统提供且预先定义，是 SQL Server 系统内部使用的变量，其作用范围并不仅限于某一程序，而是允许任何程序随时调用，通常用于存储 SQL Server 的配置设定值和统计数据。也可以说，全局变量是由系统定义和维护的变量，是用于记录服务器活动状态的一组数据。全局变量名以标识符“@@”开头。用户不能定义全局变量，也不能使用 SET 语句修改全局变量的值。

用户可以在程序中用全局变量来测试系统的设定值或 T-SQL 命令执行后的状态值。全局变量的查看语句与局部变量的相同：SELECT @@variable。

1）全局变量注意事项

- 全局变量不是由用户定义的，而是在服务器级定义的。
- 用户只能使用预先定义的全局变量。
- 在引用全局变量时，必须以标识符“@@”开头。
- 局部变量的名称不能与全局变量的名称相同，否则会在应用程序中出现不可预测的结果。

2）常用的全局变量

- @@CONNECTIONS：返回自最近一次启动 SQL Server 以来连接或试图连接的次数。
- @@ERROR：返回最后执行 SQL 语句的错误代码。
- @@ROWCOUNT：返回上一次语句影响的数据行的行数。
- @@SERVERNAME：返回运行 SQL Server 的本地服务器的名称。
- @@VERSION：返回当前 SQL Server 的安装日期、版本和处理器类型。
- @@LANGUAGE：返回当前 SQL Server 服务器的语言。

【例 3.4】 在 UPDATA 语句中，使用全局变量@@rowcount 检测是否存在发生更改的记录。

```
UPDATE Student
SET Sage=Sage+1
WHERE Dno='DP06'
PRINT @@rowcount
```

3.3.3　运算符

运算符是一种符号，用来指定要在一个或多个表达式中执行的操作。SQL Server 使用的运算符有算术运算符、赋值运算符、按位运算符、比较运算符、逻辑运算符、字符串串联运算符、一元运算符等。

1. 算术运算符

算术运算符用于对两个表达式执行数学运算，这两个表达式可以是数值数据类型（包括整数数据类型和浮点数据类型）中的任何数据类型。算术运算符如表 3.2 所示。

表 3.2　算术运算符

运　算　符	含　　义
+	加法
-	减法
*	乘法
/	除法
%	取模，返回一个除法的整数余数； 例如，13 % 4 = 1； 取模运算符两边的表达式必须是整数类型的数据

2. 赋值运算符

赋值运算符“=”可以将表达式的值赋给一个变量，通常用于 SET 语句和 SELECT 语句中。

3. 按位运算符

按位运算符用于对两个表达式执行位操作。按位运算符如表 3.3 所示。

表 3.3　按位运算符

<table>
<tr><th>运　算　符</th><th>含　　义</th></tr>
<tr><td>&</td><td>按位 AND（两个操作数）</td></tr>
<tr><td>|</td><td>按位 OR（两个操作数）</td></tr>
<tr><td>^</td><td>按位互斥 OR（两个操作数）</td></tr>
</table>

按位运算符的操作数可以是整数数据类型或二进制数据类型中的任何数据类型（但 image 数据类型除外）。此外，两个操作数不能同时是二进制数据类型中的某种数据类型。

4. 比较运算符

比较运算符是 SQL 中常见的一类运算符，WHERE 语句后的大部分条件语句是由表达式和比较运算符组成的，其格式如下。

```
<表达式> 比较运算符 <表达式>
```

比较运算符如表 3.4 所示。

表 3.4　比较运算符

运　算　符	含　　义
=	等于
<>	不等于
>	大于
<	小于
>=	大于或等于
<=	小于或等于

- 比较运算符的结果为布尔数据类型，该数据类型有 3 种取值，即 TRUE、FALSE、UNKNOWN，那些返回布尔值的表达式被称为布尔表达式。
- 与其他 SQL Server 数据类型不同，不能将布尔数据类型指定为表列或变量的数据类型，也不能在结果集中返回布尔值。
- 当设置 ANSI_NULLS 为 ON 状态时，带有一个或两个 NULL 表达式的运算符会返回 UNKNOWN。当设置 ANSI_NULLS 为 OFF 状态时，上述规则同样适用，只不过如果两个表达式都为 NULL，那么等号运算符返回 TRUE。例如，如果设置 ANSI_NULLS 为 OFF 状态，那么 NULL=NULL 会返回 TRUE。

5. 逻辑运算符

逻辑运算符用于对某些条件进行测试，以获得真实情况。逻辑运算符的输出结果为

TRUE 或 FALSE。逻辑运算符如表 3.5 所示。

表 3.5　逻辑运算符

运　算　符	含　　义
ALL	若一组比较的结果都为 TRUE，则输出 TRUE
AND	若两个布尔表达式的结果都为 TRUE，则输出 TRUE
ANY	若一组比较中任何一个的结果为 TRUE，则输出 TRUE
BETWEEN	若操作数在某个范围内，则输出 TRUE
EXISTS	若子查询包含一些行，则输出 TRUE
IN	若操作数等于表达式列表中的一个，则输出 TRUE
LIKE	若操作数与一种模式相匹配，则输出 TRUE
NOT	对任何其他布尔运算符的值取反
OR	若两个布尔表达式中有一个的结果为 TRUE，则输出 TRUE
SOME	若在一组比较中，有些比较的结果为 TRUE，则输出 TRUE

6. 字符串串联运算符

字符串串联运算符允许通过加号（+）进行字符串串联，这个加号被称为字符串串联运算符。例如，SELECT '123'+'456'语句的结果是 123456。所有字符串操作都可以通过字符串函数（如 SUBSTRING）进行处理。

在默认情况下，对于 varchar 类型的数据，在 INSERT 语句或赋值语句中，将空的字符串解释为空字符串。在串联 varchar 类型、char 类型或 text 类型的数据时，空的字符串被解释为空字符串。

7. 一元运算符

一元运算符只对一个表达式执行操作，这个表达式可以是数字数据类型中的任何一种数据类型。+（正）和-（负）运算符可以用于数字数据类型中任何数据类型的表达式。~（按位 NOT）运算符可以用于整数数据类型中任何数据类型的表达式。

8. 运算符的优先级

当一个复杂的表达式中有多个运算符时，运算符优先级可以决定执行运算的先后次序。运算符优先级如表 3.6 所示。执行的顺序为从上到下、从左到右。

表 3.6　运算符优先级

优 先 级	类　　型	运　算　符
1	括号	()
2	一元运算符	+（正）、-（负）、~（按位 NOT）
3	乘除取模	*（乘）、/（除）、%（取模）
4	加减串联	+（加）、-（减）、+（串联）
5	比较运算	=、>、<、>=、<=、<>

续表

优先级	类型	运算符
6	位运算	^（位异或）、&（位与）、|（位或）
7	逻辑非	NOT
8	逻辑与	AND
9	逻辑或等	OR、ALL、ANY、BETWEEN、IN、LIKE、SOME
10	赋值	=（赋值）

9. 通配符

在 SQL 中，字符串（字符数据类型）之间的比较通常使用 LIKE 关键字，而 LIKE 通常与通配符一起使用，从而大大提高其使用效率。通配符是指字符串中可用于替代其他任意字符的字符。在 SQL 中，常用的通配符有“_”“%”“[]”“[^]”四种，如表 3.7 所示。

表 3.7 通配符

通配符	描述	示例
_	匹配任意单个字符	WHERE Sname LIKE '李_'; 查找姓李且名字只有两个字的学生
%	匹配包含零或多个字符的字符串	WHERE Sname LIKE '李%'; 查找姓李的所有学生
[ ]	匹配指定范围[a-f]或集合[abcdef]中的任意单个字符	WHERE Pno LIKE 'P[1,2]001'; 查找项目编号以 P 开头，第二个字符为 1 或 2，后 3 个字符为 001 的所有项目，如 P1001、P2001
[^]	匹配不属于指定范围[a-f]或集合[abcdef]中的任意单个字符	WHERE Pno LIKE 'P[^1]001'; 查找项目编号以 P 开头，第二个字符不为 1，后 3 个字符为 001 的所有项目，如 P2001、P3001

10. 注释符

注释是指程序代码中不执行的文本字符串，用于对代码进行说明或暂时禁用正在进行诊断的部分语句。

Microsoft SQL Server 支持两种注释方式，即双连字符（--）注释方式和正斜杠星号字符对（/*…*/）注释方式。

- 双连字符注释方式主要用于在一行中对代码进行解释和描述。
- 正斜杠星号字符对注释方式既可以用于多行注释，也可以与执行的代码处于同一行，甚至还可以在可执行代码的内部。
- 双连字符注释方式和正斜杠星号字符对注释方式都没有注释长度的限制。一般来说，行内注释采用双连字符，多行注释采用正斜杠星号字符对。

3.4 流程控制语句

T-SQL 的流程控制语句与常见程序设计语言的类似，主要有条件语句、循环语句、等待语句等。表 3.8 所示为 T-SQL 流程控制关键字。

表 3.8　T-SQL 流程控制关键字

关 键 字	描 述
BEGIN…END	定义语句块
IF…ELSE	定义条件，以及当条件为 FALSE 时的操作
CASE	多条件分支语句
WHILE	当特定条件为 TRUE 时重复语句
BREAK	退出最内层的 WHILE 循环
CONTINUE	重新开始 WHILE 循环
WAITFOR	为语句的执行设置延时
GOTO label	转到 label 处执行
RETURN	无条件退出

3.4.1 BEGIN…END 语句

BEGIN…END 语句用于将多条 T-SQL 语句组合成一个语句块，以便将它们视为一个整体来处理。在条件语句和循环语句等流程控制语句中，当符合特定条件并执行两条或两条以上的 T-SQL 语句时，需要使用 BEGIN…END 语句将它们组合成一个语句块。BEGIN…END 语句允许嵌套使用，其语法格式如下。

```
BEGIN
{sql_statement | statement_block}
END
```

其中，sql_statement | statement_block 是指所包含的 T-SQL 语句或语句块。

3.4.2 IF…ELSE 语句

IF…ELSE 语句是条件判断语句。利用该语句使程序具有不同条件的分支，可以实现各种不同条件下的操作功能。该语句的语法格式如下。

```
IF Boolean_expression
{ sql_statement1 | statement_block1 }
[ ELSE
{ sql_statement2| statement_block2 } ]
```

- ELSE 子句是可选的，最简单的 IF 语句没有 ELSE 子句部分。
- 如果不使用 BEGIN…END 语句，那么 IF 或 ELSE 只能执行一条语句。
- IF…ELSE 语句允许进行嵌套，实现多重条件的选择。在 T-SQL 中，最多可以嵌套 32 级。

【例 3.5】从 Student 表中查找学号为 S202301018 的学生的年龄，若其年龄大于或等于 18 岁，则输出该学生信息；若其年龄小于 18 岁，则给出提示信息，并将其年龄加 1 岁。

```
DECLARE @age smallint
SELECT @age=Sage FROM Student
WHERE Sno='S202301018'
IF @age>=18
    SELECT *
    FROM Student
    WHERE Sno='S202301018'
ELSE
    BEGIN
      PRINT '该学生年龄小于 18 岁!'
      UPDATE Student
      SET Sage=Sage+1
      WHERE Sno='S202301018'
    END
```

3.4.3 CASE 函数

虽然使用 IF 语句嵌套可以实现多重条件的选择，但是比较烦琐。SQL Server 提供了一个简单的方法，就是 CASE 函数。CASE 函数按其使用形式的不同，可以分为简单 CASE 函数和搜索 CASE 函数。

1. 简单 CASE 函数

简单 CASE 函数必须以 CASE 开头，以 END 结尾。它能够将一个计算表达式与一系列比较表达式进行比较，并且返回符合条件的结果表达式，其语法格式如下。

```
CASE  input_expression
WHEN when_expression THEN result_expression
[ ...n ]
[ELSE else_result_expression ]
END
```

- input_expression：指定计算表达式。
- when_expression：指定比较表达式。将 input_expression 的值依次与每个 WHEN 子句中的 when_expression 的值进行比较。注意：在 CASE 函数中，各个 when_expression 的值的数据类型必须与 input_expression 的值的数据类型相同，或者是可以隐式转换的数据类型。
- result_expression：指定当 input_expression 的值与 when_expression 的值相同时，返回的结果表达式。

- else_result_expression：指定当 input_expression 的值与所有 when_expression 的值均不相同时，返回的结果表达式。

在 CASE 函数中，如果多个 WHEN 子句中 when_expression 的值与 input_expression 的值相同，那么只会返回第一个与 input_expression 值相同的 when_expression 对应的 result_expression 的值。

【例 3.6】根据 Student 表，显示学生的学号、姓名和性别，若性别为“男”，则显示“M”；若性别为“女”，则显示“F”。

```
SELECT Sno as 学号,Sname as 姓名,性别=
CASE Ssex
 WHEN '男' THEN 'M'
 WHEN '女' THEN 'F'
END
FROM Student
```

2. 搜索 CASE 函数

搜索 CASE 函数的语法格式如下。

```
CASE
WHEN Boolean_expression THEN result_expression
[ ...n ]
[ELSE else_result_expression ]
END
```

Boolean_expression：条件表达式，结果为布尔值。

【例 3.7】定义成绩变量@chengji，为其设定初值，根据初值判断并输出该成绩的等级。

```
DECLARE @chengji float,@pingyu varchar(40)
SET @chengji=80
SET @pingyu=
CASE
     WHEN @chengji>100 or @chengji<0 then '您输入的成绩超出正常范围'
     WHEN @chengji>=60 or @chengji<70 then '及格'
     WHEN @chengji>=70 or @chengji<85 then '良好'
     WHEN @chengji>=85 or @chengji<=100 then '优秀'
     ELSE '不及格'
END
PRINT '该学生的成绩评语是:'+@pingyu
```

3.4.4　WHILE 语句

WHILE 语句为循环语句，用于设置重复执行 SQL 语句或语句块的条件，且只要设置的条件为 TRUE，就重复执行命令行或程序块，其语法格式如下。

```
WHILE Boolean_expression
BEGIN
{ sql_statement | statement_block }
[ BREAK ]
[ CONTINUE ]
{ sql_statement | statement_block }
END
```

其中，CONTINUE 子句和 BREAK 子句可以控制 WHILE 循环中语句的执行。CONTINUE 子句可以让程序跳过 CONTINUE 之后的所有语句，回到 WHILE 循环的第一行，继续进行下一次循环。BREAK 子句则可以使程序跳出循环，结束 WHILE 语句的执行。

【例 3.8】 编写 T-SQL 程序，计算 20～100 的累加和，如果累加和大于或等于 2000，则结束循环并输出结果。

```
DECLARE @sum int,@i int
SET @sum=0
SET @i=20
WHILE  @i<=100
     BEGIN
       SET @sum=@sum+@i
       IF @sum>=2000
         BREAK
       SET @i=@i+1
     END
PRINT '20~'+CAST(@i as varchar（2）)+'的累加和为：'+STR(@sum)
```

3.4.5 WAITFOR 语句

WAITFOR 语句为等待语句，又称延迟语句，用于指定触发器、存储过程或事务执行的时间或时间间隔；还可以暂停程序的运行，直到超过所设定的等待时间间隔或到达所设定的时间才继续执行。该语句的语法格式如下。

```
WAITFOR
{ DELAY 'time_to_pass' | TIME 'time_to_execute' }
```

- DELAY：指定可以继续执行批处理、存储过程或事务之前必须经过的等待时间间隔。
- time_to_pass：指定等待的时间间隔，最长可设定为 24 小时。
- TIME：指定运行批处理、存储过程或事务的时间。
- time_to_execute：指定 WAITFOR 语句的完成时间。

time_to_pass 和 time_to_execute 必须是 datetime 类型的，如“1:10:00”，但不能包括日期。

【例 3.9】 等待 5 秒后执行 SELECT 语句。

```
WAITFOR DELAY '0:0:5'
SELECT * FROM Student
```

3.4.6　GOTO 语句

GOTO 语句用于改变程序执行的流程，使程序流程跳到指定的标识符处，即跳过 GOTO 后面的语句，并从标识符的位置继续执行。

GOTO 语句和标识符可以用在语句块、批处理和存储过程中的任意位置。

作为跳转目标的标识符可以是数字与字符的组合，但必须以“:”结尾。在 GOTO 语句行中，标识符后不必跟“:”。该语句的语法格式如下。

```
GOTO label
```

【例 3.10】利用 GOTO 语句计算 1～100 范围内所有数的和。

```
DECLARE @x int,@sum int
SET @x=0
SET @sum=0
xh:SET @x=@x+1
SET @sum=@sum+@x
if @x<100
GOTO xh
PRINT '1~100 范围内所有数的和是：'+LTRIM(STR(@sum))
```

3.4.7　RETURN 语句

RETURN 语句用于从查询过程中无条件退出，此时位于该语句后的语句将不再被执行，而是返回到上一个调用它的程序或其他程序中。该语句的语法格式如下。

```
RETURN [ integer_expression ]
```

integer_expression 用于指定一个返回值，要求是整型表达式。integer_expression 部分是可选的，如果被省略，则 SQL Server 系统会根据程序的执行结果返回一个内定值。

RETURN 语句的返回值如表 3.9 所示。

表 3.9　RETURN 语句的返回值

返回值	含义	返回值	含义
0	程序执行成功	-8	非致命的内部错误
-1	找不到对象	-9	已达到系统的极限
-2	数据类型错误	-10	致命的内部不一致性错误
-3	死锁	-11	致命的内部不一致性错误
-4	违反权限原则	-12	表或指针破坏
-5	语法错误	-13	数据库破坏
-6	用户造成的一般错误	-14	硬件错误
-7	资源错误，如磁盘空间不足		

3.5 内置函数

SQL Server 提供了大量的内置函数，包括数学函数、字符串函数、数据类型转换函数、日期和时间函数等。

3.5.1 数学函数

1. 三角函数

- SIN：正弦函数。
- COS：余弦函数。
- TAN：正切函数。
- COT：余切函数。

2. 反三角函数

- ASIN：反正弦函数。
- ACOS：反余弦函数。
- ATAN：反正切函数。
- ATN2：返回两个值的反正切函数。

3. 角度弧度转换函数

- DEGREES：返回弧度值对应的角度值。
- RADIANS：返回角度值对应的弧度值。

4. 取近似值函数

CEILING：返回大于或等于所给数字表达式的近似值。

5. 幂函数

- EXP：指数函数。
- LOG：计算以 2 为底的自然对数。
- LOG10：计算以 10 为底的自然对数。
- POWER：幂运算。
- SQRT：平方根函数。
- SQUARE：平方函数。
- FLOOR：返回小于或等于一个数的最大整数。
- ROUND：对一个小数进行四舍五入运算，使其具备特定的精度。

6. 符号函数

- ABS：返回一个数的绝对值。
- SIGN：根据参数值是正数还是负数，返回-1、+1 或 0。

7. 随机函数

- RAND：返回 float 类型的随机数，该数的取值范围为 0～1。
- PI：返回以浮点数表示的圆周率。

【例 3.11】ABS 函数的使用。

```
SELECT ABS(-8.5)
```

在查询分析器内执行上面的语句，返回的结果是 8.5，即参数的绝对值。

【例 3.12】CEILING 函数的使用。

```
SELECT CEILING(25.3), CEILING(-25.3), CEILING(0)
```

返回结果是：26，-25，0。

【例 3.13】RAND 函数的使用。

```
SELECT FLOOR(RAND()*10),FLOOR(RAND（5）*10)
```

RAND 函数返回 0～1 范围内的一个随机数，但是如果其参数值（随机数种子）相同，则产生的随机数相同；如果参数值不同，则产生的随机数不同。上面的语句先对产生的随机数乘以 10 再取整，得到 0～10 范围内的随机整数。

3.5.2　字符串函数

字符串函数用于对字符串进行操作，表 3.10 列出了 SQL Server 的字符串函数及其简要说明。

表 3.10　SQL Server 的字符串函数及其简要说明

种　类	函数名称	说　明
转换函数	ASCII(<字符串表达式>)	返回字符串表达式最左边字符的 ASCII 值
	CHAR(<整型表达式>)	将 ASCII 值转换为字符
	STR(<浮点型表达式>[,<长度[,<小数长度>]>])	将数值数据转换为字符数据
	LOWER(<字符表达式>)	将大写字母转换为小写字母
	UPPER(<字符表达式>)	将小写字母转换为大写字母
取子串函数	SUBSTRING（<字符串表达式>，<起始位置>，<长度>）	在目标字符串或列值中返回指定起始位置和长度的子字符串（简称“子串”）
	LEFT(<字符串表达式>,n)	从字符串的左边取 n 个字符
	RIGHT（<字符串表达式>,n）	从字符串的右边取 n 个字符
去空格函数	LTRIM（<字符串表达式>）	删除字符串头部的空格
	RTRIM（<字符串表达式>）	删除字符串尾部的空格

续表

种　类	函 数 名 称	说　明
字符串比较函数	CHARINDEX(<字符串 2>,<字符串 1>)	返回字符串 2 在字符串 1 中出现的起始位置
	PATINDEX(%<模式>%,<字符串>)	返回指定模式在字符串中第一次出现的起始位置；若未找到，则返回零
基本字符串函数	SPACE(n)	返回由 n 个空格组成的字符串
	REPLICATE(<字符串>,n)	返回一个按指定字符串重复 n 次的字符串
	LEN（<字符串>）	返回指定字符串的字符个数
	STUFF（<字符串 1>,<起始位置>,<长度>,<字符串 2>）	用字符串 2 替换字符串 1 中指定起始位置、长度的子串
	REPLACE（<字符串 1>,<字符串 2>,<字符串 3>）	在字符串 1 中，用字符串 3 替换字符串 2
	REVERSE（<字符串>丨<列名>）	取字符串的逆序

以下是常用的字符串函数使用示例。

【例 3.14】ASCII 函数的用法。

```
SELECT ASCII('ABC')
```

【例 3.15】CHAR 函数的用法。

```
SELECT CHAR(58)
```

【例 3.16】LEFT 函数的用法。

```
SELECT LEFT('STUDENT',3)
```

【例 3.17】REPLACE 函数的用法。

```
SELECT REPLACE('CHINA','A','ESE')
```

【例 3.18】REPLICATE 函数的用法。

```
SELECT REPLICATE('*',5)+'AAAAA'+REPLICATE('*',5)
```

【例 3.19】STUFF 函数的用法。

```
SELECT STUFF('abcdefgbcd',2,4,'12')
```

3.5.3　数据类型转换函数

SQL Server 提供了两种数据类型转换函数，分别是 CAST 函数和 CONVERT 函数。

- CAST：将某种数据类型的表达式显式转换为另一种数据类型，使用格式为“CAST(<表达式> AS <数据类型>)”。
- CONVERT：将某种数据类型的表达式显式转换为另一种数据类型，可以指定长度，使用格式为“CONVERT(<数据类型>[<长度>],<表达式> [,日期格式])”。

【例 3.20】使用 CAST 函数将 Sage 转换为字符型，并实现字符串连接运算。

```
SELECT Sage
```

```
as 年龄,'年龄是: ' + CAST(Sage  AS varchar(3)) as 年龄
FROM Student
```

3.5.4　日期和时间函数

日期和时间函数用于对日期和时间输入值执行相关操作，并返回一个字符串、数字值或日期和时间值。表 3.11 列出了 SQL Server 的日期和时间函数及其简要说明。

表 3.11　SQL Server 的日期和时间函数及其简要说明

函　数	参　数	功　能
DATEADD	(datepart,number,date)	以 datepart 指定的方式返回 date 与 number 之和
DATEDIFF	(datepart,date1,date2)	以 datepart 指定的方式返回 date2 与 date1 之差
DATENAME	(datepart,date)	返回日期 date 中 datepart 指定部分所对应的字符串
DATEPART	(datepart,date)	返回日期 date 中 datepart 指定部分所对应的整数值
DAY	(date)	返回日期 date 的天数
GETDATE	()	返回当前日期和时间
MONTH	(date)	返回指定日期的月份数
YEAR	(date)	返回指定日期的年份数

【例 3.21】从 GETDATE 函数返回的日期中提取月份数和月份名称。

```
SELECT DATEPART(month, GETDATE())  AS  ' Number ',
DATENAME(month, GETDATE()) AS  ' Name '
```

【例 3.22】查看当前日期为本年中的第几天。

```
PRINT DATEPART(dy,GETDATE())
```

3.6 本章小结

本章首先介绍了 T-SQL 的语法规则和数据类型，常量和变量的定义及使用方法；然后通过实例进一步介绍了 T-SQL 主要的流程控制语句的使用规则；最后介绍了 T-SQL 的内置函数。

第 4 章

数据库编程

4.1 存储过程

在很多情况下，有些 T-SQL 语句和流程控制语句需要被反复执行，这不仅会带来烦琐的输入操作，还会由于客户机不断地向 SQL Server 发送大量的重复命令语句，而导致数据库系统运行效率降低。对此，SQL Server 可以将需要被反复执行的 T-SQL 语句和控制流语句集中起来，预编译为集合并保存到服务器端，由 SQL Server 数据库服务器来完成。应用程序只需调用集合的名称，即可实现某个特定的任务。这种机制就是存储过程，它可以使管理数据库、显示关于数据库及其用户信息的工作变得更加容易。

存储过程是一种被存储在数据库内、允许用户声明变量、可由应用程序调用、根据条件执行的、具有很强编程功能的数据库对象，是一个被命名的存储在服务器上的 T-SQL 语句的集合。使用存储过程有如下优点。

① 加快系统执行速度。存储过程在创建时进行了预编译，在执行一次后，其执行规划就存储在高速缓冲存储器中，之后每次执行时，只需要从高速缓冲存储器中调用已编译好的二进制代码，不需要重新编译，从而节省了时间，并提高了系统性能。

② 实现代码重用。存储过程一旦被创建，之后就可以在程序中被调用任意多次。它可以实现模块化程序设计，改进应用程序的可维护性，并允许应用程序统一访问数据库。

③ 封装复杂操作。当对数据库进行复杂操作时（如对多个表进行更新、删除时），可以使用存储过程将此复杂操作封装起来，并与数据库提供的事务处理结合在一起使用。

④ 增强安全性。使用存储过程可以完成所有数据库操作，可以通过编程方式控制上述操作对数据库信息访问的权限，可以设定特定用户具有对指定存储过程的执行权限，从而增强应用程序的安全性。另外，参数化存储过程有助于保护应用程序不受 SQL 注入式攻击，从而确保数据库的安全。

⑤ 降低网络负载。存储过程存储在服务器上，并且在服务器端执行，执行速度快，而客户端通过调用存储过程，可以使应用程序和数据库服务器间的通信量减小，从而降低网络负载。

⑥ 方便用户。可以将一些初始化的任务定义为存储过程，并在系统启动时自动执行，而不必让用户在系统启动后进行手动操作，大大方便了用户。

4.1.1　存储过程的类型

在 SQL Server 中，存储过程可以分为五大类：系统存储过程、用户定义的存储过程、扩展存储过程、临时存储过程和远程存储过程。

1. 系统存储过程

系统存储过程存储在系统数据库 master 和 msdb 中，可以作为命令执行各种操作，其前缀是“sp_”。在调用系统存储过程时，不必在其名称前加上数据库名。系统存储过程主要用于从系统表中获取信息，为系统管理员管理 SQL Server 提供帮助，为用户查看数据库对象提供方便。例如，执行 sp_helptext 系统存储过程可以显示规则、默认值、未加密的存储过程、用户函数、触发器或视图的文本信息；执行 sp_depends 系统存储过程可以显示与数据库对象相关的信息；执行 sp_rename 系统存储过程可以更改当前数据库中用户创建的对象的名称。

2. 用户定义的存储过程

用户定义的存储过程是由用户为完成某一特定功能，在用户数据库中编写的存储过程。它可以接收输入参数，向客户端返回表格或者标量结果和消息，调用数据定义语言和数据操纵语言，并返回输出参数。建议该存储过程不要以“sp_”为前缀。

用户定义的存储过程有两种类型：T-SQL 或 CLR。

① T-SQL 存储过程是指保存的 T-SQL 语句集合，可以接收和返回用户提供的参数。存储过程也可能从数据库向客户端应用程序返回数据。例如，Web 应用程序可能使用存储过程根据联机用户指定的搜索条件返回有关的信息。

② CLR 存储过程是指对.NET 框架公共语言运行时（Common Language Runtime，CLR）方法的引用，可以接收和返回用户提供的参数。它们在.NET 框架程序集中是作为类的公共静态方法实现的。

3. 扩展存储过程

扩展存储过程是在 SQL Server 环境外对动态链接库（Dynamic Link Library，DLL）函数的调用，是保存在动态链接库中、从动态链接中执行的 C++代码，一般以“xp_”为前缀，它们以与存储过程相似的方式来执行。

4. 临时存储过程

用户在创建存储过程时，在存储过程名的前面加上“##”，表示创建全局临时存储过程；在存储过程名的前面加上“#”，表示创建局部临时存储过程。局部临时存储过程只在创建它的会话中可用，并且会在当前会话结束时被删除。全局临时存储过程可以在所有会话中使用，即所有用户均可以访问该存储过程。临时存储过程都存储在 tempdb 数据库中。

5. 远程存储过程

远程存储过程是在远程服务器的数据库中创建和存储的过程。这些存储过程可以被各种服务器访问，向具有相应许可权限的用户提供服务。

4.1.2 使用 T-SQL 语句操作存储过程

在使用存储过程之前，需要先创建一个存储过程。可以通过以下 3 种方法操作存储过程：使用 SSMS 图形界面、使用向导、使用 T-SQL 语句。

因为使用 SSMS 图形界面及使用向导操作存储过程，都需要创建存储过程的命令，所以这里先介绍使用 T-SQL 语句操作存储过程。

1. 创建存储过程

使用 T-SQL 语句创建存储过程的语法格式如下。

```
CREATE{PROC |PROCEDURE}{架构名.]过程名[;组号]          /*定义过程名*/
[{@参数[类型架构名.]数据类型}                          /*定义参数的类型*/
[VARYING][=DEFAULT][OUT |OUTPUT][READONLY]            /*定义参数的属性*/
]
[FOR REPLICATION]
AS
{  <SQL 语句>                                         /*执行的操作*/
......
}
```

- 过程名：在架构中必须唯一。可以在过程名前面加上“#”来创建局部临时存储过程；加上“##”来创建全局临时存储过程。对于 CLR 存储过程来说，不能指定临时名称。PROC 是 PROCEDURE 的缩写。
- @参数：存储过程的形参。在 CREATE PROCEDURE 语句中，可以声明一个或多个参数。除非定义了参数的默认值或者将参数设置为等于另一个参数，否则用户必须在调用存储过程时为每个声明的参数提供值。
- 数据类型：参数的数据类型。所有数据类型均可以作为存储过程参数的数据类型。不过 cursor 类型只能用于 OUTPUT 参数。如果指定的数据类型为 cursor，则必须指定 VARYING 和 OUTPUT 关键字。对于 CLR 存储过程来说，不能指定 char、varchar、text、ntext、image、cursor 和 table 等数据类型作为参数。如果参数的数据类型为 CLR 用户定义类型，则必须对此类型有 EXECUTE 权限。
- VARYING：指定作为输出参数支持的结果集。该参数由存储过程动态构造，其内容可能发生改变，仅适用于 cursor 类型。

- DEFAULT：参数的默认值。如果定义了 DEFAULT，则无须指定此参数的值即可执行过程。默认值必须是常量或 Null。如果存储过程使用带 LIKE 关键字的参数，则可以包含下列通配符：%、_、[]、[^]。
- OUTPUT：表示参数是输出参数。此参数的值可以返回给调用 EXECUTE 的语句。使用 OUTPUT 参数将值返回给存储过程的调用方。除非是 CLR 存储过程，否则 text、ntext 和 image 等数据类型不能用于 OUTPUT 参数。OUTPUT 关键字的输出参数可以为游标占位符，但 CLR 存储过程除外，<SQL 语句>要包含在存储过程的一条或多条 T-SQL 语句中。
- READONLY：表示不能在存储过程的主体中更新和修改参数。如果参数类型为用户定义的表类型，则必须定义 READONLY。
- FOR REPLICATION：用于说明不能在订阅服务器上执行为了复制而创建的存储过程。如果定义了 FOR REPLICATION，则无法声明参数。
- SQL 语句：过程体要执行的 T-SQL 语句。其中可以包含一条或多条 T-SQL 语句，除了 DCL、DML 与 DDL 命令，还可以包含过程式语句，如变量的定义与赋值、流程控制语句等。

2. 执行存储过程

可以使用 EXEC 语句或 EXECUTE 语句执行存储过程，语法格式如下。

```
[{EXEC |EXECUTE}]
{[@返回状态=]
{模块名 |@模块名变量}
{[@参数名=]{值|@变量[OUTPUT] |[DEFAULT]}]
}
}
```

- @返回状态：可选的整型变量，用于保存存储过程的返回状态。在使用该变量前，必须对其进行声明。EXEC 是 EXECUTE 的缩写。
- 模块名：要调用的存储过程名。
- @模块名变量：被调用的存储过程中变量的名称。
- @参数名：过程参数，在 CREATE PROCEDURE 语句中定义。注意，参数名前面必须加上“@”。
- 值：过程中参数的值。如果没有指定参数名，则参数值必须以 CREATE PROCEDURE 语句中定义的顺序给出。如果参数值是一个对象名、字符串，或者是通过数据库名或所有者名进行限制的，则整个名称必须用单引号括起来。如果参数值是一个关键字，则该关键字必须用双引号括起来。

- @变量：用来保存参数或者返回参数的变量。
- OUTPUT：指定存储过程必须返回一个参数。该存储过程的匹配参数也必须由 OUTPUT 关键字创建。当游标变量作为参数时，使用该关键字。
- DEFAULT：根据存储过程的定义，提供参数的默认值。当存储过程需要的参数值是没有事先定义好的默认值，或者缺少参数，或者指定了 DEFAULT 关键字时，就会出错。

【例 4.1】返回学号为 S202301011 的学生的获奖信息。该存储过程不使用任何参数。创建该存储过程的代码如下。

```
USE SP
GO
CREATE PROC cj_in
AS
SELECT  *
FROM    SP
WHERE  Sno='S202301011'
GO
```

创建存储过程后，执行该存储过程：EXEC cj_in 或 cj_in。执行结果如图 4.1 所示。

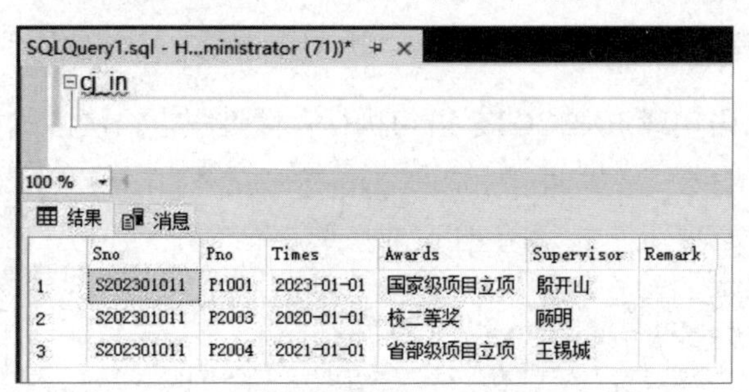

	Sno	Pno	Times	Awards	Supervisor	Remark
1	S202301011	P1001	2023-01-01	国家级项目立项	郧开山	
2	S202301011	P2003	2020-01-01	校二等奖	顾明	
3	S202301011	P2004	2021-01-01	省部级项目立项	王锡城	

图 4.1　执行结果

【例 4.2】创建带输入参数的存储过程 p_cj2，对 SP 表查询指定项目编号（作为输入参数）的学生的获奖信息。创建该存储过程的代码如下。

```
CREATE  PROCEDURE  p_cj2
@xmh  char(8)='P1001'                --有默认值的输入形参：接收外部传递的数据
AS
SELECT  *
FROM   SP
WHERE   Pno=@xmh
GO
```

创建存储过程后，执行该存储过程：

```
EXEC p_cj2                           --（1）使用默认值执行存储过程
```

```
EXEC p_cj2 'P1002'                    --（2）按位置传递参数
EXEC p_cj2  @xmh='P1002'              --（3）通过参数名传递参数
```

【例 4.3】创建并执行带输入参数的存储过程 p_xsqk，对 SP 表查询指定学号（作为输入参数）的学生的姓名、项目编号、奖项名称。创建该存储过程的代码如下。

```
CREATE  PROCEDURE  p_xsqk   @xh  char(12)
AS
SELECT Sname,  Pno,  Awards
FROM Student,  SP
WHERE Student.Sno=SP.Sno  AND  Student.Sno=@xh
GO
```

创建存储过程后，执行该存储过程：

```
EXEC p_xsqk   'S202301012'            --（1）按位置传递参数
EXEC p_xsqk   @xh='S202301012'        --（2）通过参数名传递参数
```

【例 4.4】创建并执行带输入和输出参数的存储过程 p_cj3，对 SP 表查询指定学号（作为输入参数）的学生所选课程的项目名称和奖项名称（两个参数作为输出参数）。创建该存储过程的代码如下。

```
CREATE  PROC  p_cj3
@xh char(12),  @xmm char(20) OUTPUT,  @jx  char(20) OUTPUT
AS
SELECT  @xmm=Project.Pname,  @jx=Awards
FROM   SP, Project
WHERE  SP.Pno=Project.Pno   AND   Sno=@xh
GO
```

创建存储过程后，执行该存储过程：

```
DECLARE  @xh  char(12),  @xmm  char(20),  @jx  char(20)
SET  @xh='S202301012'
EXEC  p_cj3   @xh,  @xmm  OUTPUT ,    @jx  OUTPUT
PRINT  @xh+'学号所获奖的项目是' +@xmm+'。其奖项是'+@jx。
```

注意：在执行带输出参数的存储过程时，一定要先声明输入和输出实参变量。要求形参名与实参变量名不一定相同，但数据类型和参数位置必须匹配。

3. 修改存储过程

可以使用 ALTER PROCEDURE 语句修改已存在的存储过程，语法格式如下。

```
ALTER{PROC  |PROCEDURE}[架构名.]过程名
[{@参数[类型架构名.]数据类型}
[VARYING][=DEFAULT][OUT  |OUTPUT]
]
```

```
[FOR REPLICATION]
AS
{  <SQL 语句>
……
}
```

各参数含义与 CREATE PROCEDURE 语句的相同，这里不再重复介绍。如果原来的存储过程是用 WITH ENCRYPTION 语句或 WITH RECOMPILE 语句创建的，那么只有在 ALTER PROCREDURE 语句中也包含这些参数时，这些参数才有效。

4. 使用系统存储过程查看用户存储过程

要查看存储过程的定义信息，还可以使用 OBJECT_DEFINITION 系统函数、sp_helptext 系统存储过程等。

（1）sp_help 用于显示存储过程的参数及其数据类型，其语法格式如下。

```
sp_help[[@objname=]name]
```

说明：参数 name 为要查看的存储过程的名称。

（2）sp_helptext 用于显示存储过程的源代码，其语法格式如下。

```
sp_helptext [[@objname=]name]
```

说明：参数 name 为要查看的存储过程的名称。

（3）sp_depends 用于显示与存储过程相关的数据库对象，其语法格式如下。

```
sp_depends [@objname=]'object'
```

说明：参数 object 为要查看依赖关系的存储过程的名称。

（4）sp_stored_procedures 用于返回当前数据库中的存储过程列表，其语法格式如下。

```
sp_stored_procedures[[@sp_name=]'name']
[,[@sp_owner=]'owner']
[,[@sp_qualifier =]'qualifier']
```

- [@sp_name =]'name'：用于指定返回目录信息的过程名。
- [@sp_owner =]'owner'：用于指定过程所有者的名称。
- [@sp_qualifier =]'qualifier'：用于指定过程限定符的名称。

5. 删除存储过程

使用 DROP PROCEDURE 语句在当前的数据库中删除用户定义的存储过程，基本语法格式如下。

```
DROP PROCEDURE [数据库名.]<存储过程名>
```

【例 4.5】删除例 4.1 中创建的存储过程 cj_in。

```
DROP PROCEDURE cj_in
```

如果另一个存储过程调用某个已被删除的存储过程，那么 SQL Server 将在执行调用进程时显示一条错误消息。但是，如果使用定义了具有相同名称和参数的新存储过程来替换已被删除的存储过程，那么引用该存储过程的其他存储过程仍能成功执行。

4.1.3　使用 SSMS 图形界面操作存储过程

1. 创建存储过程

打开 SQL Server Management Studio，在“对象资源管理器”窗格中选中某个 SQL Server 服务器中的数据库，这里选中“SP”数据库，之后选择“可编程性”→“存储过程”节点并右击，在弹出的快捷菜单中选择“新建”→“存储过程”命令，弹出新建存储过程代码模板，如图 4.2 所示。在该代码模板中，修改要创建的存储过程的名称，之后输入存储过程语句。此操作与 SQL 命令方式相同。在完成存储过程的创建后，单击“执行”按钮，即可创建该存储过程。

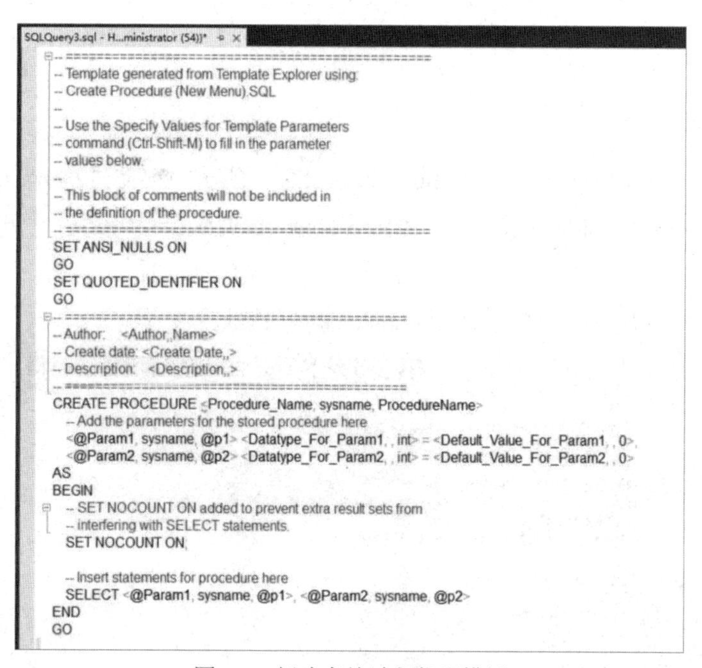

图 4.2　新建存储过程代码模板

2. 执行存储过程

使用 SQL Server Management Studio 执行存储过程 p_xsqk，对 SP 数据库查询指定学号（作为输入参数）的学生的姓名、项目编号、奖项名称。

操作步骤为：在“对象资源管理器”窗格中选择“数据库”→“SP”→“可编程性”→“存储过程”→“dbo.p_xsqk”节点并右击，在弹出的快捷菜单中选择“执行存储过程”命令，弹出“执行过程”窗口，如图 4.3 所示。在“值”下面的文本框中输入实参学号“S202301012”，即可得到该学号学生的姓名、项目编号及奖项名称情况，如图 4.4 所示。

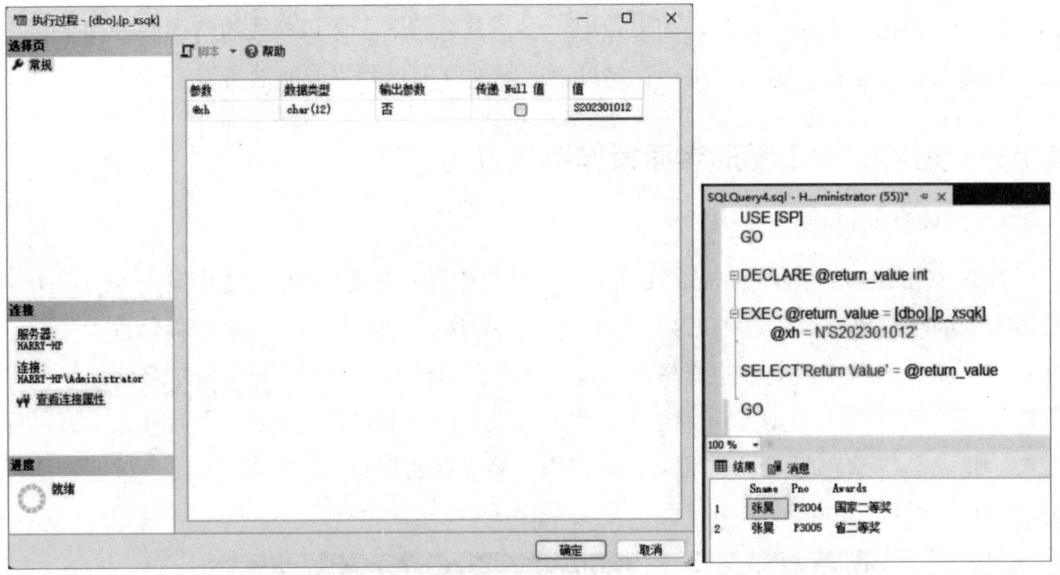

图 4.3 “执行过程”窗口　　　　图 4.4 执行 p_xsqk 存储过程的结果

3. 修改存储过程

使用 SQL Server Management Studio 修改例 4.2 所创建的存储过程 p_cj2。

操作步骤为：在“对象资源管理器”窗格中选择“数据库”→“SP”→“可编程性”→“存储过程”→“dbo.p_cj2”节点并右击，在弹出的快捷菜单中选择“修改”命令，弹出修改存储过程窗口，如图 4.5 所示，可以在该窗口中修改存储过程。

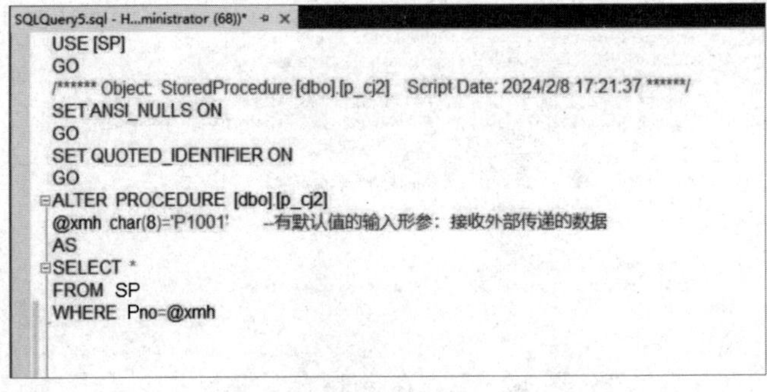

图 4.5 修改存储过程窗口

4. 重命名存储过程

下面通过一个例子介绍如何使用 SQL Server Management Studio 重命名存储过程。将例 4.3 创建的存储过程 p_xsqk 重命名为 p_xhcj。

操作步骤为：在“对象资源管理器”窗格中选择“SP”→“可编程性”→“存储过程”→“dbo.p_xsqk”节点并右击，在弹出的快捷菜单中选择“重命名”命令，此时存储过程的名称 p_xsqk 变成可编辑的，直接将其修改为 p_xhcj 即可。

5. 查看用户创建的存储过程的源代码

打开 SQL Server Management Studio，在“对象资源管理器”窗格中展开指定的服务器和数据库，选择“可编程性”→“存储过程”→“dbo.p_xsqk”节点并右击，在弹出的快捷菜单中选择“编写存储过程脚本为”→“CREATE 到”→“新查询编辑器窗口”命令，如图 4.6 所示，即可看到存储过程的源代码。

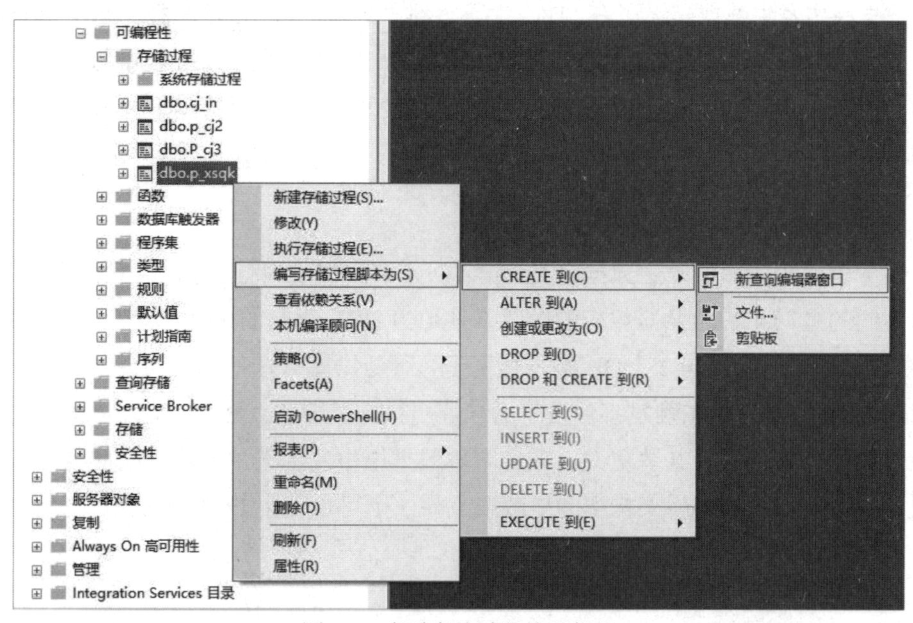

图 4.6　查看存储过程的源代码

6. 删除存储过程

打开 SQL Server Management Studio，在“对象资源管理器”窗格中展开指定的服务器和数据库，展开“可编程性”→“存储过程”节点，选择要删除的存储过程并右击，在弹出的快捷菜单中选择“删除”命令，即可完成删除存储过程的操作。

4.2 触发器

触发器是一种特殊的存储过程，是在修改指定表中的数据时执行的存储过程。触发器也是 SQL 语句集，它在执行操作事件时自动触发执行。触发器与存储过程的区别如下。

（1）触发器是自动执行的，而存储过程需要显式调用才能执行。

（2）触发器是创建在表或视图上的，而存储过程是创建在数据库上的。删除了表就删除了该表上的所有触发器，但与该表有关的存储过程仍然存在，只有删除数据库才能删除该数据库上的所有存储过程。

4.2.1 触发器的类型

在 SQL Server 中，按照触发事件的不同，可以把触发器分成两大类：DML 触发器和 DDL 触发器。

1. DML 触发器

当数据库中发生数据操纵语言（DML）事件时，将调用 DML 触发器。DML 事件包括在指定表或视图中修改数据的 INSERT 语句、UPDATE 语句和 DELETE 语句。DML 触发器可以查询其他表，还可以包含复杂的 T-SQL 语句。将触发器和触发它的语句当作可在触发器内回滚的单个事务对待，如果检测到错误（如磁盘空间不足），那么整个事务将自动回滚。

2. DDL 触发器

当服务器或数据库中发生数据定义语言（DDL）事件时，将调用 DDL 触发器。与 DML 触发器不同的是，DDL 触发器相应的触发事件是由 DDL 引起的事件，包括 CREATE 语句、ALTER 语句和 DROP 语句。DDL 触发器用于执行数据库管理任务，如调节和审计数据库运转。DDL 触发器只能在触发事件发生后被调用执行，即它只能是 AFTER 类型的。如果要防止对数据库架构进行某些更改，或者希望数据库中发生某种情况以响应数据库架构中的更改，或者要记录数据库架构中的更改或事件，则可以使用 DDL 触发器。

4.2.2 创建和使用 DML 触发器

当数据库中发生 DML 事件时，将调用 DML 触发器，从而确保对数据的处理符合由这些 SQL 语句所定义的规则。DML 触发器的主要优点如下。

（1）DML 触发器可以通过数据库中的相关表实现级联更改。

（2）DML 触发器可以防止恶意或错误的 INSERT 操作、UPDATE 操作和 DELETE 操作，并强制执行比检查约束定义的限制更为复杂的其他限制。与检查约束不同，DML 触发器可以引用其他表中的列。

（3）DML 触发器可以评估数据修改前后表的状态，并根据该差异采取措施。

当创建一个 DML 触发器时，必须指定如下选项：名称；在其上定义触发器的表；触发器将何时被激活；激活触发器的数据修改语句，有效选项为 INSERT、UPDATE 或 DELETE，多条数据修改语句可激活同一个触发器；执行触发操作的编程语句。

DML 触发器所使用的逻辑表 deleted 和 inserted 与触发器所在的表的结构相同，SQL Server 会自动创建和管理这两个表。可以使用这两个表（用于临时驻留内存）测试某些数据的修改效果及设置触发器操作的条件。这两个表的作用如下。

（1）deleted 表用于存储 DELETE 语句、UPDATE 语句所影响的行的副本。在执行 DELETE 语句或 UPDATE 语句时，行会从触发器表中被删除，并被传输到 deleted 表中。

（2）inserted 表用于存储 INSERT 语句、UPDATE 语句所影响的行的副本。在一个插入或更新事务处理中，新建的行被同时添加到 inserted 表和触发器表中。inserted 表中的行是触发器表中新行的副本。

DML 触发器的类型如下。

（1）INSERT 触发器：在表或视图中执行插入记录操作时触发。

（2）UPDATE 触发器：在表或视图中执行修改记录操作时触发。

（3）DELETE 触发器：在表或视图中执行删除记录操作时触发。

1. 创建 DML 触发器

（1）使用 SSMS 图形界面创建 DML 触发器。

打开 SQL Server Management Studio，在“对象资源管理器”窗格中展开指定的服务器和数据库，在“表”节点下选择相应的数据表，之后选择其下面的“触发器”节点并右击，在弹出的快捷菜单中选择“新建触发器”命令（见图 4.7），即可弹出触发器编辑窗口，如图 4.8 所示。

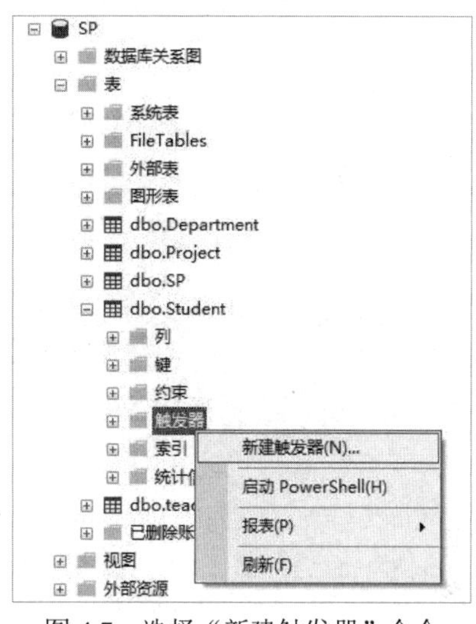

图 4.7　选择“新建触发器”命令

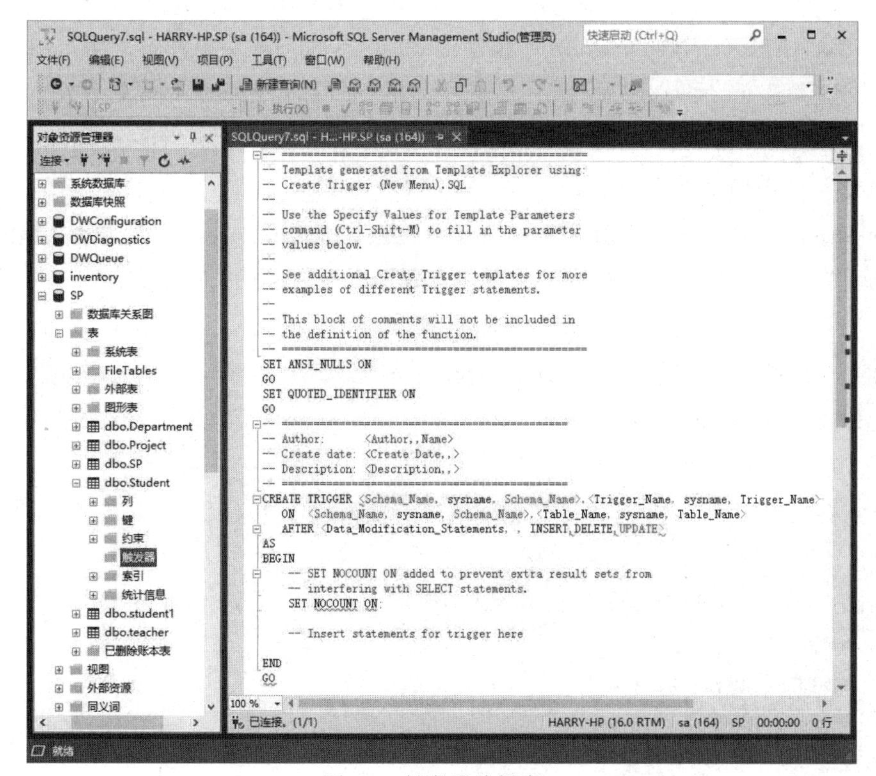

图 4.8　触发器编辑窗口

在触发器编辑窗口中，可以修改要创建的触发器的名称，并输入触发器的 SQL 语句。此操作与 SQL 命令方式相同。之后单击“执行”按钮，即可完成触发器的创建。

（2）使用 CREATE TRIGGER 语句创建 DML 触发器。

对于不同触发器的创建，其语法格式大多是相似的，区别与定义时表示触发器的特性有关。创建一个触发器的基本语法格式如下。

```
CREATE TRIGGER [schema_name.]触发器名
ON{表名|视图名}
[WITH ENCRYPTION]
{FOR |AFTER |INSTEAD OF}
{[INSERT][,][UPDATE][,]  [DELETE]}
[WITH APPEND]
[NOT FOR REPLICATION]
AS
SQL 语句[...n]
```

- 触发器名：要创建的触发器的名称。
- 表名|视图名：在其上创建触发器的表或视图（有时称为触发器表或触发器视图）的名称。可以选择是否指定表或视图的所有者名称。
- WITH ENCRYPTION：可选项，对 CREATE TRIGGER 语句的文本进行加密。
- FOR、AFTER、INSTEAD OF：指定激活触发器的时机。其中，FOR、AFTER 用于创建后触发器，即在触发 SQL 语句指定的操作都已经成功完成后触发；INSTEAD OF 用于创建替代触发器，指定执行触发器而不是执行触发 SQL 语句，从而替代触发语句的操作。
- INSERT、UPDATE、DELETE：指定激活触发器的事件类型。必须至少指定一个选项。在触发器定义中，允许使用以任意顺序组合的这些关键字。如果指定的选项多于一个，则需要用逗号分隔这些选项。
- SQL 语句：指定触发器所执行的 T-SQL 语句。

【例 4.6】对 SP 数据库的 SP 表创建触发器，说明 inserted 表和 deleted 表的作用。程序清单如下。

```
CREATE  TRIGGER  tr1
ON  SP
FOR  INSERT,  UPDATE,  DELETE
AS
PRINT  'inserted 表：'
SELECT  *  FROM  inserted
PRINT  'deleted 表：'
```

```
SELECT  *  FROM  deleted
GO
```

当执行插入操作“INSERT INTO SP VALUES('S202301011','P1002','2024-02-01','省一等奖','张哲峰','')”时，执行结果如图 4.9 所示，提示信息如图 4.10 所示。

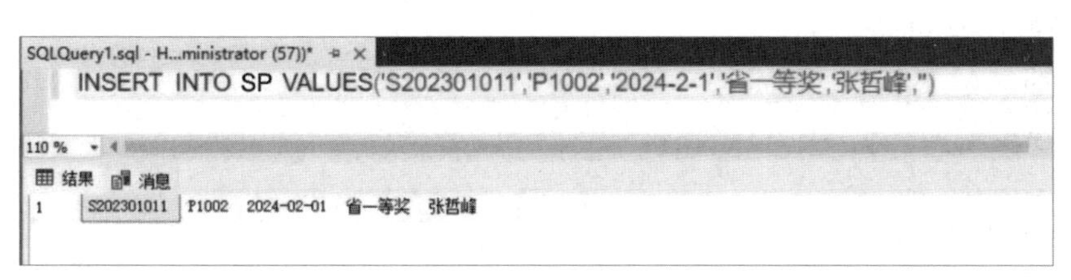

图 4.9　执行结果

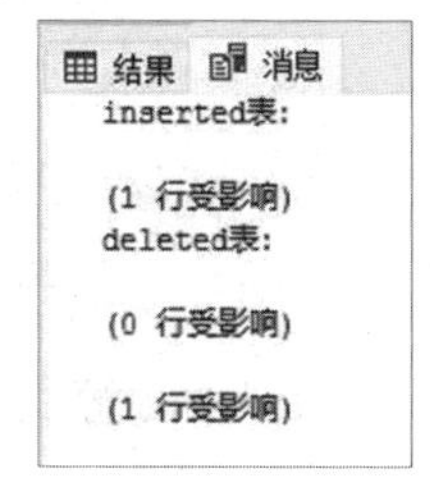

图 4.10　提示信息

【例 4.7】在 SP 数据库的 Student 表上创建一个名称为 tr_delete_stu 的触发器。当要删除指定学号的学生对应的行时，就会激活该触发器，撤销删除操作，并给出提示信息“不能删除 Student 表中的信息！”。程序清单如下。

```
CREATE  TRIGGER  tr_delete_stu
ON Student
AFTER  DELETE
AS
ROLLBACK  TRANSACTION
PRINT  '不能删除 Student 表中的信息！'
GO
```

当执行删除操作“DELETE Student WHERE Sno='S202301011'”时，系统将提示“不能删除 Student 表中的信息！”。

【例 4.8】在 Student 表上创建一个触发器。当修改了某位学生的学号信息时，就会激活该触发器，级联更新 SP 表中相关的学号信息，并使用 PRINT 语句返回一个提示信息。

题意分析：如果使用 UPDATE 语句修改了 Student 表中某位学生的学号信息，那么 SP 表中的相应学号信息也应同时修改，否则将引发数据不一致问题。

解决方案设计如下。

（1）创建外键约束（不允许修改，或者允许级联更新）。

（2）使用触发器实现自动级联更新。

创建 UPDATE 触发器的程序清单如下。

```
CREATE  TRIGGER  tr_update_stu1
ON  Student  AFTER  UPDATE
AS
DECLARE  @原学号  char(12),  @新学号  char(12)
SELECT  @原学号=deleted.Sno,  @新学号=inserted.Sno
FROM   deleted,  inserted
```

```
WHERE  deleted.Sname =inserted.Sname
PRINT  '准备级联更新 SP 表中的学号信息….'
UPDATE  SP  SET  Sno=@新学号
WHERE  Sno=@原学号
PRINT  '已经级联更新了 SP 表中原学号为'+@原学号+'的学号信息。'
```

在创建该触发器后，应当执行：

```
UPDATE  Student  SET  Sno='S202301111'  WHERE  Sno='S202301011'
```

之后，会看到 SP 表中学号为“S202301011”的记录也都被修改为“S202301111”。

2. DML 触发器实例

1）创建和使用 INSERT 触发器

INSERT 触发器通常用于更新时间标记字段，或者验证被触发器监控的字段中数据满足要求的标准，以确保数据的完整性。

【例 4.9】创建一个触发器，当向 SP 表中添加数据时，如果添加的数据与 Student 表中的数据不匹配（如没有对应的学号），则将此数据删除。程序清单如下。

```
CREATE TRIGGER sp_ins
ON SP
FOR INSERT
AS
BEGIN
DECLARE  @bh  char(12)
SELECT  @bh=inserted.Sno  FROM  inserted
IF NOT EXISTS
(SELECT  Sno  FROM  SP  WHERE  SP.Sno=@bh)
DELETE  SP  WHERE  Sno=@bh
END
```

【例 4.10】创建一个触发器，当插入或修改奖项名称时，该触发器会检查插入的数据是否处于认定的范围内。程序清单如下。

```
CREATE TRIGGER  sp_insupd
ON SP
FOR INSERT,UPDATE
AS
DECLARE  @cj  char(20)
SELECT  @cj=inserted.Awards  FROM  inserted
IF NOT EXISTS
(SELECT  Sno  FROM  SP  WHERE  SP.Awards=@cj)
BEGIN
RAISERROR('奖项名称须在认定的范围内',16,1)
```

```
ROLLBACK  TRANSACTION
END
```

2）创建和使用 UPDATE 触发器

当在一个有 UPDATE 触发器的表中修改记录时，表中原来的记录会被移动到 deleted 表中。触发器可以参考 deleted 表和 inserted 表及被修改的表，以确定如何完成数据库操作。

【例 4.11】 创建一个 UPDATE 触发器，用于防止用户修改 SP 表的奖项名称。程序清单如下。

```
CREATE TRIGGER  tri_s_upd
ON  SP
FOR  UPDATE
AS
IF  UPDATE(Awards)
BEGIN
RAISERROR('不能修改奖项名称',16,10)
ROLLBACK  TRANSACTION
END
GO
```

当要修改 SP 表的 Awards 字段时，就会触发该触发器。

3）创建和使用 DELETE 触发器

DELETE 触发器通常用于两种情况：第一种情况是防止那些需要删除但会引发数据不一致问题的记录的删除操作；第二种情况是执行可删除主记录的子记录的级联删除操作。

【例 4.12】 创建一个与 Student 表结构一样的 s1 表，当删除 Student 表中的记录时，会自动将删除的记录存放到 s1 表中。程序清单如下。

```
CREATE TRIGGER  tr_del
ON  Student
FOR DELETE
AS
INSERT  s1  SELECT  *  FROM   deleted
GO
```

【例 4.13】 当删除 Student 表中的记录时，自动删除 SP 表中对应学号的记录。程序清单如下。

```
CREATE TRIGGER  tr_del_s
ON  Student
FOR  DELETE
AS
```

```
BEGIN
DECLARE @bh char(12)
SELECT @bh=deleted.Sno FROM deleted
DELETE SP WHERE Sno=@bh
END
```

4.2.3 创建和使用 DDL 触发器

与 DML 触发器相同，DDL 触发器也是被自动执行的，但与 DML 触发器不同的是，DDL 触发器不响应表或视图的 INSERT、UPDATE 或 DELETE 等 DML 语句的操作，而是响应 DDL 语句（如 CREATE、ALTER 和 DROP）的操作。DDL 触发器用于管理任务，如审核和控制数据库的操作。DDL 触发器一般用于以下几种情况。

（1）防止对数据库结构进行某些更改。

（2）希望数据库中发生某种情况以响应数据库结构的更改。

（3）记录数据库结构中的更改或事件。

DDL 触发器只能在执行 DDL 语句后才能触发。DDL 触发器不能作为 INSTEAD OF 触发器使用。用户可以创建响应以下语句的 DDL 触发器。

（1）一条或多条特定的 DDL 语句。

（2）预定义的一组 DDL 语句。可以在执行一组预定义的相似事件的任何 T-SQL 事件后触发 DDL 触发器。例如，若希望在执行 CREATE TABLE、ALTER TABLE 或 DROP TABLE 等 DDL 语句后触发 DDL 触发器，则可以在 CREATE TRIGGER 语句中指定 FOR DDL_TABLE_EVENTS。

（3）选择触发 DDL 触发器的特定 DDL 语句。

有些事件只适用于异步非事务语句，也就是说，并非所有的 DDL 事件都可以用于 DDL 触发器。例如，CREATE DATABASE 事件不能用于 DDL 触发器。

使用 CREATE TRIGGER 命令创建 DDL 触发器，基本语法格式如下。

```
CREATE TRIGGER 触发器名
ON{ALL SERVER |DATABASE}
{FOR |AFTER}{event_type|event_group}[,...n]
AS
sql_statement
```

- ALL SERVER：将 DDL 触发器的作用域设置为当前服务器。如果指定了此参数，则只要当前服务器中的任何位置上出现 event_type 或 event_group，就会触发该触发器。
- event_type|event_group：T-SQL 事件的名称或事件组的名称，在执行相应事件后，将触发该 DDL 触发器。例如，DROP_TABLE 为删除表事件、ALTER_TABLE 为修改

表结构事件、CREATE_TABLE 为创建表事件等。

- sql_statement：触发条件和操作。触发条件用于确定 DDL 语句是否执行触发操作。

【例 4.14】在 SP 数据库中创建一个 DDL 触发器 safe，用于防止该数据库中的任意表被修改或删除。程序清单如下。

```
USE SP
GO
CREATE TRIGGER  safe
ON  DATABASE
AFTER  DROP_TABLE,  ALTER_TABLE
AS
BEGIN
RAISERROR('不能修改表结构',16,2)
ROLLBACK
END
GO
```

当执行以下程序时，会弹出如图 4.11 所示的消息框，提示不能修改表结构，并且 Student 表结构保持不变。

```
USE  SP
ALTER TABLE  Student  ADD  nation  char(10)
```

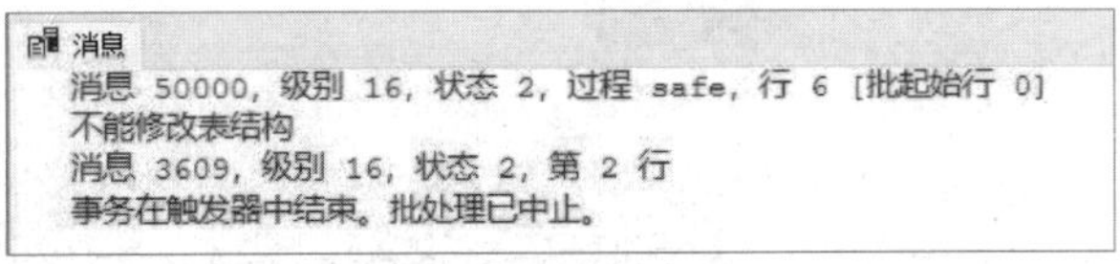

消息
消息 50000，级别 16，状态 2，过程 safe，行 6 [批起始行 0]
不能修改表结构
消息 3609，级别 16，状态 2，第 2 行
事务在触发器中结束。批处理已中止。

图 4.11　消息框

4.2.4　管理触发器

前文介绍过，触发器可被看作特殊的存储过程，因此所有适用于存储过程的管理方式都适用于触发器。

1. 使用 SSMS 图形界面修改、禁用和删除触发器

打开 SQL Server Management Studio，在“对象资源管理器”窗格中展开指定的服务器和数据库，在“表”节点下选择相应的数据表，之后选择其下面的“触发器”节点，并在该节点下右击已经创建的触发器，可以在弹出的快捷菜单中选择“修改”、“禁用”或“删除”等命令，如图 4.12 所示。选择不同的命令，系统会弹出相应的窗口，操作界面分别如图 4.13～图 4.15 所示。

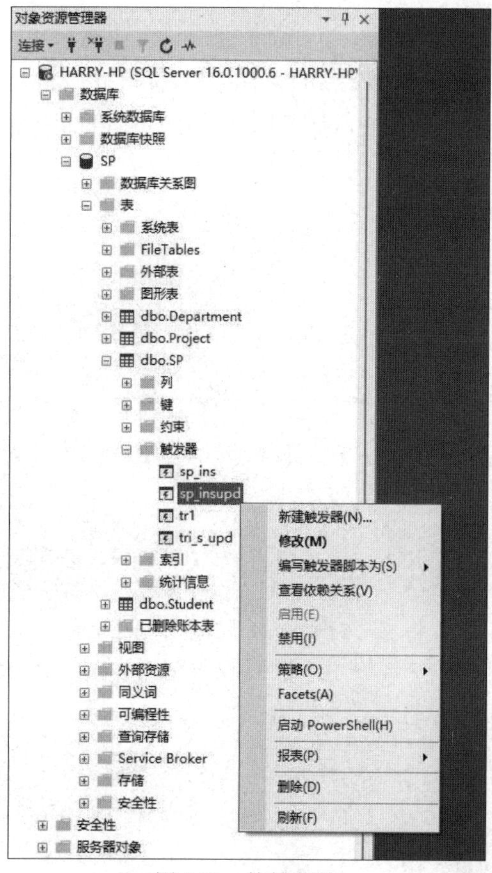

图 4.12　快捷菜单

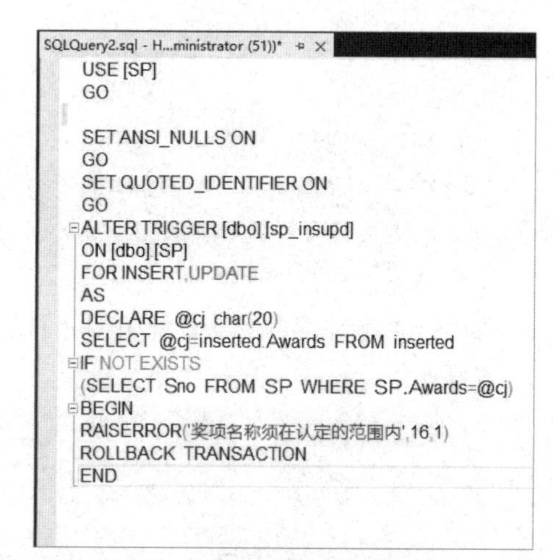

图 4.13　触发器修改界面

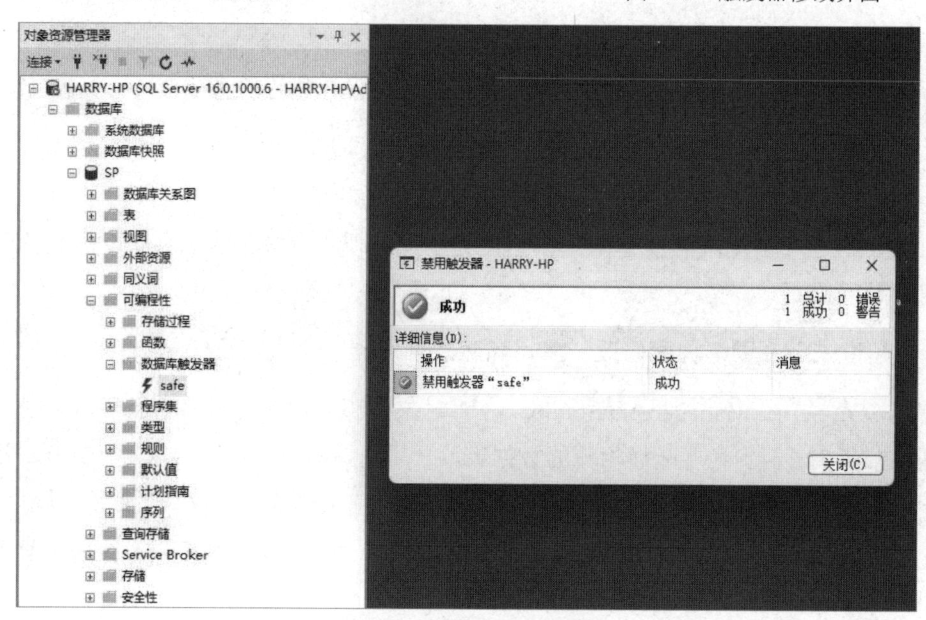

图 4.14　触发器禁用界面

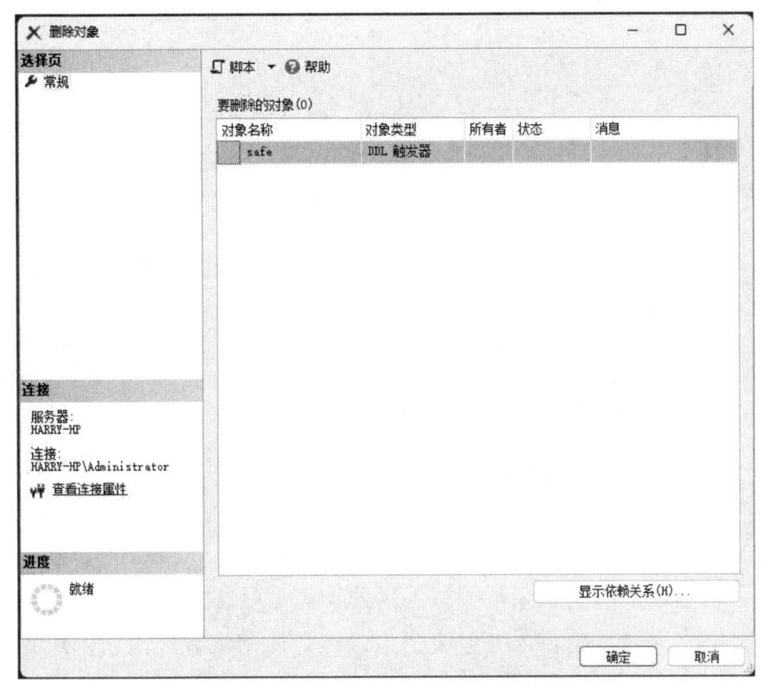

图 4.15　触发器删除界面

2. 查看用户创建的触发器

可以使用 sp_help、sp_helptext 和 sp_depends 等系统存储过程来查看触发器的有关信息，也可以使用 sp_rename 系统存储过程来重命名触发器。

可供使用的系统存储过程及其语法格式如下。

（1）sp_help：用于查看触发器的一般信息，如触发器的名称、属性、类型和创建时间，语法格式如下。

```
sp_help  '触发器名'
```

（2）sp_helptext：用于显示触发器的正文信息，语法格式如下。

```
sp_helptext  '触发器名'
```

（3）sp_depends：用于显示与触发器相关的数据库对象，语法格式如下。

```
sp_depends  '触发器名'
```

（4）sp_rename：用于重命名触发器，语法格式如下。

```
sp_rename  '旧触发器名',  '新触发器名'
```

3. 使用 T-SQL 语句修改和删除触发器

1）触发器的修改

与其他数据库对象相同，在定义好触发器之后，可以使用 SQL 语句对该触发器的代码进行修改。修改触发器的 SQL 语句为 ALTER TRIGGER，其语法格式如下。

```
ALTER TRIGGER 触发器名
```

```
ON 表名
{FOR |AFTER INSERT OF}{[INSERT][,][DELETE][,][UPDATE]|
AS
SQL 语句[...n]
```

2）触发器的删除

当确定不再需要某个触发器时，可以将其删除。删除触发器的 SQL 语句为 DROP TRIGGER，其语法格式如下。

```
DROP TRIGGER 触发器名[,...n ]
```

4.3 用户自定义函数

用户自定义函数（User Defined Functions，UDF）是由用户自己根据需要，使用 SQL 语句编写的函数。它可以提供系统函数无法提供的功能，是 SQL Server 所提供的另一强大功能。借助用户自定义函数，数据库开发人员可以重复使用编程代码、加快开发速度、提高工作效率，以及实现复杂的运算操作。

4.3.1 用户自定义函数简介

用户自定义函数是有序的 T-SQL 语句集合，用于查询或存储过程等程序段，是准备好的代码片段。用户自定义函数可以预先优化和编译，接收参数、处理逻辑，并返回某些数据，此时的使用方法类似于系统函数；可以作为一个单元来调用，通过 EXECUTE 语句来执行，此时的使用方法类似于存储过程。但是用户自定义函数不能用于改变数据库状态。

1. 用户自定义函数和存储过程的不同

1）功能权限不同

用户自定义函数不能更改表、系统或数据库参数，不能发送电子邮件，不能用于执行一组修改全局数据库状态的操作。而存储过程则没有这些限制，其功能强大，可以执行修改表等一系列数据库操作，也可以在 SQL Server 启动时自动运行。

2）调用机制不同

用户自定义函数类似于标准编程语言（如 VB.NET 或 C++）中使用的函数，它可以有多个输入变量，并且有一个输出值，在使用时就像系统函数一样，可以在查询语句中调用，而存储过程则必须使用 EXECUTE 语句来执行。存储过程可以使用非确定函数，而用户自定义函数则不允许在函数主体中内置非确定函数。

3）返回值及使用方法不同

实际上，用户自定义函数和存储过程的主要区别在于返回值的方式。为了支持多种类型的返回值，用户自定义函数比存储过程的限制更多。在使用存储过程时，可以传入参数，也可以以参数的形式得到返回值。存储过程可以返回值或记录集，不过该值是为了表示成功或失败的，而非返回数据。在使用用户自定义函数时，可以传入参数，也可以不输出任何值。用户自定义函数可以返回标量（scalar）值，这个值的数据类型可以是 SQL Server 的大部分数据类型；用户自定义函数还可以返回表。存储过程的返回值不能被直接引用，而自定义函数的返回值则可以被直接引用。

2. 用户自定义函数的类型

根据函数返回值类型的不同，可以将用户自定义函数分为标量值函数和表值函数。其中，表值函数又可以分为内联表值函数（行内函数）和多语句表值函数。

1）标量值函数

标量值函数的最大特点是返回一个确定类型的标量值，其返回值类型为除 text、ntext、image、cursor、timestamp 和 table 以外的其他数据类型。需要注意的是，在创建一个标量值函数时，需要显式地使用 BEGIN 关键字和 END 关键字来定义函数体，且函数体语句定义在 BEGIN…END 语句内；在 RETURNS 语句中定义返回值的数据类型，且函数的最后一条语句必须为 RETURN 语句。

2）内联表值函数

内联表值函数以表的形式返回一个值，即它返回的是一个表。内联表值函数没有由 BEGIN…END 语句括起来的函数体，其返回的表是由一个位于 RETURN 子句中的 SELECT 命令从数据库中筛选出来的。内联表值函数的功能相当于一个参数化的视图。

3）多语句表值函数

多语句表值函数可以被看作标量值函数和内联表值函数的结合体。它的返回值是一个表，但它和标量值函数一样，有一个用 BEGIN…END 语句括起来的函数体，返回的表中的数据是由函数体中的语句插入的。由此可见，它可以进行多次查询，对数据进行多次筛选与合并，从而弥补了内联表值函数的不足。

如果从创建函数的语法格式来分析标量值函数或表值函数，则它们之间的区别如下。

（1）如果 RETURNS 语句指定了一种标量数据类型，则函数为标量值函数。可以使用多条 T-SQL 语句定义标量值函数。

（2）如果 RETURNS 语句指定了 table 数据类型，则函数为表值函数。

内联表值函数或多语句表值函数在实现上的区别如下。

（1）如果 RETURNS 语句指定的 table 数据类型不附带列的列表，则该函数为内联表值函数。

（2）如果 RETURNS 语句指定的 table 数据类型带有列及其数据类型，则该函数为多语句表值函数。

在创建用户自定义函数时，无论什么类型的函数，除语法以外的创建过程都完全相同。下面详细介绍创建各类用户自定义函数的语法格式。

4.3.2 创建和调用用户自定义函数

1. 创建和调用标量值函数

1）在 SQL Server Management Studio 中创建标量值函数

在 SQL Server Management Studio 中创建用户自定义函数的方法都是类似的。SQL Server Management Studio 只起到了提供代码编辑环境的作用，具体代码需要用户自己完成。在 SQL Server Management Studio 中，创建标量值函数的操作步骤如下。

（1）打开 SQL Server Management Studio，在“对象资源管理器”窗格中选择“数据库”→“SP”→“可编程性”→“函数”节点并右击，在弹出的快捷菜单中选择“新建”→“标量值函数”命令，弹出函数编辑窗口。系统已经给出了函数的基本语句模板。

（2）输入函数语句，单击“执行”按钮，将函数保存在系统中。

2）使用 T-SQL 语句创建和调用标量值函数

标量值函数返回在 RETURNS 语句中定义的数据类型的单个数据值。可以使用所有标量数据类型，包括 bigint 和 sql_variant，不支持 timestamp 数据类型、用户自定义的数据类型和非标量类型（如 table 或 cursor）。在 BEGIN…END 语句中定义的函数主体包含返回该值的 T-SQL 语句系列。创建标量值函数的语法格式如下。

```
CREATE Function[owner_name.]函数名
([{@parameter_name[AS]scalar_parameter_data_type[=default ]}[,...n]])
RETURNS 返回值的数据类型
[WITH {Encryption |Schemabinding}[,...n]]
[AS]
{BEGIN
SQL 语句(function_body)
RETURN scalar_expression(必须有 RETURN 子句)
END}
```

- owner_name：拥有该用户自定义函数的用户的名称。
- 函数名：用户自定义函数的名称。函数名必须符合标识符的规则，对其所有者来说，该名称在数据库中必须是唯一的。
- @parameter_name：用户自定义函数的参数。所有的参数前都必须加@。一个用户自定义函数可以接收 0 个或多个参数，最多可以有 1024 个参数。输入的参数可以是除 timestamp、cursor 和 table 之外的其他 SQL Server 数据类型。
- scalar_parameter_data_type：参数的数据类型。所有标量数据类型（包括 bigint 和

sql_variant）都可以用作用户自定义函数的参数。不支持 timestamp 数据类型和用户自定义的数据类型。不能指定非标量类型（如 cursor 和 table）。

- RETURNS：CREATE 语句后面的返回语句，单词是 RETURNS，而不是 RETURN。RETURNS 后面跟的不是变量，而是返回值的数据类型。返回值的数据类型可以是 SQL Server 支持的任何标量数据类型，除 text、ntext、image、cursor、timestamp 和 table 之外。
- WITH 附加选项：如果需要对函数体进行加密，则可以使用 WITH Encryption；如果需要将创建的函数与引用的数据库绑定在一起，则可以使用 WITH Schemabinding。
- AS 后面为创建的函数体。
- 在 BEGIN…END 语句块中，包含 RETURN 语句。
- function_body：指定一系列 T-SQL 语句，用于定义函数的值，且这些语句合在一起不会产生副作用。function_body 只用于标量值函数和多语句表值函数。在标量值函数中，function_body 是一系列合起来可以求得标量值的 T-SQL 语句；在多语句表值函数中，function_body 是一系列填充表返回变量的 T-SQL 语句。
- scalar_expression：指定标量值函数返回的标量值。

调用标量值函数的语法格式如下。

```
PRINT [owner_name.]函数([实参])
```

或

```
SELECT[owner_name.]函数([实参])
```

其中，若未指定 owner_name 参数，则通常用 dbo 替代。dbo 是系统自带的一个公共用户名。

【例 4.15】设计一个用户自定义函数来获取 SP 数据库的 Student 表中每个学院包含的学生人数。在新查询编辑器窗口中输入下面的 T-SQL 脚本。

```
CREATE FUNCTION  dbo.CountRS(@pID  char(10))
RETURNS int
AS
BEGIN
RETURN(
SELECT COUNT(*)
FROM dbo.Student
WHERE  Dno =@pID
)
END
GO
```

在上述 T-SQL 脚本中，创建了一个名称为 CountRS 的用户自定义函数，该函数包含一个字符型参数，该参数作为一个保存系名的参数被传入函数体，完成查询操作。该函数返回一个整型参数，该参数中保存着指定类型的数据。在 SQL Server Management Studio 主界面中单击“执行”按钮，创建名称为 CountRS 的用户自定义函数。

接下来在“对象资源管理器”窗格中展开“数据库”→“SP”→“可编程性”→“函数”→ “标量值函数”节点，即可发现刚刚创建的标量值函数 CountRS。展开该函数节点，可查看它的输入参数，如图 4.16 所示。

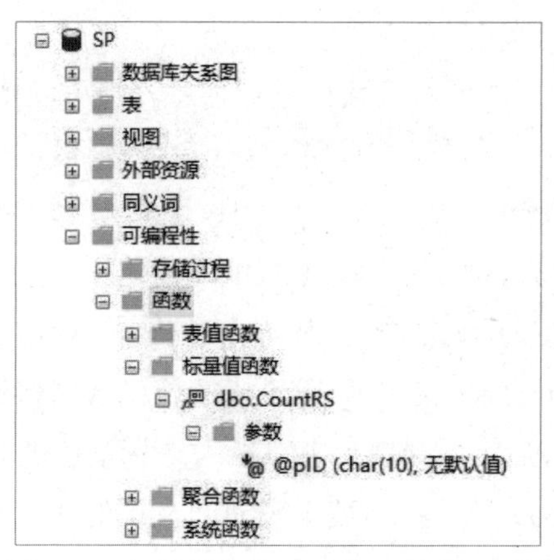

图 4.16　标量值函数 CountRS 的输入参数

继续在新查询编辑器窗口中输入下面的 T-SQL 脚本：

```
DECLARE  @sd  char(10)
SET  @sd='DP02'
PRINT  '属于'+@sd+'学院的有'+CONVERT(VARCHAR (3) , dbo.CountRS(@sd))+'人。'
GO
```

运行结果如图 4.17 所示。

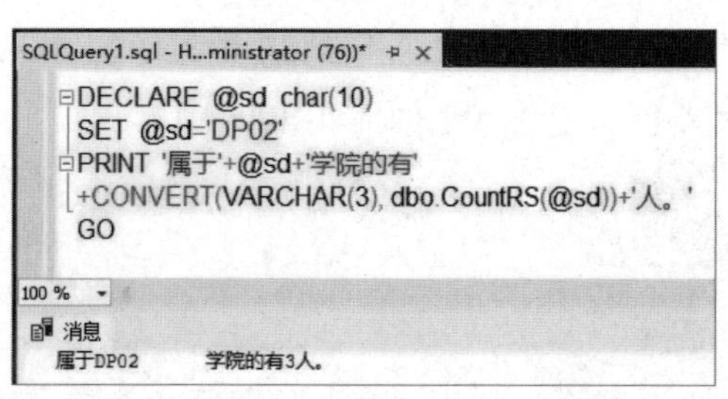

图 4.17　调用 CountRS 函数的运行结果

2. 创建和调用内联表值函数

1）在 SQL Server Management Studio 中创建内联表值函数

（1）打开 SQL Server Management Studio，在“对象资源管理器”窗格中选择“数据库”→“SP”→“可编程性”→“函数”节点并右击，在弹出的快捷菜单中选择“新建”→“内联表值函数”命令，弹出函数编辑窗口。系统已经给出了函数的基本语句模板。

（2）输入函数语句，单击“执行”按钮，将函数保存在系统中。

（3）在生成的模板中，有一处与标量值函数的模板不同，就是 RETURNS 语句中返回的数据类型被固定为 table。

2）使用 T-SQL 语句创建和调用内联表值函数

创建内联表值函数的语法格式如下。

```
CREATE Function [owner_name.]函数名
([{@parameter_name [AS]scalar_parameter_data_type[=default ]}[,...n]])
RETURNS table
[WITH{Encryption |Schemabinding}]
AS
RETURN[()select-stmt []]
```

- [owner_name.]、函数名、@parameter_name、scalar_parameter_data_type、RETURNS、WITH 附加选项：含义与标量值函数中的说明一致。
- table：指定表值函数的返回值为表。因为只能返回 table 数据类型的值，所以 RETURNS 后面一定是 table。在内联表值函数中，通过单个 SELECT 语句定义 table 数据类型的返回值。内联表值函数没有相关联的返回变量。
- AS：AS 后面没有 BEGIN…END 语句，只有 RETURN 语句，用来返回特定的记录。
- select-stmt：定义内联表值函数返回值的单个 SELECT 语句。

调用内联表值函数的语法格式如下。

```
SELECT *  FROM[owner_namc.]函数名(实参表)
```

其中，若未指定 owner_name 参数，则通常用 dbo 替代。

【例 4.16】设计一个用户自定义函数 fun2，输入系名，就能返回 SP 数据库中 Student 表的所有 Sno、Sname、Ssex 和 Sage 字段的值。

```
CREATE FUNCTION  dbo.fun2(@dID  char(10))
RETURNS table
AS
RETURN(
SELECT  Sno , Sname , Ssex, Sage
FROM   Student
WHERE  sdept =@dID
)
GO
```

打开 SQL Server Management Studio，在“对象资源管理器”窗格中展开“数据库”→“SP”→“可编程性”→“函数”→“表值函数”节点，即可发现刚刚创建的表值函数 fun2。展开该函数节点，可查看它的输入参数，如图 4.18 所示。

继续在新查询编辑器窗口中输入下面的T-SQL脚本：

```
SELECT  *  FROM  fun2('DP02')
```

运行结果如图4.19所示。

图4.18　表值函数fun2的输入参数

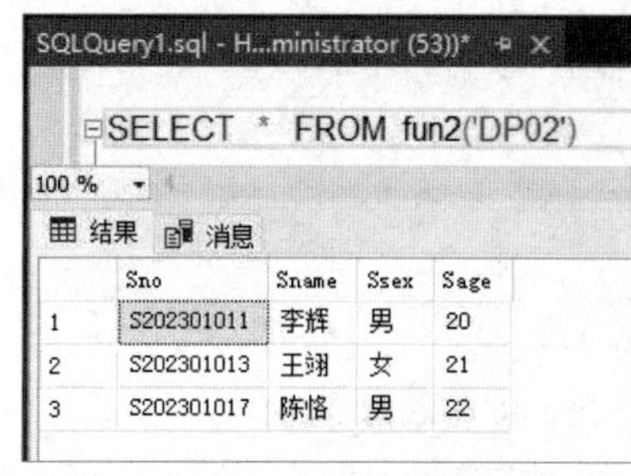

	Sno	Sname	Ssex	Sage
1	S202301011	李辉	男	20
2	S202301013	王翊	女	21
3	S202301017	陈恪	男	22

图4.19　调用fun2函数的运行结果

3. 创建和调用多语句表值函数

1）在SQL Server Management Studio中创建多语句表值函数

（1）打开SQL Server Management Studio，在“对象资源管理器”窗格中选择“数据库”→“SP”→“可编程性”→“函数”节点并右击，在弹出的快捷菜单中选择“新建”→“多语句表值函数”命令，弹出函数编辑窗口。系统已经给出了函数的基本语句模板。

（2）输入函数语句，单击“执行”按钮，将函数保存在系统中。

（3）在生成的模板中，有一处与内联表值函数的模板不同，就是RETURNS语句中返回的table数据类型默认存放的是要设计的表结构。

2）使用T-SQL语句创建和调用多语句表值函数

创建多语句表值函数的语法格式如下。

```
CREATE Function [owner_name.]函数名
([{@parameter_name [AS]scalar_parameter_data_type[=default ]}[,...n]])
RETURNS @return_variable table
<表变量字段定义>
[WITH {Encryption |Schemabinding}]
AS
BEGIN
SQL 语句(function_body)
RETURN
END
<function_option>::={ENCRYPTION | SCHEMABINDING}
<table_type_definition>::=({column_definition |table_constraint}[,...n])
```

- [owner_name.]、函数名、@parameter_name、scalar_parameter_data_type、RETURNS、WITH 附加选项：含义与标量值函数中的说明一致。
- RETURNS 后面直接定义返回的 table 数据类型，首先定义表名，表名前面要加@，然后是关键字 table，最后是表的结构。
- table：指定表值函数的返回值为表。因为只能返回 table 数据类型的值，所以 RETURNS 后面一定是 table。在多语句表值函数中，@return_variable 是 table 变量，用于存储和累积作为函数值返回的行。
- 在 BEGIN…END 语句中，直接将需要返回的结果插入 RETURNS 语句定义的表中即可，在最后返回时，会将结果返回。
- function_body：指定一系列 T-SQL 语句定义函数的值，这些语句合在一起不会产生副作用。function_body 只用于标量值函数和多语句表值函数。在多语句表值函数中，函数体中的有效 SQL 语句类型与标量值函数相同。
- 最后只需使用 RETURN 语句，RETURN 后面不跟任何变量。

调用多语句表值函数的语法格式如下。

```
SELECT  *  FROM[owner_name.]函数名(实参表)
```

其中，若未指定 owner_name 参数，则通常用 dbo 替代。

【例 4.17】 在 SP 数据库中创建 score_table 函数，通过学号查询该学生获奖的项目名称和奖项名称。

```
CREATE FUNCTION  score_table(@stuid char(10))
RETURNS @t_score  table
(Pname varchar(40), Awards varchar(20))
AS
BEGIN
INSERT  INTO @T_score
SELECT  Pname, Awards
FROM  SP, Project
WHERE  SP.Pno=Project.Pno  AND  SP.Sno=@stuid
RETURN
END
```

调用此函数，获取来自学号的信息，在新查询编辑器窗口中输入如下语句：

```
SELECT *FROM dbo.score_table('S202301011')
GO
SELECT *FROM dbo.score_table('S202301012')
GO
```

运行结果如图 4.20 所示。

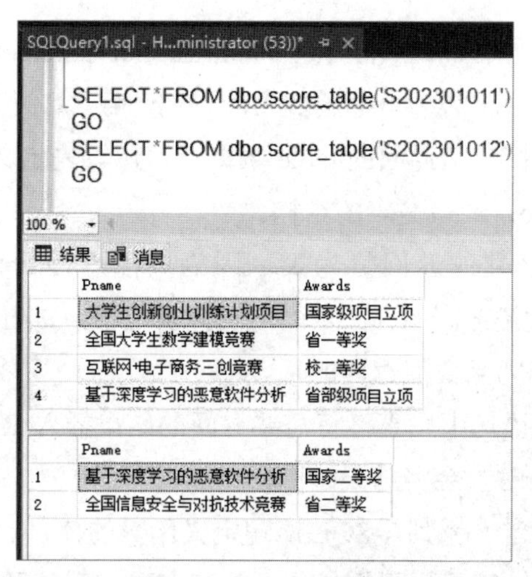

图 4.20　调用 score_table 函数的运行结果

注意：调用多语句表值函数和调用内联表值函数一样，调用时不需要指定架构名。与编程语言中的函数不同的是，SQL Server 的用户自定义函数必须具有返回值。Schemabinding 用于将函数绑定到它引用的对象上。需要注意的是，函数一旦被绑定，就不能被删除、修改，除非删除绑定。

4.4 游标

在数据库开发过程中，如果只需要操作一条数据记录，那么使用 SELECT 语句或 INSERT 语句即可。但是有时需要从某个结果集中获取一条一条的记录，这时必须使用游标来解决。

4.4.1 游标概述

1. 游标的定义

游标（Cursor）是处理数据的一种方法，可使用户逐行访问由 SQL Server 返回的结果集。为了查看或处理结果集中的数据，游标提供了在结果集中一次一行或者多行地向前或向后浏览数据的功能。用户可以通过游标定位到所需要的行中以进行数据操作。游标相当于一个指针，它可以定位到结果集中的任何位置，并允许用户对指定位置的数据进行处理。

2. 游标的作用

在数据库中，游标非常重要，它提供了一种灵活地操作从表中检索出来的数据集的方法，能把对集合的操作转换成对单个记录的操作。就本质而言，游标实际上是一种每次能从包括多条数据记录的结果集中提取一条记录的机制。在使用 SQL 语句从数据库中检索数据后，将结果存放在内存的一块区域中，且结果往往是一个含有多条记录的集合。游标机制允许用户在 SQL Server 中逐行地访问这些记录，按照用户自己的意愿来显示和处理这些记录。

复杂的存储过程一般都会伴随着游标的使用，游标可以实现：定位到结果集中的某一行；对当前位置的数据进行读写；对结果集中的数据进行单独操作，而不是对整行进行相同的操作；成为面向集合的数据库管理系统和面向行的程序设计之间的桥梁。

3. 游标的类型

根据用途，游标可以分为 API 游标、T-SQL 游标、客户端游标。

（1）API 游标。该游标主要应用在服务器上，每次客户端应用程序调用 API 游标函数时，都会由 SQL Server OLE DB 提供者、ODBC 驱动器或 DB_library 的动态链接库将这些客户请求发送给服务器，并由服务器对 API 游标函数进行处理。

（2）T-SQL 游标。该游标基于 Declare Cursor 语法，主要用于 T-SQL 脚本、存储过程及触发器中。T-SQL 游标主要应用在服务器上，处理由客户端发送到服务器的 T-SQL 语句，或者处理批处理、存储过程、触发器中的 T-SQL 语句。T-SQL 游标不支持提取数据块或多行数据。

（3）客户端游标。该游标主要在客户端上缓存结果集时使用，它会使用默认结果集把整个结果集高速缓存在客户端上。所有的游标操作都在客户端的高速缓存中进行。

注意，客户端游标仅支持静态游标。

由于 API 游标和 T-SQL 游标主要应用在服务器上，所以它们被称为服务器游标，也被称为后台游标，而客户端游标则被称为前台游标。

由于服务器游标并不支持所有的 T-SQL 语句或批处理，所以客户端游标常常用于辅助服务器游标。在一般情况下，服务器游标支持绝大多数的游标操作。

另外，根据处理特性，游标可以分为静态游标、动态游标、只进游标和键集驱动游标；根据移动方式，游标可以分为滚动游标和前向游标；根据是否允许修改，游标可以分为只读游标和只写游标。

4.4.2　游标的基本操作

1. 声明游标

在使用游标之前，需要先声明游标。使用 DECLARE CURSOR 语句可以定义 T-SQL 游标的属性，如游标的滚动行为和用于生成游标所进行的结果集查询，具体的语法格式如下。

```
DECLARE cursor_name [INSENSITIVE ][SCROLL ]CURSOR
FOR select_statement
[FOR{READ ONLY |UPDATE [OF column_name1,column_name2,...]}]
```

- cursor_name：定义的 T-SQL 游标的名称，必须符合标识符的命名规则。
- INSENSITIVE：定义一个游标，以创建由该游标使用的数据的临时副本。
- SCROLL：指定所有的提取选项（FIRST、LAST、PRIOR、NEXT、RELATIVE、

ABSOLUTE）均可用。FIRST 表示提取第一行数据；LAST 表示提取最后一行数据；PRIOR 表示提取前一行数据；NEXT 表示提取后一行数据；RELATIVE 表示按相对位置提取数据；ABSOLUTE 表示按绝对位置提取数据。

- select_statement：定义游标结果集的标准 SELECT 语句。在游标声明的 select_statement 中，不允许使用关键字 COMPUTE、COMPUTE BY 和 INTO。
- READ ONLY：禁止通过该游标进行更新。
- UPDATE [OF column_name1,column_name2,…]：定义游标中可更新的列。如果指定了“OF column_name1,column_name2,…”，则只允许更新所列出的列；如果指定了 UPDATE，但未指定列的列表，则可以更新所有列。

【例 4.18】声明一个游标 cursor1。

```
DECLARE  cursor1  SCROLL CURSOR
FOR
SELECT *  FROM  student
```

2. 打开游标

在使用游标提取数据之前，需要先将游标打开，语法格式如下。

```
OPEN{{[GLOBAL ]cursor_name}|cursor_variable_name }
```

- GLOBAL：指定 cursor_name 是全局游标。
- cursor_name：表示已声明的游标的名称。如果全局游标和局部游标都使用 cursor_name 作为其名称，则当指定了 GLOBAL 时，cursor_name 指的是全局游标，否则 cursor_name 指的是局部游标。
- cursor_variable_name：游标变量的名称，该变量用于引用一个游标。

例如，打开在例 4.18 中创建的游标 cursor1，语句如下。

```
OPEN cursor1
```

在打开游标之后，可以使用全局变量@@CURSOR_ROWS 查看打开的游标返回的行数。例如，查看游标 cursor1 返回的行数，语句如下。

```
SELECT @@CURSOR_ROWS 'cursor1 游标行数'
```

在查询页中输入以上代码，单击“执行”按钮，执行结果如图 4.21 所示。

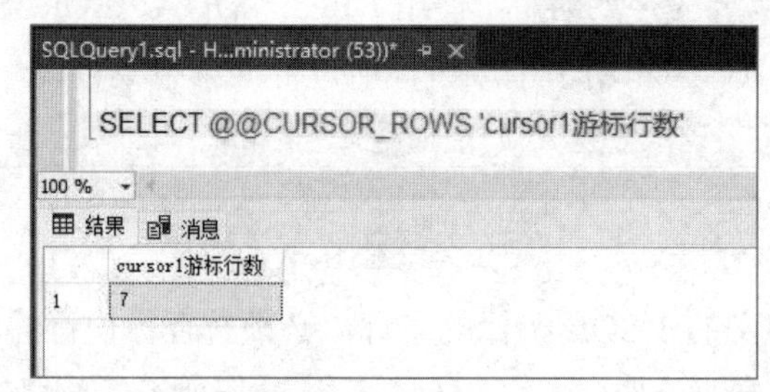

图 4.21　游标行数

3. 提取数据

在打开游标之后，可以使用游标提取某一行的数据。FETCH 语句可以通过 T-SQL 游标检索特定行，语法格式如下。

```
FETCH
[[NEXT |PRIOR |FIRST |LAST |ABSOLUTE{n |@nvar} |RELATIVE{n |@nvar}]
FROM
]
{{[GLOBAL]cursor_name}|@cursor_variable_name }
[INTO @variable_name1,@variable_name2,...]
```

- NEXT：紧跟当前行返回结果行，并且当前行递增为返回行。如果 FETCH NEXT 为对游标的第一次提取操作，则返回结果集中的第一行。NEXT 为默认的游标提取选项。
- PRIOR：返回紧邻当前行前面的结果行，并且当前行递减为返回行。如果 FETCH PRIOR 为对游标的第一次提取操作，则不会返回行，并且将游标置于第一行之前。
- FIRST：返回游标中的第一行并将其作为当前行。
- LAST：返回游标中的最后一行并将其作为当前行。
- ABSOLUTE{n|@nvar}：如果 n 或@nvar 为正数，则返回从游标开头开始向后的第 n 行，并将返回行变成新的当前行。如果 n 或@nvar 为负数，则返回从游标末尾开始向前的第 n 行，并将返回行变成新的当前行。如果 n 或@nvar 为 0，则不会返回行。n 必须是整数常量，并且@nvar 的数据类型必须为 smallint、tinyint 或 int。
- RELATIVE{n|@nvar}：如果 n 或@nvar 为正数，则返回从当前行开始向后的第 n 行，并将返回行变成新的当前行。如果 n 或@nvar 为负数，则返回从当前行开始向前的第 n 行，并将返回行变成新的当前行。如果 n 或@nvar 为 0，则返回当前行。在对游标进行第一次提取时，如果在将 n 或@nvar 设置为负数或 0 的情况下指定 FETCH RELATIVE，则不会返回行。n 必须是整数常量，并且@nvar 的数据类型必须为 smallint、tinyint 或 int。
- INTO @variable_name1,@variable_name2,...：允许将提取的数据存放到局部变量中。列表中的各个变量从左到右与游标结果集中的相应列相关联。各变量的数据类型必须与相应的结果集列的数据类型相匹配，或者是结果集列数据类型所支持的隐式转换。变量的数目必须与游标选择列表中的列数一致。

在提取数据的过程中，常常需要用全局变量@@FETCH_STATUS 来返回针对连接当前打开的任何游标发出的上一条游标 FETCH 语句的状态。其返回值为 0、-1、-2，返回值 0 表示 FETCH 语句执行成功；返回值-1 表示 FETCH 语句执行失败或者返回行不在结果集中；返回值-2 表示提取的行不存在。

【例 4.19】定义一个查询所有学生的游标，使用 FETCH 语句逐行提取并输出每行数据。

```
USE SP
GO
DECLARE  @sno char(10),  @sname char(20),  @ssex char (2)
DECLARE  stu_cursor  CURSOR  FOR
SELECT  Sno, Sname , Ssex
FROM   Student
OPEN  stu_cursor                                    --打开游标
FETCH  NEXT
FROM  stu_cursor
INTO  @sno ,  @sname ,  @ssex                       --执行第一次提取
WHILE  @@FETCH_STATUS=0                             --判断是否可以继续提取
BEGIN
PRINT  '学号：' +@sno+ '      姓名：'
+@sname+'性别：' +@ssex
FETCH  NEXT  FROM  stu_cursor
INTO  @sno ,  @sname ,  @ssex
END
CLOSE  stu_cursor                                   --关闭游标
DEALLOCATE  stu_cursor                              --释放游标
GO
```

执行结果如图 4.22 所示。

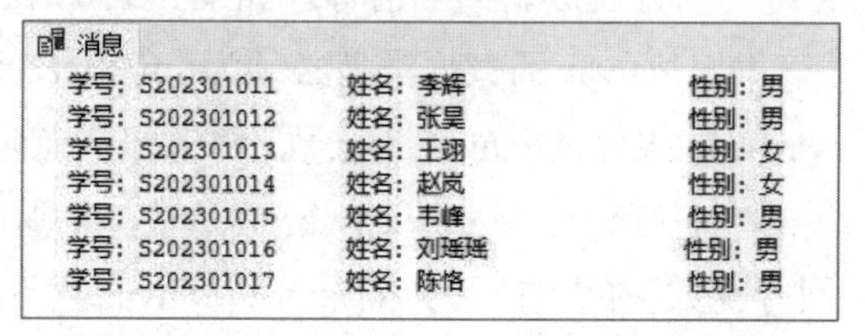

图 4.22　使用 FETCH 语句提取数据的结果

4. 关闭游标

在打开游标之后，SQL Server 服务器会专门为游标划分一定的内存空间，用于存放游标操作的数据结果集，并且在使用游标时，也会根据具体情况对某些数据进行封锁。所以，在不使用游标时一定要将其关闭，以通知服务器释放游标所占用的资源。

使用 CLOSE 语句释放当前结果集，之后解除定位游标的行上的游标锁定，从而关闭一个开放的游标。CLOSE 语句将保留数据结构，以便重新打开游标，但在重新打开游标之前，不允许提取和定位更新。只能对打开的游标执行 CLOSE 语句，不允许对仅声明或已关闭的游标执行 CLOSE 语句。关闭游标的语法格式如下。

```
CLOSE{|[GLOBAL]cursor_name|Icursor_variable_name |
```

- GLOBAL：指定 cursor_name 为全局游标。

- cursor_name：表示打开的游标的名称。
- Icursor_variable_name：与打开的游标关联的游标变量的名称。

CLOSE 语句用于关闭游标，释放 SELECT 语句的查询结果。例如，关闭已经打开的游标 cursor1 的语法格式如下。

```
CLOSE cursor1
```

5. 释放游标

游标结构本身会占用一定的资源，所以在使用完游标之后，为了回收被游标占用的资源，应该将游标释放。使用 DEALLOCATE 语句可以释放游标，语法格式如下。

```
DEALLOCATE{|[GLOBAL ]cursor_name }l@cursor_variable_name }
```

例如，使用如下语句可以释放游标 cursor1。

```
DEALLOCATE cursor1
```

4.5 本章小结

T-SQL 中的标识符、批处理、常量、变量、运算符、表达式及流程控制语句是 SQL Server 程序设计的关键，也是创建存储过程及触发器的基础。

存储过程是预编译的代码段，将编译后的可执行代码保存在内存中，可以提高数据的操作效率。由于存储过程支持输入和输出参数，因此可以灵活地满足不同用户的操作需求。

触发器用于实现使用声明完整性约束实现不了的复杂的约束条件和业务规则，从而提高执行效率。

游标是一种缓存机制，借助游标可以定位到指定的数据行，从而访问数据行中的数据。

第 5 章

数据库访问技术

5.1 数据库访问技术概述

数据库通常是保存在专门的数据库服务器上的，数据库应用程序需要通过数据库访问技术来获取数据库中的数据。数据访问就是在应用程序中获取数据库或其他存储设备中的数据，并且可以对这些数据进行查询、添加、修改和删除等操作。

在数据库应用系统的开发过程中，可以直接使用数据库引擎或数据库接口来访问数据库。目前，常用的数据库访问技术有 ODBC、OLE DB、ADO、ADO.NET、JDBC。

1. ODBC

ODBC（Open Database Connectivity，开放式数据库互连）是微软公司推出的一种实现应用程序和关系数据库之间通信的接口标准。符合该标准的关系数据库就可以通过 SQL 编写的命令对数据库进行操作。目前，所有的关系数据库都符合该标准（如 SQL Server、Oracle、Access 等）。ODBC 本质上是一组数据库访问 API（Application Program Interface，应用程序编程接口），由一组函数调用组成，这些 API 利用 SQL 完成大部分任务。ODBC 本身也提供了对 SQL 的支持，用户可以直接将 SQL 语句发送给 ODBC。

由于 ODBC 仅支持关系数据库及传统的数据库数据类型，并且只以 C/C++语言编写的 API 的形式提供服务，无法满足日渐复杂的数据存取要求，也无法在脚本语言中使用。因此除了 ODBC，微软公司还推出了数据存取技术以满足程序员的不同需要，如 DAO（Data Access Object，数据访问对象）与 RDO（Remote Data Object，远程数据对象），可以通过过程性的 ODBC API 实现面向对象的访问。

2. OLE DB

OLE（Object Linking and Embedding，对象连接与嵌入）DB 是微软公司推出的一种战略性的、通向不同数据源的低级应用程序接口。OLE DB 不仅具有 ODBC 的结构化查询能力，还具有面向其他非 SQL 数据类型的通路。OLE DB 是一组读写数据的方法，OLE DB 中的对象主要包括数据源对象、阶段对象、命令对象和行组对象。使用 OLE DB 的应用程序执行过程主要包括：初始化 OLE、连接到数据源、发出命令、处理结果、释放数据源对象并停止初始化。

OLE DB 是一种开放式标准，被设计成 COM 组件。COM（Component Object Model，组件对象模型）是一种对象的格式，凡是按照 COM 规格制作出来的组件，都可以给其他程序或组件提供相应的功能。

由于 OLE DB 和 ODBC 标准都是为了提供统一的数据访问接口，那么 OLE DB 是不是替代 ODBC 的一种新标准呢？其实并非如此。实际上，ODBC 标准的对象是基于 SQL 的数据源（SQL-Based Data Source），而 OLE DB 的对象则是范围更为广泛的任何数据存储。因此，符合 ODBC 标准的数据源只是符合 OLE DB 标准的数据存储的子集。

3. ADO

虽然 OLE DB 允许程序员存取各类数据，是一个非常好的架构，但是由于 OLE DB 太底层化，使用起来很复杂，需要程序员拥有高超的技能，因此 OLE DB 无法被广泛推行。于是，微软公司采用 COM 将 OLE DB 的大部分功能封装成 ADO（ActiveX Data Object，ActiveX 数据对象），实现了多种程序可以互相调用的功能，极大地简化了程序员的数据存取工作，使 ADO 逐渐被越来越多的程序员接受。

ADO 是微软公司建立在 OLE DB 基础上的高层数据库访问技术。OLE DB 和 ODBC 采用的都是底层的技术，而 ADO 技术为用户提供了一个可视化交互组件，使用户不必过多关注 OLE DB 的内部机制，只需了解 ADO 通过 OLE DB 创建数据源的几种方法，即可使用 ADO 轻松地访问数据库。可以说，ADO 是应用程序和数据底层的一个中间层，可以通过 OLE DB 间接获取数据库中的数据。OLE DB 只是提供了一个通向各种数据库的通用接口。

ADO 包括 6 个主要类：Connection、Command、Recordset、Errors、Parameters、Fields。使用 ADO 访问数据库的基本流程如下。

（1）初始化 COM 库，引入 ADO 库定义文件。

（2）使用 Connection 对象连接数据库。

（3）利用创建好的 Connection 连接对象，通过 Command 对象执行 SQL 命令，或者利用 Recordset 对象对获取的结果记录集进行处理。

（4）使用完毕后关闭连接，释放对象。

4. ADO.NET

简单来说，ADO.NET 是一种允许.NET 开发人员使用标准的、结构化的甚至无连接的方式与数据源进行交互的技术。ADO.NET 可以处理多种类型的数据源，如内存数据库中的数据、文本文件、XML 文件、关系数据库等。

ADO 和 ADO.NET 都是为编写数据源访问程序提供支持的数据库访问技术，但它们是两种完全不同的技术。ADO 使用 OLE DB 接口并基于微软公司的 COM 体系结构，而 ADO.NET 则基于微软公司的.NET 体系结构，拥有自己的 ADO.NET 数据库访问接口。由于.NET 和 COM 是两种不同的体系结构，因此 ADO.NET 接口完全不同于 ADO 接口和 OLE DB 接口，它们采用不同的数据库访问方式。

两者的区别如下。

（1）ADO 使用 Recordset 对象存储获取的数据，而 ADO.NET 则使用 DataSet 对象存储获取的数据。Recordset 更像一个单表，DataSet 可以是多个表的集合。

（2）ADO 采用的是在线连接访问方式，无论是浏览数据还是更新数据都必须是实时的。ADO.NET 采用的是离线访问方式，它会将所需数据从数据源中取出来，存储在一个 XML 副本中，之后即可断开与数据源的连接，处理完成后再连接数据源，最后将处理完成的数据保存到数据源中。

（3）由于 ADO 使用的数据类型必须符合 COM 规范，而 ADO.NET 使用的数据基于 XML 格式，数据类型更丰富，并且不需要进行数据类型转换，所以 ADO.NET 相比 ADO 来说提高了整体性能。

5. JDBC

JDBC（Java Database Connectivity，Java 数据库连接）是一套用于操作关系数据库的 Java API。Java 应用程序可以通过这套 API 连接到关系数据库，并使用 SQL 语句完成对数据库中数据的查询、新增、更新和删除等操作。JDBC 的目标是使 Java 程序员通过 JDBC 即可连接任何提供了 JDBC 驱动程序的数据库系统，无须对特定的数据库系统的特点有过多的了解，从而大大简化了数据库应用系统的开发过程。

5.2 ODBC 与 JDBC

5.2.1 ODBC 简介

1. ODBC 体系结构

ODBC 是由微软公司开发和定义的一种访问数据库的应用程序接口标准，是一组用于访问不同构造的数据库的驱动程序。在数据库应用程序开发中，用户不必关注各类数据库系统的构造细节，只需要使用 ODBC 提供的驱动程序发送 SQL 语句，就可以存取各类数据库中的数据。开发人员通过数据库驱动程序，将应用程序与数据库管理系统（Database Management System，DBMS）联系起来，而驱动程序管理器提供应用程序与数据库的中间连接。ODBC 接口包含一系列功能，由每个 DBMS 的驱动程序实现。当应用程序改变它的 DBMS 时，开发人员只需要使用新的 DBMS 驱动程序替代旧的 DBMS 驱动程序，无须修改代码应用程序，仍然可以照常运行。

ODBC 体系结构如图 5.1 所示，共包括如下 4 个组件。

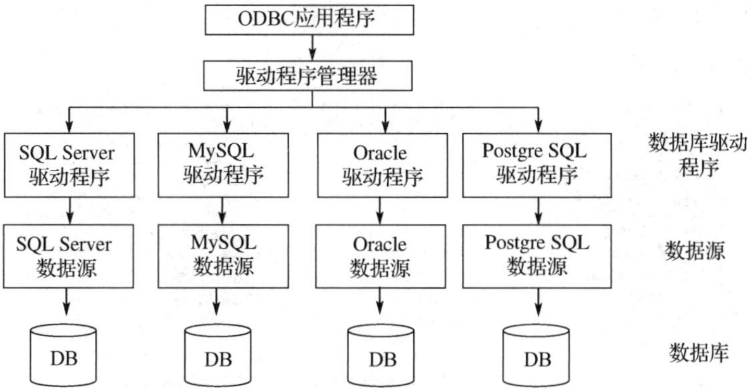

ODBC应用程序
驱动程序管理器
SQL Server 驱动程序　MySQL 驱动程序　Oracle 驱动程序　Postgre SQL 驱动程序　数据库驱动程序
SQL Server 数据源　MySQL 数据源　Oracle 数据源　Postgre SQL 数据源　数据源
DB　DB　DB　DB　数据库

图 5.1　ODBC 体系结构

（1）ODBC 应用程序：执行处理并调用 ODBC API 函数，以提交 SQL 语句并获取结果。

（2）驱动程序管理器（Driver Manager）：根据 ODBC 应用程序的需要加载或卸载 ODBC 驱动程序，处理 ODBC API 函数调用，或者将函数调用转交给 ODBC 驱动程序处理。驱动程序管理器包括一组 ODBC API 函数，它们位于 ODBC32.dll 和 ODBC64.dll 动态链接库中。

（3）ODBC 驱动程序（Driver）：处理 ODBC API 函数调用，提交 SQL 请求到一个指定的数据源中，并把结果返回给 ODBC 应用程序。ODBC 驱动程序通常是一个动态链接库。

（4）数据源（Data Source）：应用程序要连接一个数据库，必须先设置一个数据源。一个数据源包含了用户要访问的数据库及相关的 DBMS、网络平台等信息。ODBC 驱动程序管理器根据数据源提供的信息，建立 ODBC 与具体数据库的联系。数据源是应用程序的操作对象，应用程序通过数据源就能找到对应的数据库物理文件。

一个 ODBC 应用程序对数据库的所有操作由对应的 DBMS 的 ODBC 驱动程序完成。例如，对于 Access、SQL Server 和 Oracle 等关系数据库管理系统，用户均可使用 ODBC API 进行访问。实际上，ODBC API 在访问数据库时，需要借助 ODBC.INI 文件来实现，由驱动程序管理器负责将 ODBC 应用程序对 ODBC API 的调用传递给对应的 ODBC 驱动程序，并由 ODBC 驱动程序完成相应的操作。

2. 配置 ODBC 数据源

ODBC 数据源主要用于存储与指定的数据提供者连接所需的相关信息。访问 SQL Server 数据库的数据源配置方法如下。

（1）打开控制面板，将查看方式设置为小图标，选择“管理工具”选项。

（2）在管理工具窗口中，双击“数据源（ODBC）”选项，如图 5.2 所示。

（3）在弹出的“ODBC 数据源管理器”对话框中，可以在“用户 DSN”、“系统 DSN”和“文件 DSN”选项卡中分别配置用户 DSN 数据源、系统 DSN 数据源和文件 DSN 数据源，如图 5.3 所示。其中，用户 DSN 数据源只能由当前登录用户使用；系统 DSN 数据源可以供在此计算机上注册的所有用户使用；文件 DSN 数据源可以供安装了相同驱动的用户使用。下面以配置用户 DSN 数据源为例，首先在图 5.3 中单击“添加”按钮，弹出“创建新数据源”对话框，如图 5.4 所示。

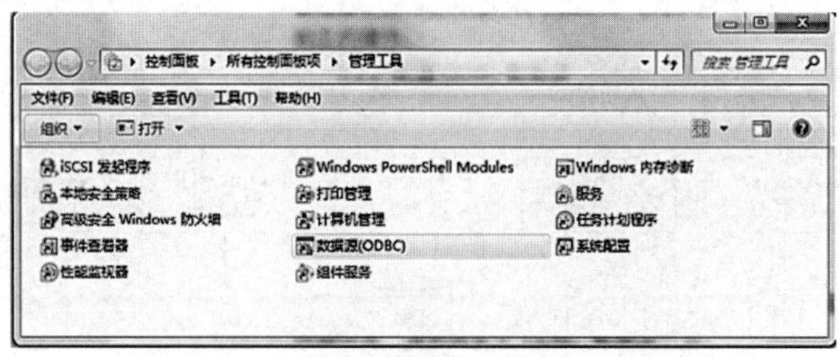

图 5.2 双击“数据源（ODBC）”选项

图 5.3 “ODBC 数据源管理器”对话框

（4）在图 5.4 中，选择要使用的驱动程序“SQL Server”，之后单击“完成”按钮。

（5）弹出“创建到 SQL Server 的新数据源”对话框，如图 5.5 所示，为数据源命名（建议不要使用中文名称）并从“服务器”下拉列表中选择 SQL Server 服务器。其中，服务器名称格式为 ServerName\InstanceName，如果是远程服务器，则可以直接输入服务器的 IP 地址。

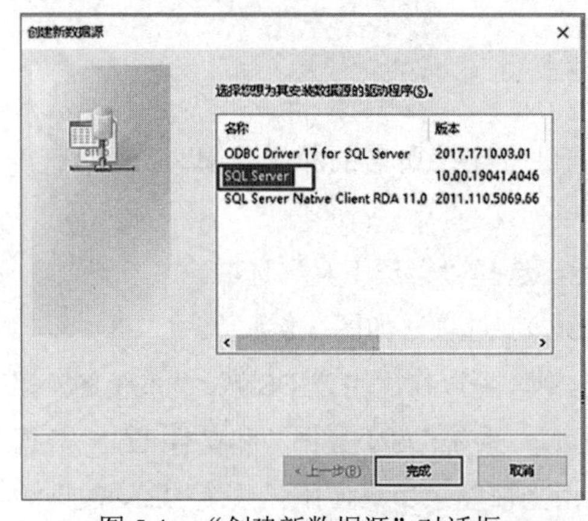

图 5.4 “创建新数据源”对话框

图 5.5 “创建到 SQL Server 的新数据源”对话框

（6）单击“下一步”按钮，选择 SQL Server 验证登录 ID 真伪的方式，如图 5.6 所示。

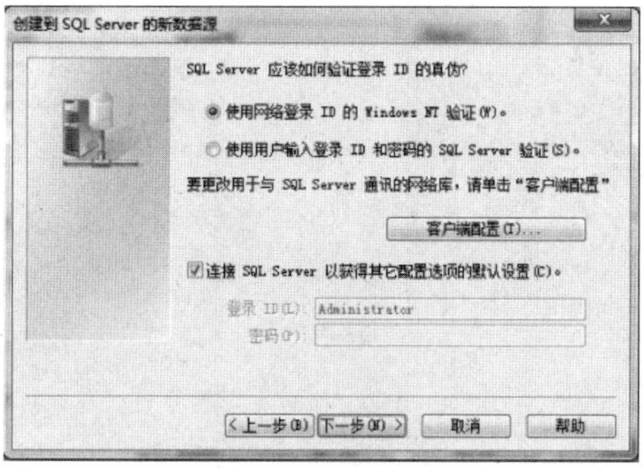

图 5.6　选择 SQL Server 验证登录 ID 真伪的方式

这里有两种方式供用户选择。

① 使用网络登录 ID 的 Windows NT 验证。该方式为集成 Windows 身份验证，驱动程序会请求建立与 SQL Server 之间的安全（或可信）连接。该方式要求 SQL Server 系统管理员必须将 Windows 登录名与 SQL Server 登录 ID 关联起来，用户的其他任何登录 ID 或密码都将被忽略。

② 使用用户输入登录 ID 和密码的 SQL Server 验证。该方式要求 SQL Server Management Studio 中也采用 SQL Server 验证。登录 ID 和密码必须与 SQL Server Management Studio 中的一致。

此处选择第一种方式，单击“下一步”按钮。

（7）如图 5.7 所示，勾选“更改默认的数据库为”复选框并在其下面的下拉列表中选择要更改的默认数据库，此处选择大学生项目管理数据库“SP”，单击“下一步”按钮。

（8）如图 5.8 所示，可以设置 SQL Server 系统消息是否进行数据加密，以及修改 ODBC 驱动程序统计记录对应的日志文件的路径和名称等，之后单击“完成”按钮。

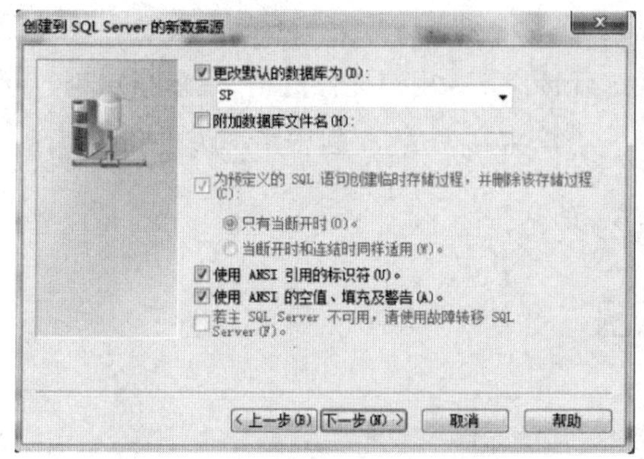

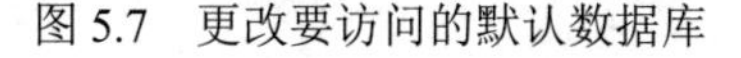
图 5.7　更改要访问的默认数据库

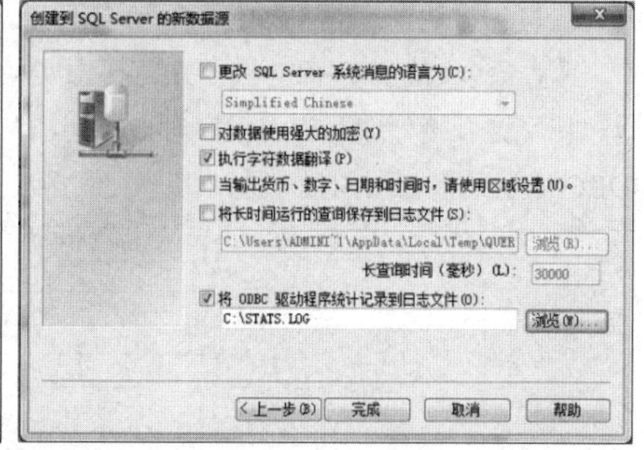

图 5.8　设置 SQL Server 系统消息及日志文件

（9）弹出“ODBC Microsoft SQL Server 安装”对话框，如图 5.9 所示，显示所创建的数据源相关信息。单击“测试数据源”按钮，若弹出如图 5.10 所示的“SQL Server ODBC

数据源测试”对话框并提示测试成功，则表示 ODBC 数据源配置成功。

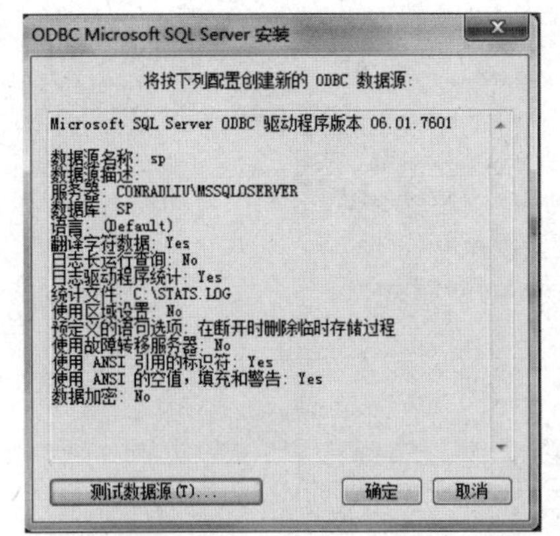

图 5.9 “ODBC Microsoft SQL Server 安装”对话框

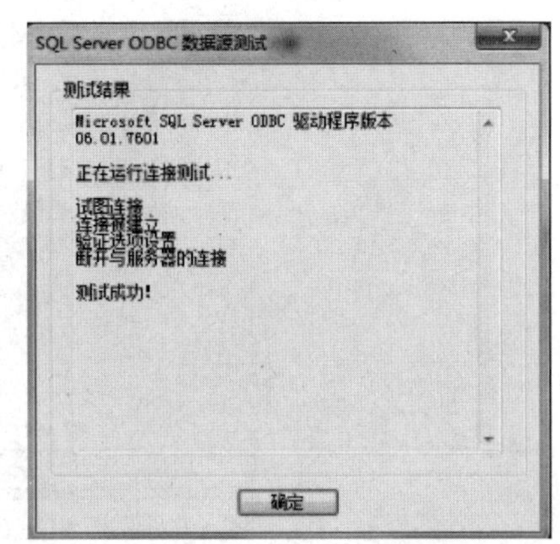

图 5.10 “SQL Server ODBC 数据源测试”对话框

系统 DSN 数据源和文件 DSN 数据源的配置操作与用户 DSN 数据源的配置操作基本相同。

ODBC 一般适用于使用 C/C++语言开发的数据库应用程序，或者在 ASP（Active Server Page，动态服务器页面）中访问数据库的应用场景。而交互式界面应用程序一般更适合使用 Java 或 C#语言进行开发。同时，使用 C#语言开发的项目通常采用 ADO.NET 访问数据库，详细案例参见第 8 章；使用 Java 开发的项目通常采用 JDBC 访问数据库。

5.2.2 JDBC 简介

1. JDBC 体系结构

在使用 Java 开发数据库应用程序时，通常会选择采用 JDBC 来访问数据库，而不同的数据库需要使用不同的数据库驱动进行连接（数据库驱动程序一般由数据库厂商提供）。因此，为了使应用程序与数据库真正建立连接，JDBC 不仅需要提供访问数据库的 API，还需要封装与各种数据库服务器通信的细节。Sun 公司先定义了一套操作所有关系数据库的接口，然后各个数据库厂商会按照规范要求实现这套接口，为用户提供数据库驱动 jar 包。当用户使用这套接口编写应用程序时，调用的某个方法实际上是 jar 包中实现类里面的方法。JDBC 体系结构如图 5.11 所示。

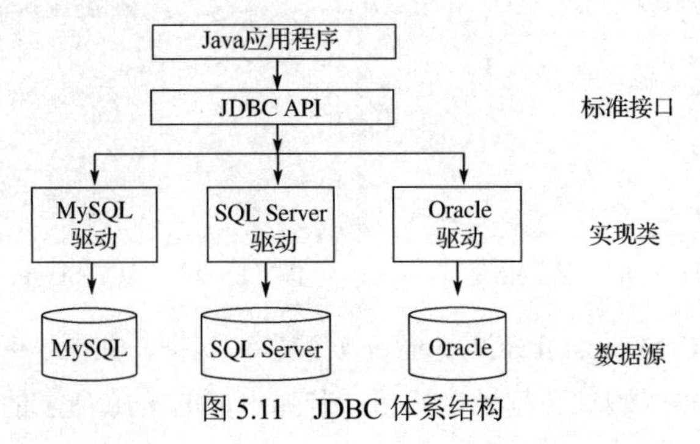

图 5.11 JDBC 体系结构

2. JDBC 中常用的类与接口

JDBC 中常用的类与接口如表 5.1 所示。

表 5.1　JDBC 中常用的类与接口

类 或 接 口	功　　能
Driver 接口	定义了驱动程序需要实现的功能，以及将 API 的调用映射到数据库的操作
DriverManager 类	用于管理 JDBC 驱动程序，跟踪和加载驱动程序并负责选取数据库驱动程序和建立新的数据库连接
Connection 接口	连接应用程序与指定的数据库
Statement 接口	执行静态 SQL 语句，并得到 SQL 语句执行后的结果
PreparedStatement 接口	执行预编译的 SQL 语句，且 SQL 语句可以带参数
ResultSet 接口	提供对数据库表的访问，并在执行查询后返回结果集

1）Driver 接口

Driver 接口定义了数据库驱动对象应该具备的一些功能，所有支持 Java 连接的数据库都实现了该接口，实现该接口的类称为数据库驱动类。

2）DriverManager 类

DriverManager 又叫驱动程序管理器，是专门负责管理数据库驱动程序的。数据库驱动程序在注册之后，会被保存在 DriverManager 类的已注册列表中。DriverManager 类通过实例化数据库驱动对象，在应用程序与数据库之间建立连接，并返回数据库连接对象，其主要方法如下。

```
Connection  getConnection(String url, String user, String password);
```

getConnection()方法通过访问数据库的 URL、用户名及密码，返回对应数据库的 Connection 对象。URL 是用来连接到指定数据库的标识符，包含要连接的数据库的类型、地址、端口、库名称等信息。

连接 SQL Server 数据库的代码示例如下。

```
String url = "jdbc:sqlserver://localhost:1433;databaseName=SP"; //根据实际情况修改 URL
String usname = "UIA-LIU"; // 根据实际情况修改用户名
String password = "1234";  // 根据实际情况修改密码
Connection conn = DriverManager.getConnection ("url"", "usname","password");
```

3）Connection 接口

Connection 是数据库的连接（会话）对象。对数据库的一切操作都是在这个连接对象的基础上进行的，用户可以通过该对象执行 SQL 语句并返回结果。Connection 接口常用的方法如表 5.2 所示。

表 5.2　Connection 接口常用的方法

方　法	功　能
createStatement()	创建向数据库发送 SQL 语句的 Statement 类型的对象
preparedStatement(sql)	创建向数据库发送预编译 SQL 语句的 PreparedStatement 类型的对象

4）Statement 接口

Statement 接口用于发送静态 SQL 语句并返回它所生成的结果对象。Statement 接口常用的方法如表 5.3 所示。

表 5.3　Statement 接口常用的方法

方　法	功　能
execute(String sql)	执行参数中的 SQL 语句，返回一个布尔值
executeQuery(String sql)	执行 SELECT 语句，返回 ResultSet 结果集
executeUpdate(String sql)	执行 INSERT/UPDATE/DELETE 操作，返回更新的行数
addBatch(String sql)	把多条 SQL 语句添加到同一个批处理中
executeBatch()	向数据库发送一批 SQL 语句并执行

5）PreparedStatement 接口

PreparedStatement 接口继承自 Statement 接口，用于发送含有一个或多个参数的 SQL 语句。PreparedStatement 对象比 Statement 对象的效率更高，可以实现动态的参数绑定。为了防止 SQL 注入攻击，一般推荐使用 PreparedStatement 对象。PreparedStatement 接口常用的方法如表 5.4 所示。

表 5.4　PreparedStatement 接口常用的方法

方　法	功　能
addBatch()	把当前 SQL 语句添加到一个批处理中
execute()	执行当前 SQL 语句，返回一个布尔值
executeUpdate()	执行 INSERT/UPDATE/DELETE 操作，返回更新的行数
executeQuery()	执行当前 SELECT 语句，返回 ResultSet 结果集

6）ResultSet 接口

ResultSet 接口用于暂时存放数据库查询操作获得的结果集。ResultSet 接口常用的方法如下。

① getXxxx（int index）：获取当前记录第 index 个字段的值。

② getXxxx（String columnName）：获取当前记录名为 columnName 的字段的值。

上述 getter 方法中 Xxxx 表示获取的值的数据类型，可以是 String、float、date、boolean、object 等数据类型。

3. JDBC 访问数据库的基本步骤

JDBC 访问数据库的基本步骤如图 5.12 所示。

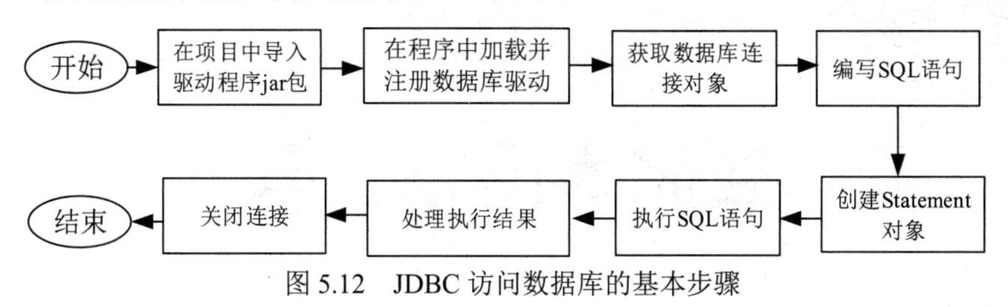

图 5.12　JDBC 访问数据库的基本步骤

（1）在项目中导入驱动程序 jar 包。

（2）在程序中加载并注册数据库驱动。

（3）使用 DriverManager 类的 getConnection()方法获取数据库连接对象。

（4）编写 SQL 语句。

（5）通过 Connection 对象创建 Statement 或 PreparedStatement 对象。

（6）通过 Statement、PreparedStatement 对象向数据库发送并执行 SQL 语句。

（7）处理执行结果。

（8）关闭数据库连接。

具体的使用方法参见第 7 章内容。

5.3 本章小结

本章主要介绍了常用的数据库访问技术，并重点介绍了 ODBC 和 JDBC 两种常用的数据库访问技术的体系结构，以及 ODBC 数据源的配置方法、JDBC 中常用的类与接口和 JDBC 访问数据库的基本步骤等内容。

第 6 章

数据库建模工具

在数据库系统开发的过程中，数据库建模是非常关键的一步。本章在介绍常见建模工具的基础上，重点阐述了数据库建模的自动化过程，即正向工程和逆向工程。常见的数据库建模工具包括 Visio、Rational Rose 和 PowerDesigner 等。在统一建模语言（Unified Modeling Language，UML）的规范下，PowerDesigner 的自动化程度具有绝对优势。本章在数据库系统开发实例的基础上详细讲解了基于 PowerDesigner 的双向工程的实现。

6.1 常见建模工具

6.1.1 Visio

Visio 是 Office 软件系列中的负责绘制流程图和示意图的软件。使用具有专业外观的 Visio 图表，可以促进对系统和流程的了解，深入了解复杂信息并利用这些信息做出更好的业务决策。

Visio 可以用于绘制技术路线图、组织结构图、跨职能流程图、业务流程图、网络计划图、UML 用例图、时序图等。下面介绍基本流程图与 UML 用例图的绘制。

1. 基本流程图

首先在 Visio 的“形状”面板中选择“更多形状”→“流程图”→“基本流程图形状”选项，展开“基本流程图形状”列表，然后按照具体的业务流程，将相应的模块拖动到右侧空白处以绘制基本流程图，如图 6.1 所示。

2. UML 用例图

首先在“形状”面板中选择“更多形状”→“软件和数据库”→“软件”→“UML 用例”选项，展开“UML 用例”列表，然后将相应的模块拖动到右侧空白处以绘制 UML 用例图，如图 6.2 所示。

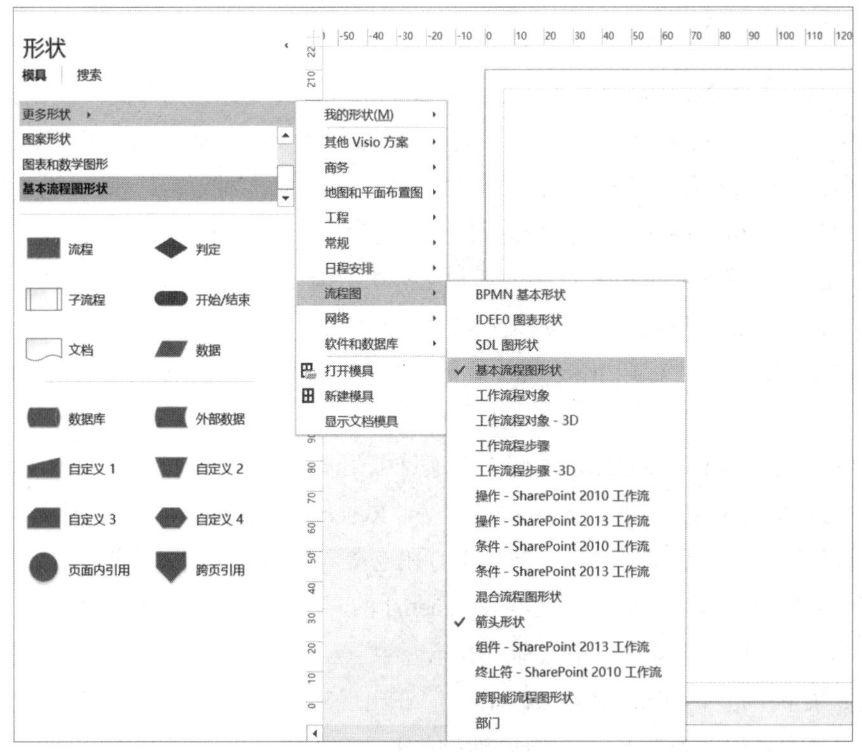

图 6.1　基本流程图绘制

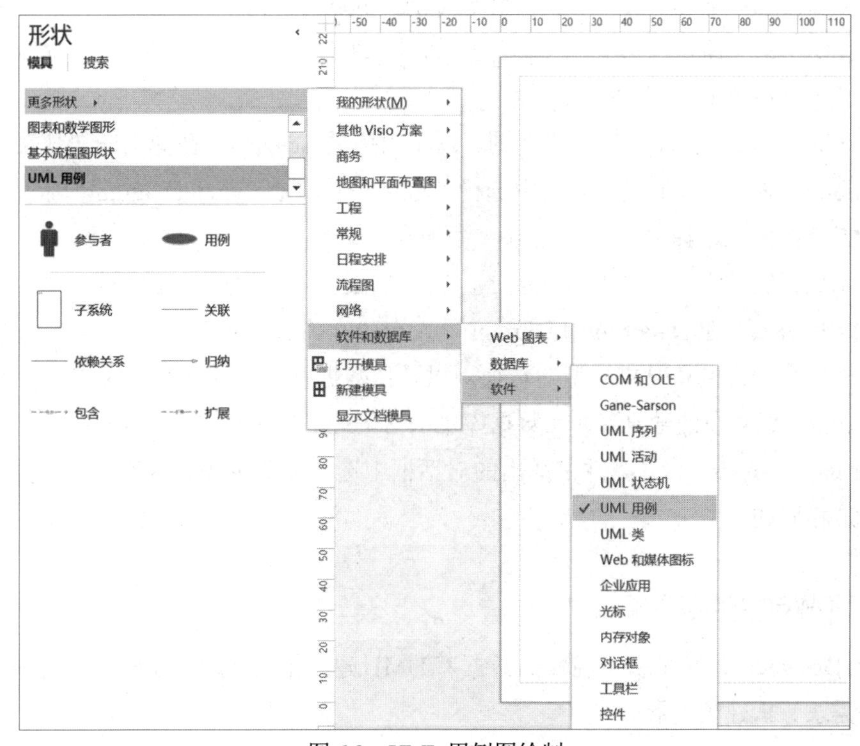

图 6.2　UML 用例图绘制

6.1.2 Rational Rose

Rational Rose 是 Rational 公司推出的一种面向对象的统一建模语言的可视化建模工具，用于可视化建模和公司级软件应用的组件构造。它支持 UML 建模，支持绘制用例图、序列图、状态图、类图等模型，可根据设计的类生成代码（包括多种语言），还可以由代码反向生成类。同时，Rational Rose 支持将模型直接导出为图形，比 Visio 更专业。

Rational Rose 是系统分析和设计工具，支持在结构设计基础上的代码自动生成。能否用好 Rational Rose 的关键就在于架构设计等方面的能力。

在 Rational Rose 中，使用 Rose Data Modeler 可以完成数据库的建模。基本的建模步骤如下。

（1）先将 Rose Data Modeler 添加到工程项目中，再将其引入数据库管理系统。方法是：在菜单栏中选择“Tools”→“Data Modeler”→“Reserve Engineer”命令，在弹出的对话框中输入要连接的数据库名称和个人连接信息。在连接数据库后，会提示要有 Schema，通常不能使用空数据库，因为空数据库是没有 Schema 的。

（2）添加数据库。在菜单栏中选择“Browsers”→“Component View”命令并右击，在弹出的快捷菜单中选择“Data Modeler”命令，在出现的界面中选择“New”→“DataBase”命令，此时就会创建一个数据库和对应的 Schema（在 Logical Component 下）。

（3）可以自己添加 Schema，选择“Logical Component”选项并右击，在弹出的快捷菜单中选择“Data Modeler”命令，在出现的界面中选择“New”→“Schema”命令，如果有需要，那么可以设置 Domain Package。

（4）在对应的 Schema 下添加模型图。右击对应的 Schema，在弹出的快捷菜单中选择“Data Modeler”命令，在出现的界面中选择“New”→“Data Model Digram”命令，这样可以直接从工具控件上选择“Table”选项，添加表。

（5）添加存储过程，添加的方法同上。在添加后，需要设置对应的属性。

（6）添加关系。在 Data Model Digram 上直接建立关系。

（7）进行数据模型和对象模型的转换，以及从数据模型到数据库的操作。

（8）更新已经存在的数据库。在数据库中的 Schema 上右击，在弹出的快捷菜单中选择“Compare and Analysis”命令，并在弹出的对话框中选择需要更改的数据库，这与连接数据库的过程是相同的。

6.1.3 PowerDesigner

PowerDesigner 最初是一个纯粹的数据库 UML 建模工具，后来才向对象建模、业务逻辑建模及需求分析建模发展。

PowerDesigner 对数据库模型和对象模型的支持力度已经大致相同。此外，它还支持概念数据模型、业务模型、需求模型、XML 模型、信息流模型、自由模型的分析设计。不过，它对后面这几个模型的支持比较基础，而且在实际的应用中，这些模型用得也比较少。PowerDesigner 的突出亮点还是在于对数据库模型和对象模型的分析设计。

在数据库模型方面，PowerDesigner 支持 20 多种数据库，对同一数据库的不同版本还提供单独的支持，以便在设计数据库模型时，提供与数据库和版本相关的设计。在面向对象模型方面，PowerDesigner 支持 11 种主流语言，并对 Java 提供单独的支持。

建模过程如下。

（1）创建概念数据模型，如图 6.3 所示。

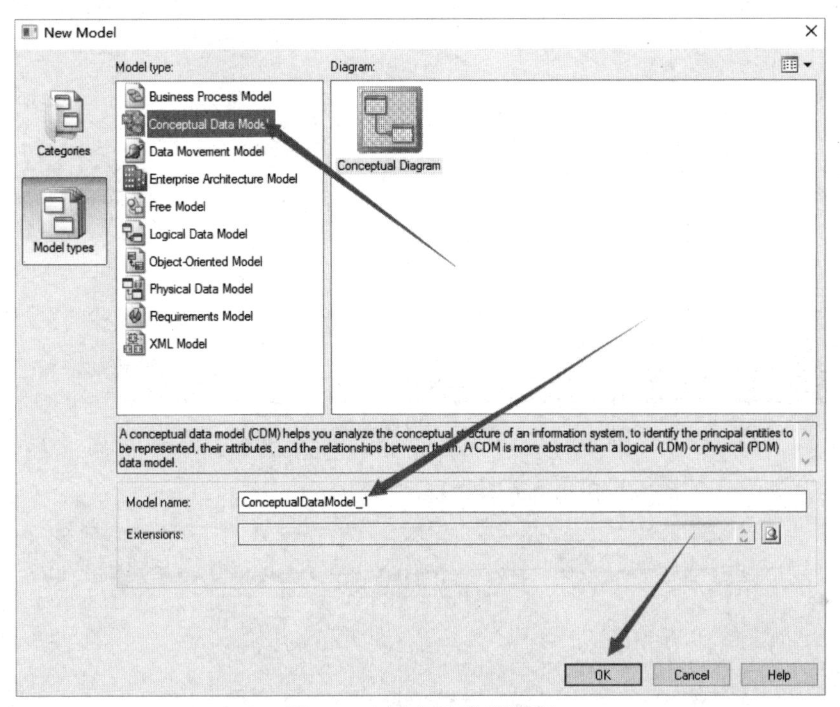

图 6.3　创建概念数据模型

（2）创建实体，如图 6.4 所示。

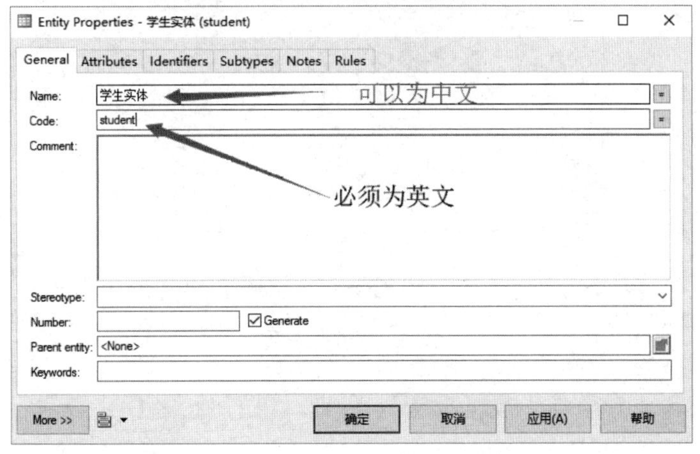

图 6.4　创建实体

（3）设置属性，如图 6.5 所示。

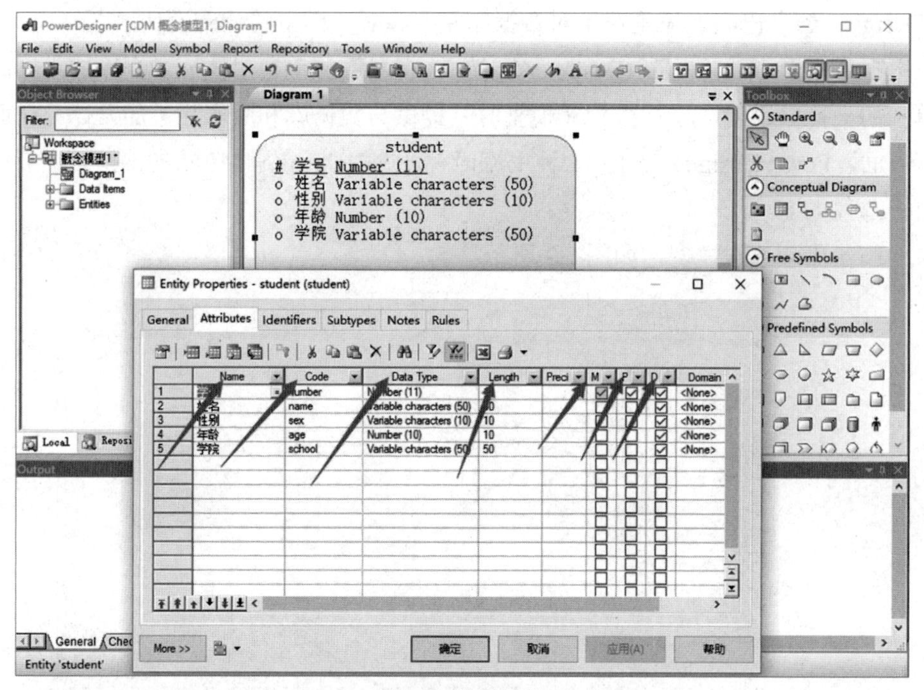

图 6.5　设置属性

（4）建立关系，如图 6.6 和图 6.7 所示。

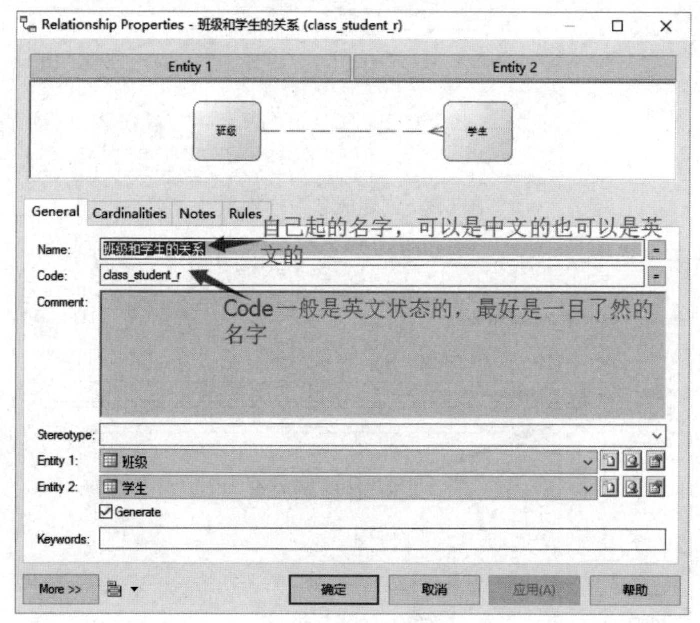

图 6.6　建立关系

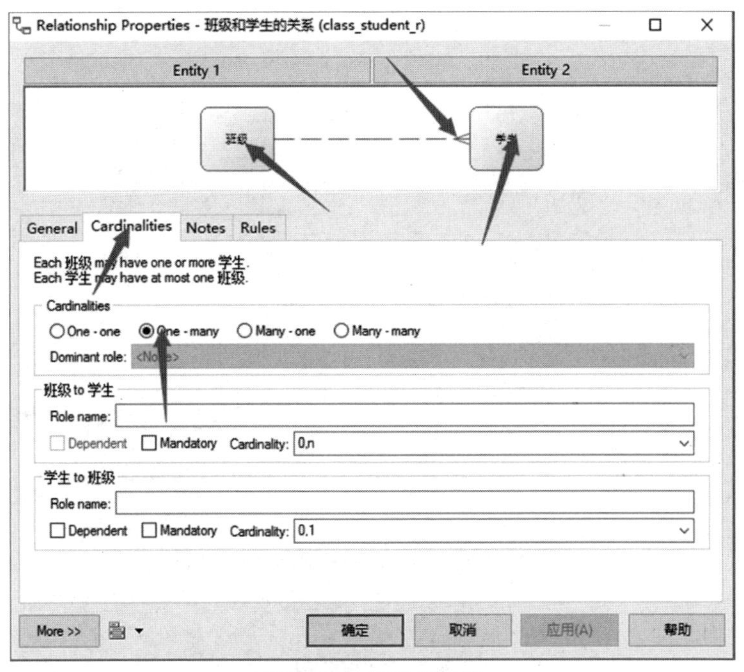

图 6.7　选择关系类型

（5）将概念数据模型转换为物理数据模型，如图 6.8 所示。

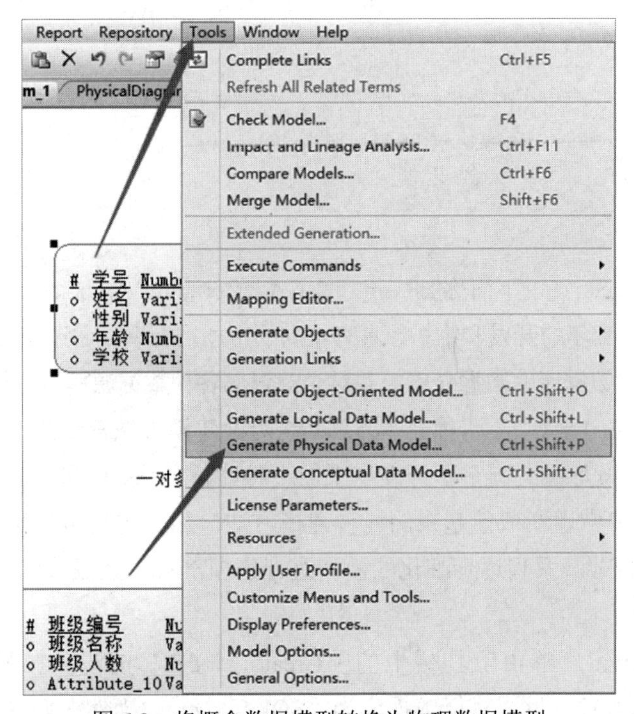

图 6.8　将概念数据模型转换为物理数据模型

（6）通过物理数据模型导出 SQL 语句，如图 6.9～图 6.11 所示。

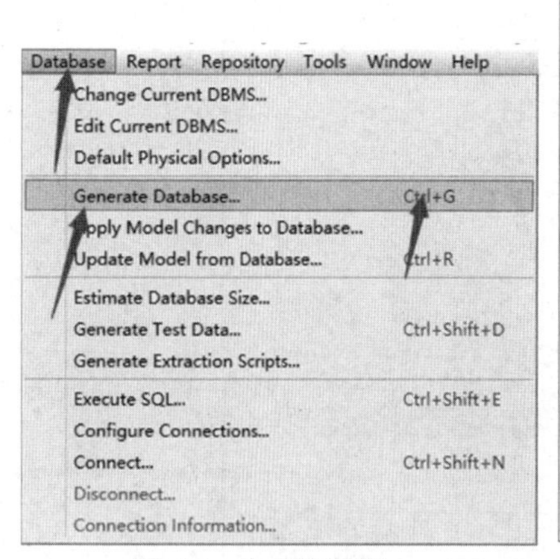

图 6.9　生成数据库

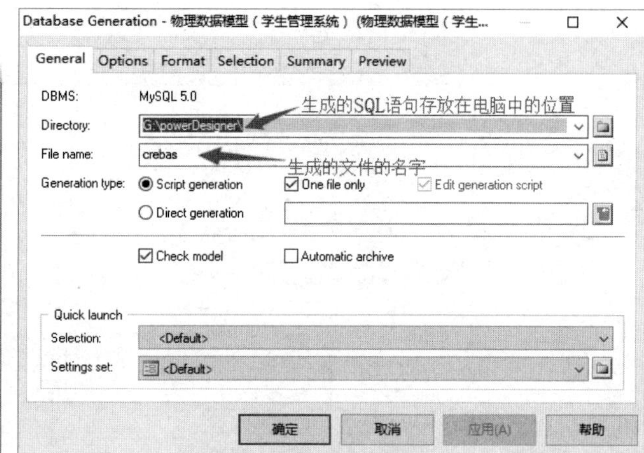

图 6.10　设置数据库参数

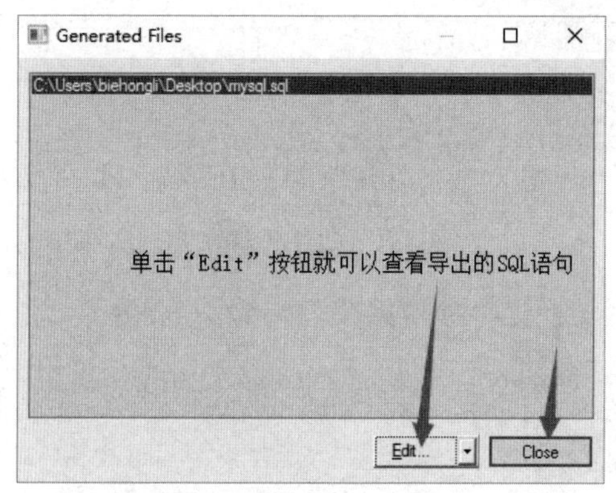

图 6.11　导出 SQL 语句

6.1.4　ERwin

ERwin Data Modeler（以下简称 ERwin）是 CA（Computer Associates）公司推出的一款优秀建模工具，它历经数年的开发和维护，具有很高的市场占有率。通过使用 ERwin，用户可以可视化地设计和维护数据库、数据仓库，并对企业内部各种数据源模型进行统一规划与管理。

ERwin 支持 IDEF1X 和 IE 两种建模方法，这两种建模方法都适用于大规模企业级数据库建模。IDEF1X 建模是由美国空军开发出来的一种建模方法，被广泛应用于政府机构的各种项目中，是在实践中逐渐成熟起来的一种建模方法。从需求规范开始，随着对项目的深入了解，IDEF1X 通过一系列逐步细化的模型进行建模，直至生成最终物理数据库。

建模过程如下。

（1）打开 ERwin，单击工具栏中的“Create Model”按钮，在弹出的窗口中选择“Logical/Physical”选项，设置目标数据库为“SQL Server”。当然，设置的数据库在后面的建模过程中可以修改。

（2）创建第一个实体 Customer，并为其添加属性：先单击工具栏中的“Entity”按钮，然后单击工作区的任意部分就会创建一个新的实体，将其命名为“Customer”，如图 6.12 所示。实体的属性区域分为键区（存放实体的主键属性）和非键区（存放实体的非主键属性）。当定义关系时，ERwin 会自动根据关系类型，把外键放在键区或非键区，用户也可以通过拖动来调整属性的位置。

（3）右击 Customer 实体，并在弹出的快捷菜单中选择“Attributes”命令，进入属性编辑对话框，如图 6.13 所示。

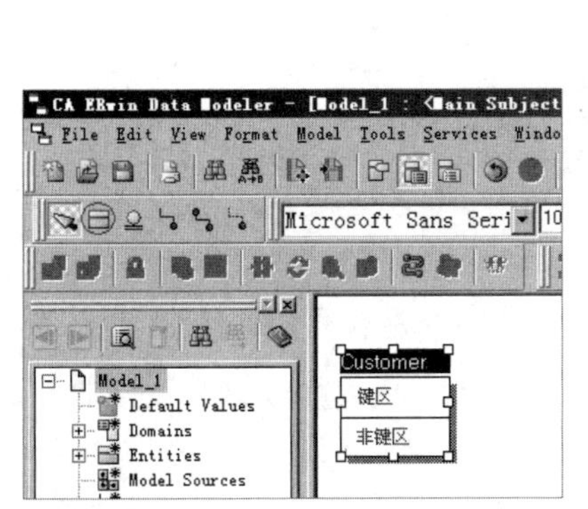

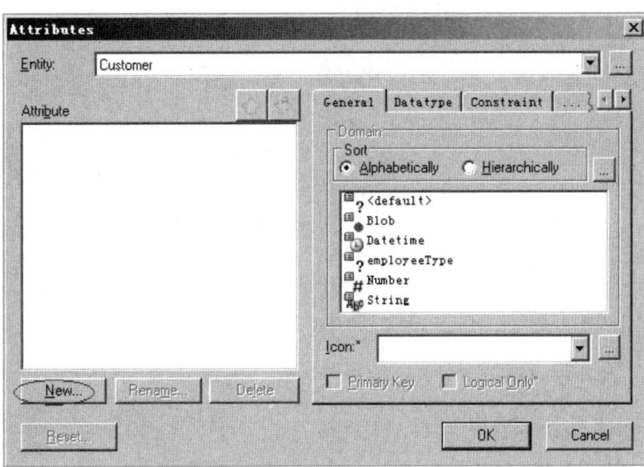

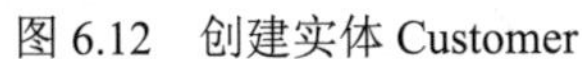
图 6.12　创建实体 Customer

图 6.13　属性编辑对话框

（4）单击“New”按钮，添加“customer id”属性，设置数据类型为“Number”，并勾选“Primary Key”复选框，将该属性设置为主键，如图 6.14 所示。

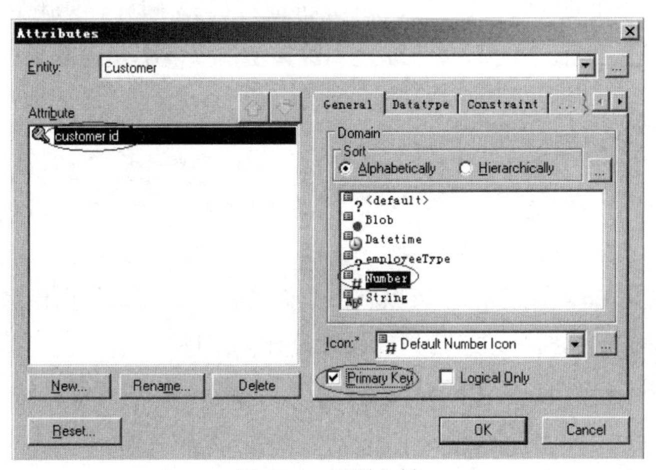

图 6.14　设置主键

（5）为实体添加关系：实体间的关系是展示业务规则的重要元素，这里为 Customer 实体和 Order 实体添加关系。单击工具栏中的“Non-Identifying Relationship”按钮，先单击 Customer 实体，再单击 Order 实体，即可在这两个实体间建立关系。

（6）生成数据库：在菜单栏中选择“Model”→“Physical Model”命令，切换到物理视图，之后在菜单栏中选择“Tools”→“Forward Engineer”→“Schema Generation”命令，弹出属性对话框，如图 6.15 所示。

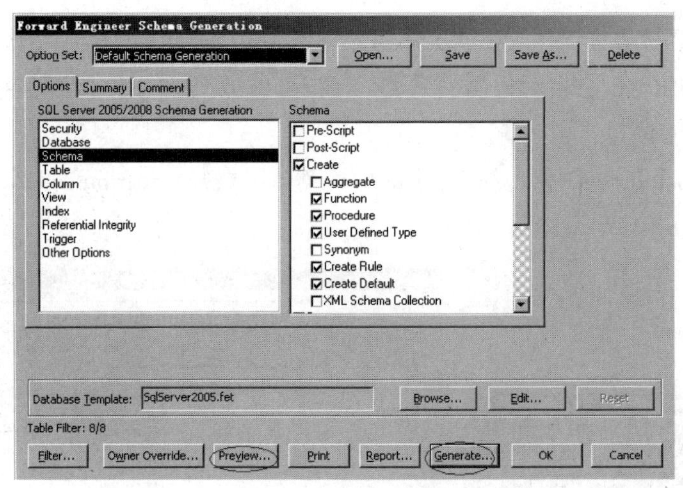

图 6.15　属性对话框

可以看到，ERwin 提供了很多参数，例如，用户可以选择是否生成触发器等。单击“Preview”按钮，可以预览 DDL 脚本；单击“Generate”按钮，可以连接到数据库服务器以创建数据库。

6.2 PowerDesigner 的使用

本节包含四大方面的内容：了解 PowerDesigner 的基本操作，使用 PowerDesigner 实现 CDM、PDM，实现 CDM、PDM、OOM 之间的转换，以及实现正向工程与逆向工程。

6.2.1 PowerDesigner 概述

PowerDesigner 是 Sybase 公司的 CASE（Computer Aided Software Engineering，计算机辅助软件工程）工具集，可以方便地对管理信息系统进行分析设计，几乎涉及数据库模型设计的全过程。使用 PowerDesigner 可以制作数据流程图、概念数据模型、物理数据模型，可以为数据仓库制作结构模型，也可以对团队设计模型进行控制。它可以与许多流行的软件开发工具，如 PowerBuilder、Delphi、VB 等互相配合，缩短开发时间，使系统设计更优化。PowerDesigner 包含 5 种模型。

（1）概念数据模型（Concept Data Model，CDM）：表现数据库全部逻辑的结构，与任何软件或数据存储结构无关。一个概念数据模型经常包括在物理数据库中仍然无法实现的数据对象。它为运行计划或业务活动的数据提供一个正式的表现方式。

（2）逻辑数据模型（Logic Data Model，LDM）：在后期的 PowerDesigner 15 中，引入了新的模型，如逻辑数据模型、多维数据模型等。逻辑数据模型是概念数据模型的延伸，表示概念之间的逻辑次序，是一个属于方法层次的模型。具体来说，在逻辑数据模型中，一方面显示了实体、实体的属性，以及实体之间的关系；另一方面又将继承、实体关系中的引用等在实体的属性中进行展示。逻辑数据模型介于概念数据模型和物理数据模型之间，具有物理数据模型方面的特性。同时，概念数据模型中的多对多关系在逻辑数据模型中将会以增加中间实体的一对多关系的方式来实现。

逻辑数据模型让整个概念数据模型更易于理解，同时又不依赖于具体的数据库实现。使用逻辑数据模型可以生成针对具体数据库管理系统的物理数据模型。逻辑数据模型在整个步骤中并不是必需的，用户可以直接通过概念数据模型来生成物理数据模型。

（3）物理数据模型（Physical Data Model，PDM）：描述数据库的物理实现。

（4）面向对象模型（Object Oriented Model，OOM）：包含一系列包、类、接口，以及它们之间的关系。这些对象一起形成一个软件系统的所有（或部分）逻辑设计视图的类结构。一个面向对象模型在本质上是软件系统的一个静态的概念数据模型。

（5）业务程序模型（Business Process Model，BPM）：描述业务的各种不同内在任务和内在流程，以及用户如何与这些任务和流程互相影响。

业务程序模型是从业务合伙人的角度来看业务逻辑和规则的概念数据模型，它使用一个图表描述程序、流程、信息和合作协议之间的交互作用。

使用 PowerDesigner 创建数据库的一般过程为：根据需求创建概念数据模型，将概念数据模型转换为物理数据模型，通过物理数据模型创建数据库。本书以 PowerDesigner 16.5 为例进行操作。

6.2.2　PowerDesigner 功能介绍

PowerDesigner 16.5 的操作界面如图 6.16 所示，使用的主要符号如图 6.17 和图 6.18 所示。

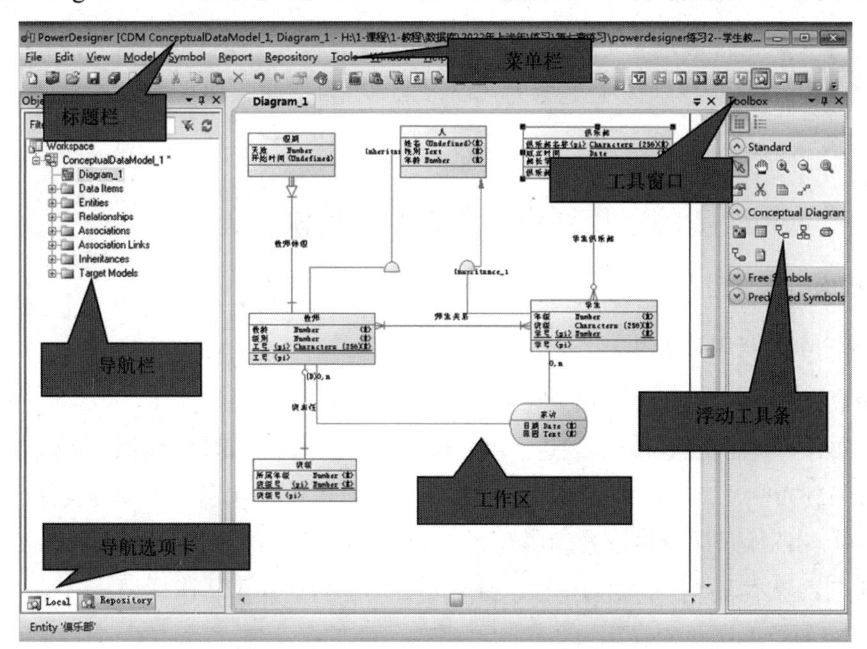

图 6.16　PowerDesigner 16.5 的操作界面

端点	存在性	基数	描述
	可不存在	一个	可以存在一个，也可以不存在
	强制	一个	必须存在且仅存在一个
	可不存在	多个	可以存在一个或多个，也可以不存在
	强制	多个	必须存在一个或多个

图 6.17　主要符号（1）

图形	名称	含义	图形	名称	含义
	指针	选择符号		联合连接	插入联合连接符号
	套索	选择一个区域的符号		文件	插入文件符号
	整体选择	选择全部符号，一起设置大小		注释	插入注释符号
	放大	放大视野范围		连接/扩展依赖	在图表中的符号之间画一个图形连接，在注释和一个对象之间画一个注释连接，在两个支持扩展依赖的对象之间画一个扩展依赖
	缩小	缩小视野范围		主题	插入主题符号
	打开包图表	显示选择的包图表		文本	插入文本符号
	属性	显示选择的符号属性		线条	插入一条线
	删除	删除符号		圆弧	插入一段圆弧
	包	插入包符号		长方形	插入一个长方形
	实体	插入实体符号		椭圆	插入一个椭圆
	关系	插入关系符号		圆角矩形	插入一个圆角矩形
	继承	插入继承符号		折线	插入一条折线
	联合	插入联合符号		多边形	插入一个多边形

图 6.18　主要符号（2）

图 6.17 和图 6.18 展示了实体间关联时使用的主要符号。通过这些符号，用户可以清晰地知道关系是一对一、一对多还是多对一、多对多，并且可以清晰地知道哪一方是强制必须存在的。

6.2.3　PowerDesigner 几种模型的介绍及举例

1. 概念数据模型

1）概念数据模型的关系

概念数据模型的关系如图 6.19 所示。

对于实体、属性及标识符的表达，用户通过实体应当可以清晰地看到实体名、属性名、属性是否强制为空、类型、主标识符、次标识符。如图 6.20 所示，学生为实体名；学号、姓名、性别、出生日期、身份证号为属性名；属性的类型可以为 integer、characters、date 等；M 代表强制，表示该属性不能为空值；pi 表示主标识符；ai 表示次标识符。

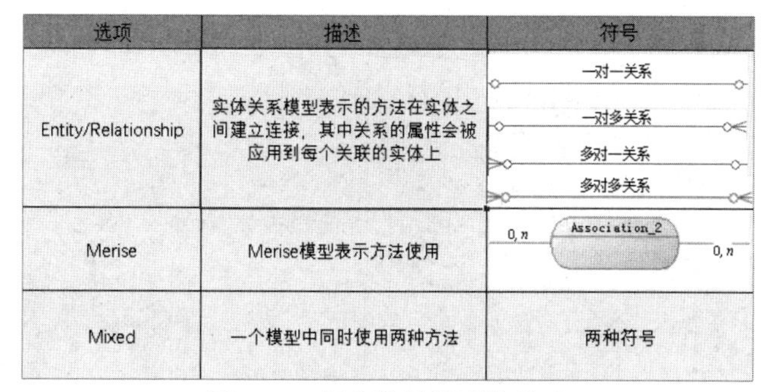

选项	描述	符号
Entity/Relationship	实体关系模型表示的方法在实体之间建立连接，其中关系的属性会被应用到每个关联的实体上	一对一关系 一对多关系 多对一关系 多对多关系
Merise	Merise模型表示方法使用	0, n　Association_2　0, n
Mixed	一个模型中同时使用两种方法	两种符号

图 6.19　概念数据模型的关系

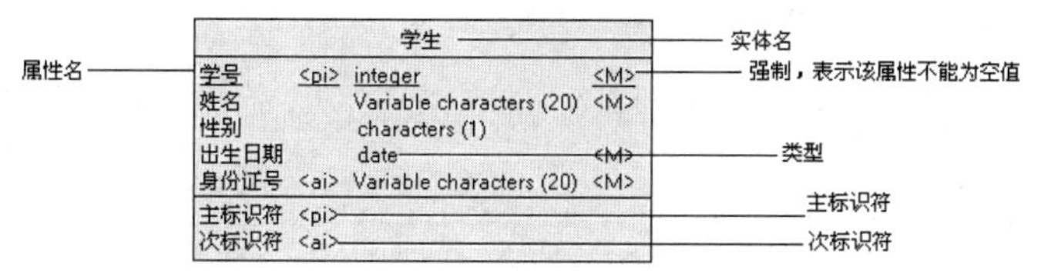

图 6.20　实体的表示方法

实体样式设置步骤如下。

（1）在“Tools”菜单中选择“Display Preferences”命令。

（2）在弹出的窗口中选择“Display Preferences”选项，并勾选相关的属性，即可显示出相应的提示。

（3）设置边框颜色、实体背景等。当然，其他组件（如关系连线、File、Package 等）的相关属性也可以在该窗口中设置。

2）概念数据模型的创建

创建一个简单的概念数据模型，例如，创建一个多对多的关系映射，如学生与教师的关系映射。

（1）在菜单栏中选择“File”→“New Model”→“CDM”命令，创建一个实体。

（2）双击实体，弹出实体属性配置窗口，如图 6.21 所示，设置“Name”和“Code”为“学生”。

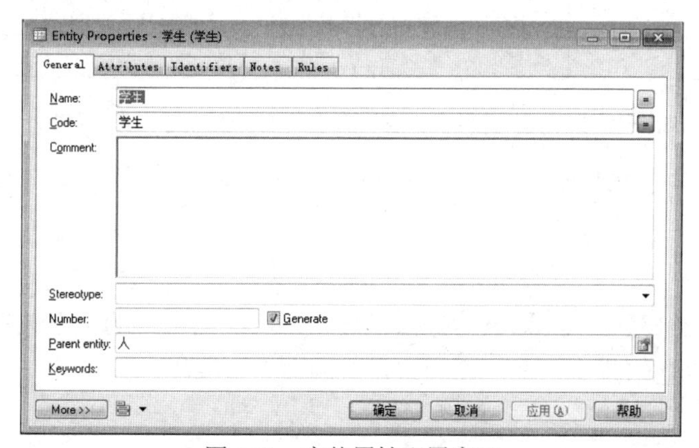

图 6.21　实体属性配置窗口

（3）选择“Attributes”选项卡，添加属性，如图 6.22 所示。

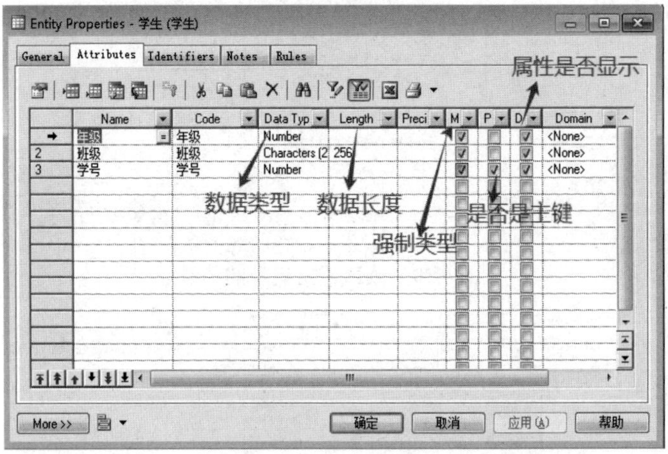

图 6.22　添加属性

“Attributes”选项卡中的相关按钮，可以用于新增属性、引用属性、设置属性、新增属性列等。双击属性名，可以跳出对该列属性的设置，并设置最大值、最小值、默认值和可取的值集合。此外，在“Attributes”选项卡中还可以定义属性的标准检查约束，窗口中的参数及其说明如表 6.1 所示。

表 6.1　参数及其说明

参　数	说　明
Minimum	属性可以接收的最小值
Maximum	属性可以接收的最大值
Default	在不对属性进行赋值时，系统提供的默认值
Unit	单位，如千米、吨、元
Format	属性的数据显示格式
Lowercase	对属性的赋值全部转换为小写字母
Uppercase	对属性的赋值全部转换为大写字母
Cannot modify	该属性一旦被赋值，就不能修改
List of Values	属性赋值列表，除列表中的值之外，不能有其他的值
Label	属性列表值的标签

（4）在生成实体后，选择关系连线，连接每个实体。双击关系连线，进入关系属性设置界面，选中“Many-many”单选按钮，勾选“Mandatory”复选框，表示必须存在，如图 6.23 所示。

Mandatory 表示这个方向的强制关系。若勾选该复选框，则在关系连线上产生一条垂直的竖线；若不勾选该复选框，则表示关系在这个方向上是可选的，在关系连线上产生一个小圆圈。以上就成功创建了一个简单的多对多的概念数据模型。

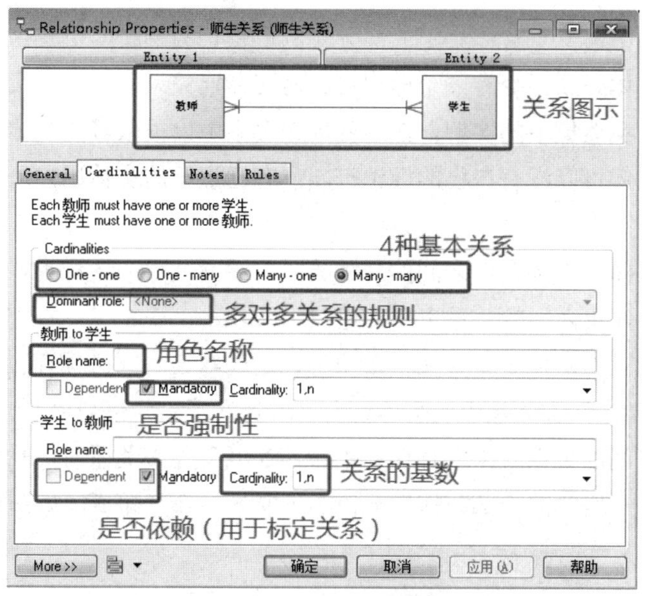

图 6.23　建立实体关系

概念数据模型中的 4 种基本关系，即一对一（1∶1）关系、一对多（1∶*n*）关系、多对一（*n*∶1）关系和多对多关系（*n*∶*m*），如图 6.24 所示。

除 4 种基本关系之外，实体集与实体集之间还存在标定关系（Identify Relationship）、非标定关系（Non-Identify Relationship）和递归关系（Recursive Relationship）。

每个实体类型都有自己的标识符，如果两个实体集之间有关系，且一个实体类型的标识符（主键）被用作另一个实体类型的标识符的一部分，这通常意味着两个实体之间存在“一对多”的关系。这种关系称为标定关系，也叫依赖关系；否则称为非标定关系，也叫非依赖关系。在标定关系中，一个实体“选课”依赖一个实体“学生”，那么“学生”实体必须至少有一个标识符，而“选课”实体可以没有自己的标识符，它可以用“学生”实体的标识符作为自己的标识符，如图 6.25 所示。

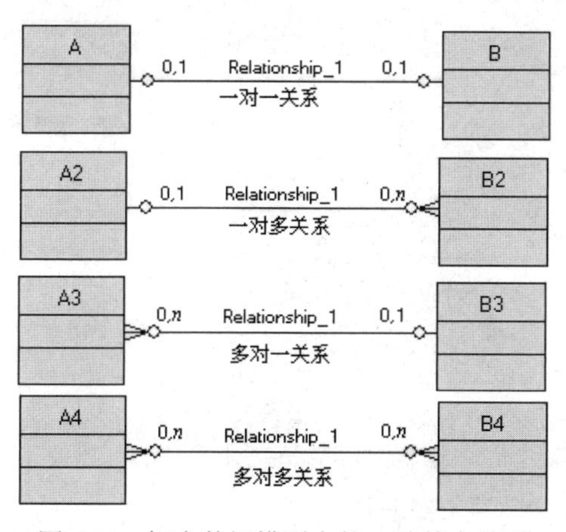

图 6.24　概念数据模型中的 4 种基本关系

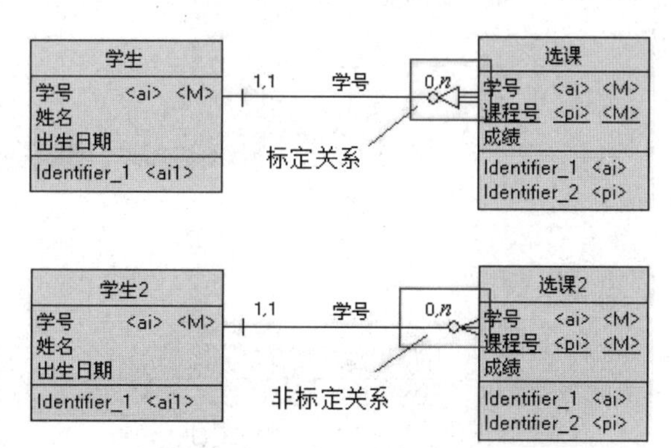

图 6.25　标定关系与非标定关系示例

在非标定关系中，一个实体集中的部分实例依赖于另一个实例集中的实例，在这种依赖关系中，每个实体必须至少有一个标识符。而在标定关系中，一个实体集中的全部实例完全依赖于另一个实体集中的实例，在这种依赖关系中，被依赖的实体必须至少有一个标识符，而另一个实体可以没有自己的标识符。没有标识符的实体用它所依赖的实体的标识符作为自己的标识符。

递归关系是实体集内部实例之间的一种关系，通常被形象地称为自反关系。在同一实体类型中，不同实体集之间的关系也称为递归关系。

例如，在“职工”实体集中存在很多职工，这些职工之间必须存在一种领导与被领导的关系。又如，“学生”实体集中的实体包含“班长”子实体集与“普通学生”子实体集，这两个子实体集之间的关系就是一种递归关系。在创建递归关系时，只需要单击“实体间建立联系”工具，从实体的一部分拖曳至该实体的另一部分即可，如图 6.26 所示。

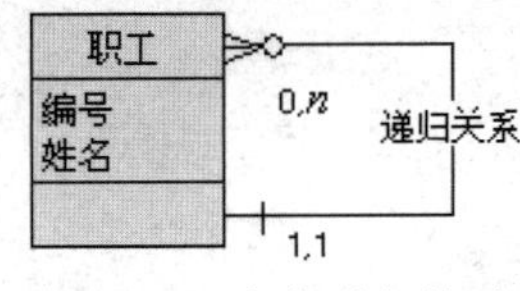

图 6.26　实体递归关系

2. 概念数据模型转换为物理数据模型

以大学生项目管理数据库为例，通过学生和项目之间的多对多关系，学生和学院之间的多对一关系展示概念数据模型（CDM）到物理数据模型（PDM）的转换过程，以及全局 CDM 到全局 PDM 的转换过程。

（1）CDM 转换为 PDM 示例（多对多关系）如图 6.27 所示。

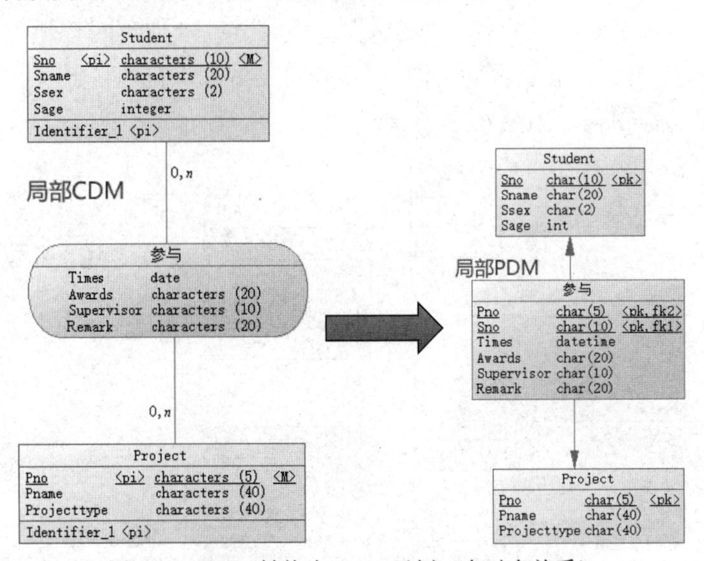

图 6.27　CDM 转换为 PDM 示例（多对多关系）

（2）CDM 转换为 PDM 示例（多对一关系）如图 6.28 所示。

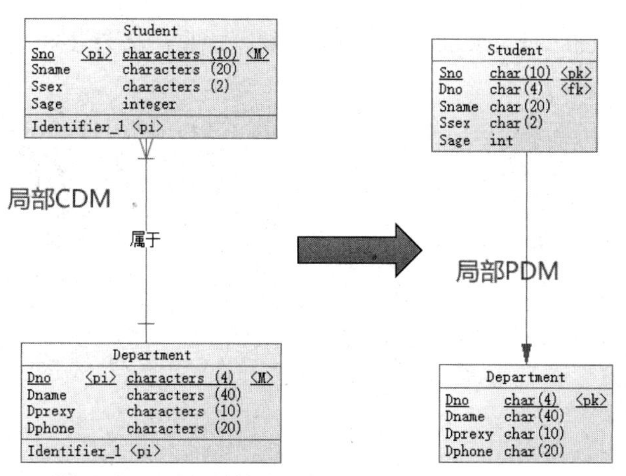

图 6.28　CDM 转换为 PDM 示例（多对一关系）

（3）全局 CDM 转换为全局 PDM 示例如图 6.29 所示。

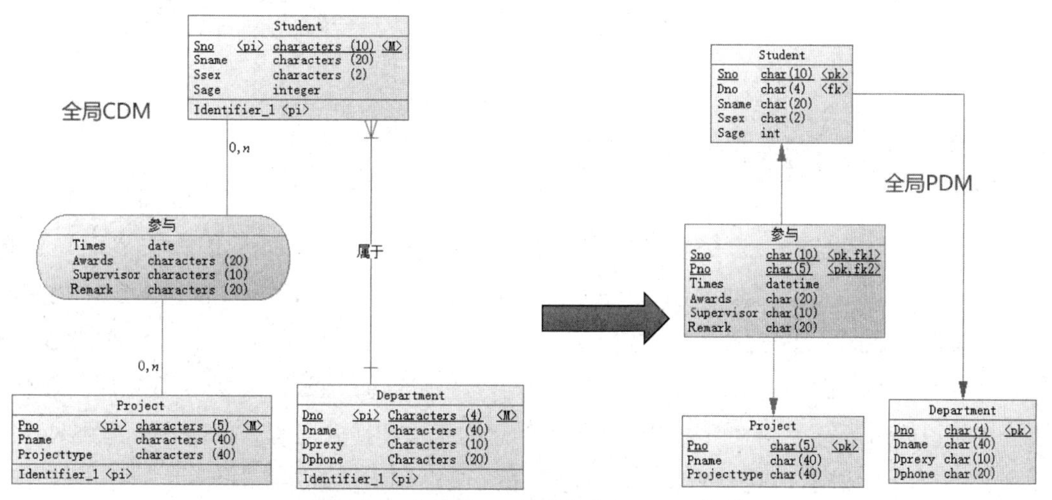

图 6.29　全局 CDM 转换为全局 PDM 示例

3. 物理数据模型

根据类似的步骤可以创建物理数据模型。物理数据模型的一个较大优势在于，它可以直接导出相应数据库的 SQL 语句，也可以直接连接数据库并生成相应的表结构，这为数据库操作提供了很大的便利。

例如，双击物理数据模型的参与表，进入表属性配置窗口，在“Preview”选项卡中，可以预览该表对应的建表语句，当然也可以直接复制这些语句到数据库中进行建表操作，如图 6.30 所示。

4. 模型之间的关系

概念数据模型可以通过 Generate Physical Data Model 转换为物理数据模型。物理数据模型可以通过 Generate Object Oriented Model 转换为面向对象数据模型。面向对象数据模型可以通过 Generate Physical Data Model 转换为物理数据模型。模型之间可以相互进行转换。

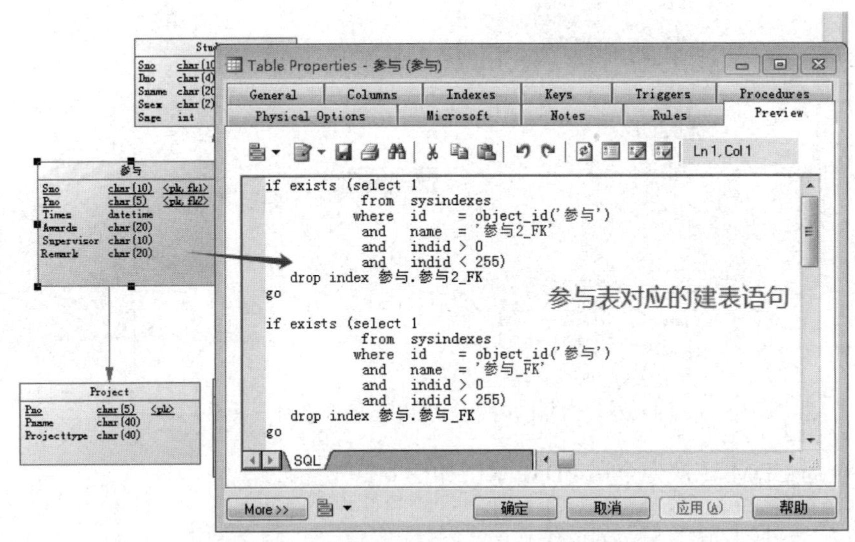

图 6.30　物理数据模型的 SQL 语句示例

6.3 正向工程与逆向工程

连接数据库共包含 5 个步骤：（1）打开 PowerDesigner 16.5 的操作界面，选择“Database”菜单；（2）选择“Generate Database”命令；（3）创建一个新的 ODBC 连接；（4）这里需要注意，服务器一栏中需要填写的是客户端配置的服务名，也就是 PL/SQL 连接时所用的名称，而不是 IP 地址；（5）测试是否连接成功。至此，建立了数据库的连接。该连接可以随时断开，同时可以用于数据库的正向工程和逆向工程。单击“测试数据源”，如果提示“测试成功”，则说明配置没什么问题，之后单击“确定”按钮。

6.3.1　正向工程

在生成的大学生项目管理数据库的物理数据模型基础上，可转换为 SQL 代码进行数据库的创建。

1. 通过物理数据模型来实现正向工程

在 PowerDesigner 16.5 的操作界面中，选择“Database”菜单，如图 6.31 所示，并选择“Generate Datebase”命令，弹出如图 6.32 所示的数据库参数设置窗口，可以在此生成对应数据库系统的建表文件，其后缀名为.sql。之后单击“确定”按钮，如果弹出如图 6.33 所示的生成文件展示窗口，就表示完成了正向工程的实现。在 SQL Server 中使用这个 SQL 文件，可以新建数据库。

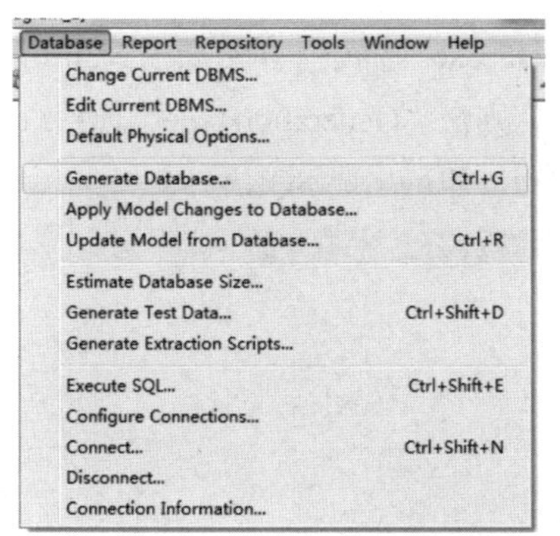

图 6.31　选择“Database”菜单

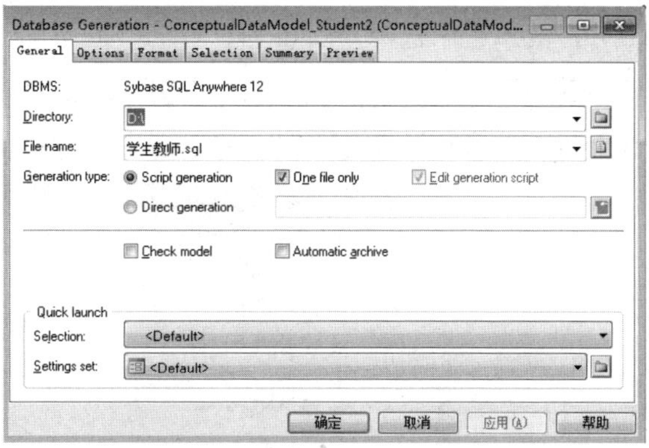

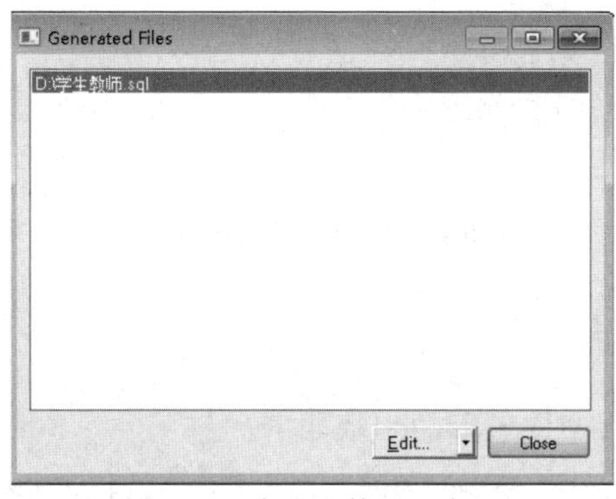

图 6.32　数据库参数设置窗口

图 6.33　生成文件展示窗口

2. 通过连接数据库来实现正向工程

通过连接现有数据库（即大学生项目管理数据库 SP）来实现正向工程分为以下 3 个步骤。

（1）创建数据源。在菜单栏中选择“Database”→“Configure Connections”命令，如图 6.34 所示。

（2）设置数据源。如果是 SQLServer 数据库，则可以在弹出的对话框中勾选“scc”数据源，对应大学生项目管理数据库 SP，如图 6.35 所示。

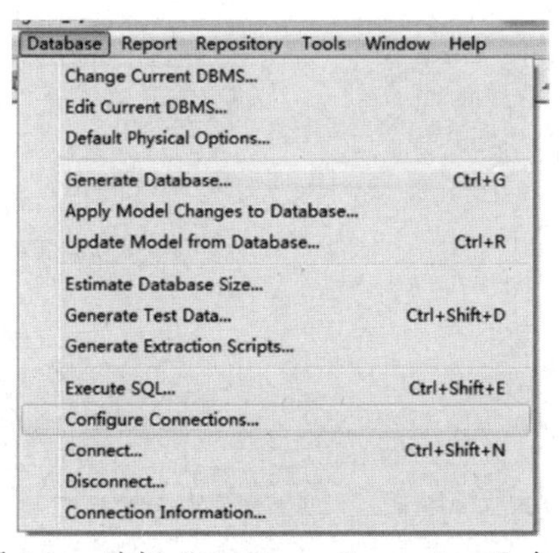

图 6.34　选择“Configure Connections”命令

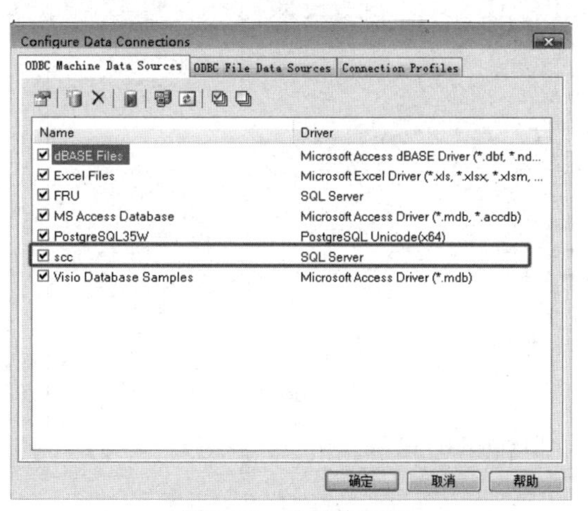

图 6.35　设置数据源

（3）在菜单栏中选择“Database”→“Generate Database”命令，弹出如图 6.36 所示的数据库参数设置窗口，如果输出的是 SQL Script 脚本，则在“Generation type”选项组中选中“Script generation”单选按钮，并单击“确定”按钮，即可生成 SQL 代码。

图 6.36　数据库参数设置窗口

6.3.2　逆向工程

通过连接数据库来实现逆向工程的步骤如下。

（1）打开 PowerDesigner 16.5 的操作界面，在菜单栏中选择“File”→“Reverse Engineer”→“Database”命令，如图 6.37 所示。

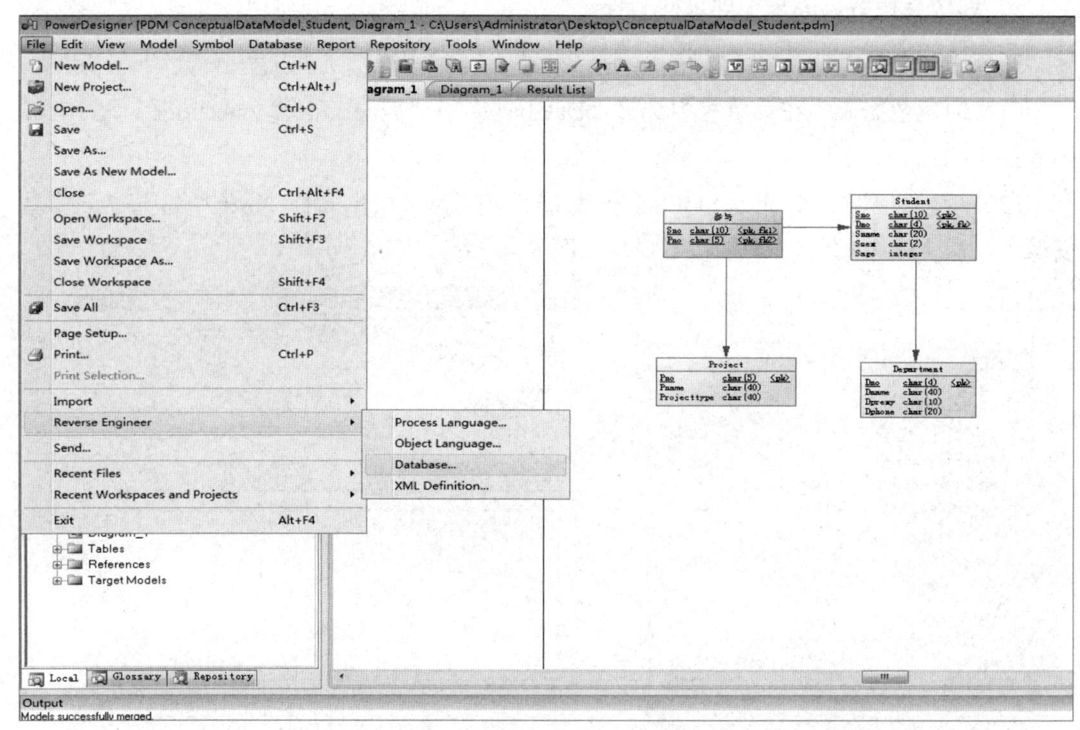

图 6.37　选择“Database”命令

（2）在弹出的对话框中，设置 DBMS 类型为“Microsoft SQL Server”，之后单击“确定”按钮，如图 6.38 所示。

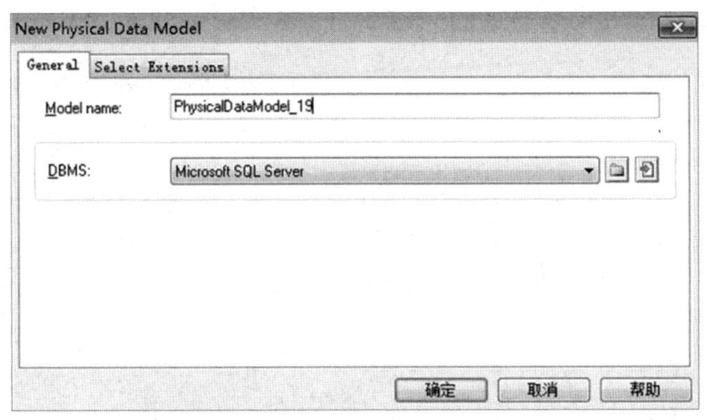

图 6.38 设置 DBMS 类型

（3）在弹出的窗口中选择数据源，此处选中“Using a data source”单选按钮，并单击右边的数据库图标；在弹出的“Connect to a Data Source”对话框中先选中“Connection profile”单选按钮，再单击“Configure”按钮，如图 6.39 所示。

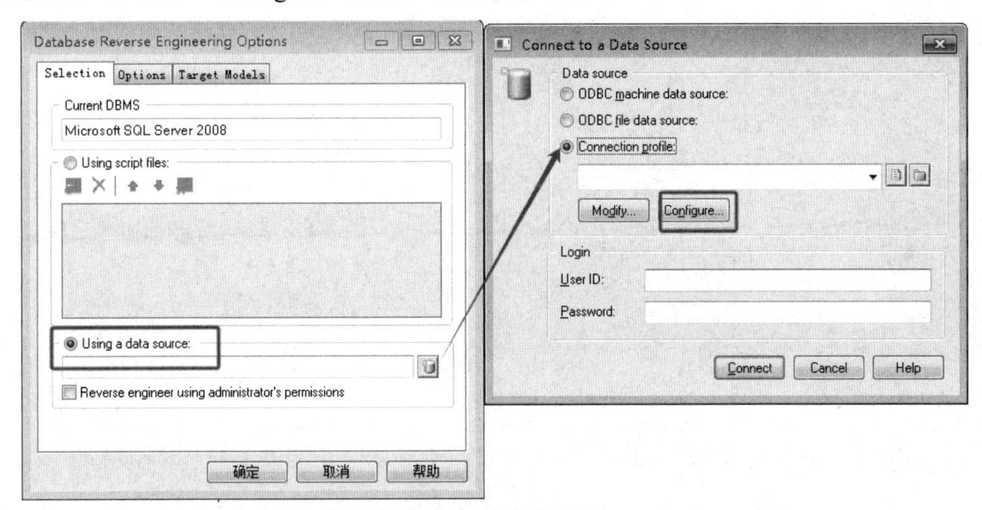

图 6.39 选择数据源

（4）在弹出的“Configure Data Connections”对话框中选择“Connection Profiles”选项卡，并在工具栏中单击“Add Data Source”按钮；在弹出的“Connection Profile Definition”对话框中配置数据源，输入相关信息，主要是数据库连接信息，如图 6.40 所示。

（5）单击“Connection Profile Definition”对话框左下角的“Test Connection”按钮，在弹出的“Test Connection”对话框中输入 SP 数据库的登录密码，单击“OK”按钮，弹出测试成功的对话框，如图 6.41 和图 6.42 所示。

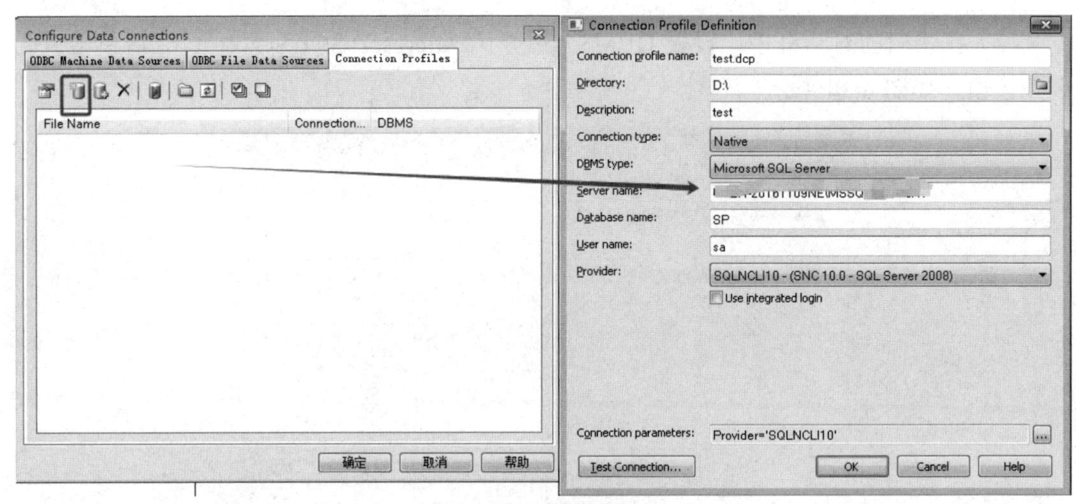

图 6.40　配置数据源

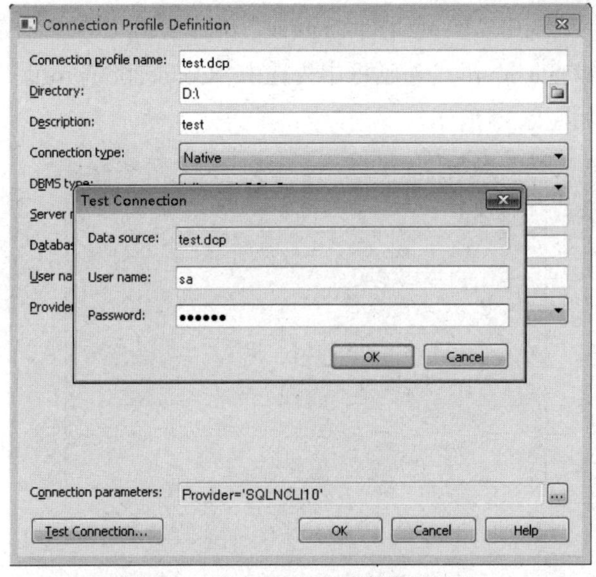

图 6.41　输入 SP 数据库的登录密码

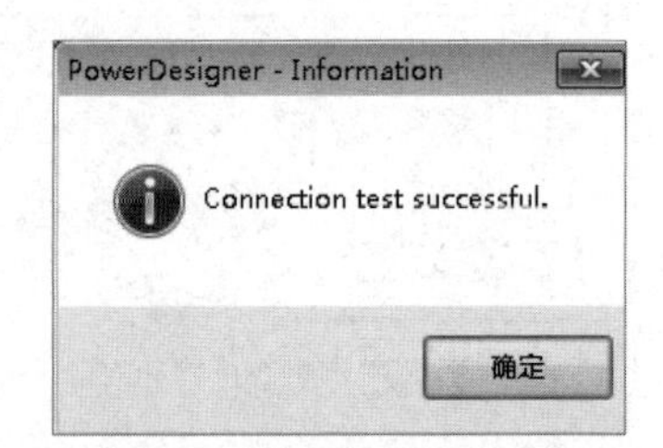

图 6.42　测试成功

（6）依次单击“确定”或“OK”按钮，直至返回“Connect to a Data Source”对话框，选择刚刚创建好的“test.dcp”数据源，在下方输入用户名和密码，单击“Connect”按钮进入“Configure Data Connections”对话框，如图 6.43 所示。可以看到，已经选中“test.dcp”数据源，之后单击“确定”按钮，开始逆向工程，如图 6.44 所示。

（7）在弹出的“Database Reverse Engineering”对话框中会显示数据库中的所有对象，此时勾选需要进行逆向工程的对象，并单击“OK”按钮，如图 6.45 所示。

（8）如图 6.46 所示，生成了 SP 数据库的物理数据模型。此时单击工具栏中的“保存”按钮，将生成的文件保存，并以.pdm 为后缀名。至此，完成了逆向工程的实现。

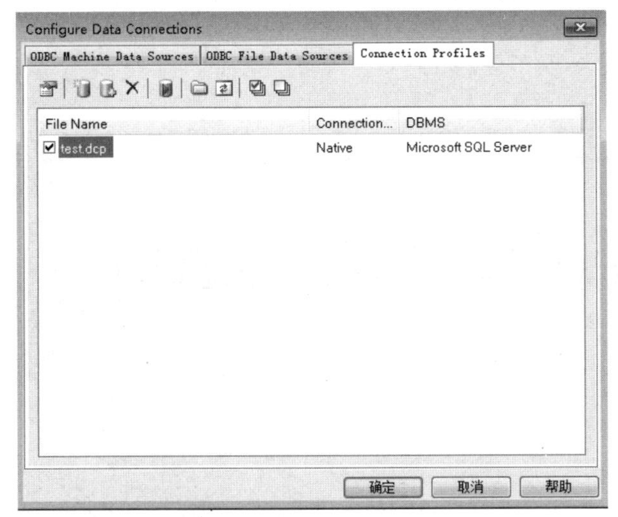

图 6.43　“Configure Data Connections”对话框

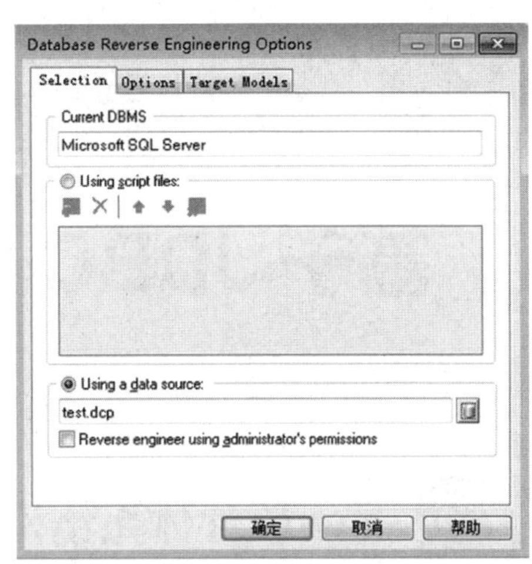

图 6.44　开始逆向工程

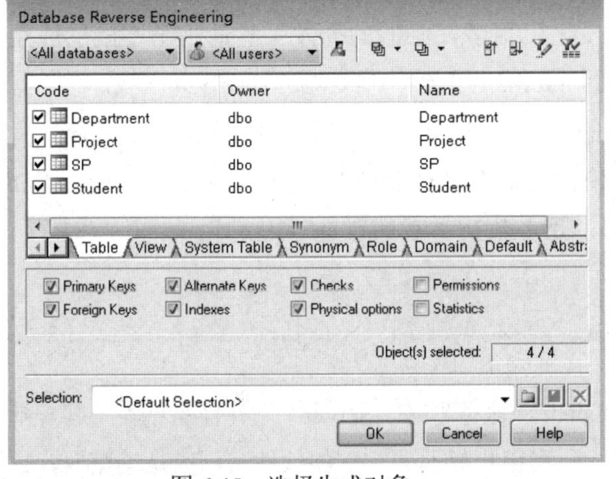

图 6.45　选择生成对象

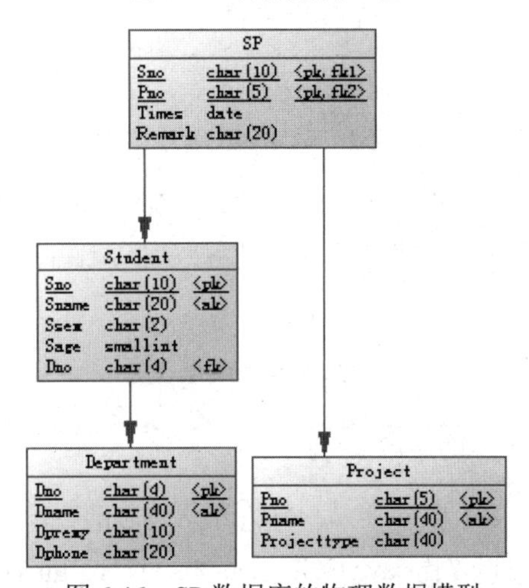

图 6.46　SP 数据库的物理数据模型

6.4 本章小结

本章介绍了数据库建模的常见工具，重点介绍了 PowerDesigner 16.5 数据库建模中概念数据模型、物理数据模型的创建和转换，还介绍了正向工程和逆向工程，从数据库角度阐述了正向工程和逆向工程的详细实现方法。

在学习本章内容时，不仅要努力掌握书中介绍的基本方法，还要在实际工作中能够运用这些方法创建数据库的关键模型，为数据库的开发设计提供便利。

第 7 章

基于 JDBC 的数据库管理系统

7.1 Java 软件体系结构

1. Java 开发工具

Java 是一门开源语言，可供选择的开发工具很多，不同的开发工具适用于不同的应用程序开发环境。常用的开发工具有 Eclipse、IntelliJ IDEA、VS Code、NetBeans 等。

其中，Eclipse 是一个免费开放源代码的、基于 Java 的可扩展开发平台。Eclipse 本身只是一个框架平台，但是众多插件的支持使得它拥有其他功能相对固定的 IDE（Integrated Development Environment，集成开发环境），是多数初学者的首选 IDE。

2. C/S 结构与 B/S 结构

1）C/S 结构

C/S 结构是一种大家所熟悉的客户端（Client）/服务器端（Server）软件体系结构。客户端可以是由 Java GUI（Graphical User Interface，图形用户界面）定制的软件，可以是浏览器，也可以是通过 SSH 访问服务器的命令行脚本等；服务器端指的是实现数据操作功能的计算机。

C/S 结构的优点如下。

（1）由于 C/S 结构大部分的运算都是在客户端进行的，所以服务器端的压力较小。

（2）C/S 结构的用户界面可以自定义。

（3）安全性有保证，可以进行多次认证。

C/S 结构的缺点如下。

（1）编写界面比较困难，适用范围比较窄，常应用于局域网。

（2）用户群体比较固定，不适合一些不可知的用户或终端。

（3）升级维护比较困难，每次升级时所有的客户端都必须更新安装软件等。

（4）对客户端硬件要求较高，软件执行效率和速度取决于客户端计算机的性能。

2）B/S 结构

B/S 结构是将一个系统功能的实现分为浏览器（Browser）与服务器（Server）的软件体

系结构。浏览器类似于一个客户端，可以是各种浏览器，如 Chrome、火狐、Edge 等。

B/S 结构的优点如下。

（1）无须程序员自己编写浏览器，由各浏览器厂家编写并测试完成，大大减少程序员的工作量。

（2）交互性比较强，可以通过服务器控制浏览器的访问权限，实现对用户的控制。

（3）在升级系统时，无须对每个浏览器都进行升级，只需要在服务器上进行网站升级即可。

（4）访问极其方便，常应用于广域网。

B/S 结构的缺点如下。

（1）不同浏览器的兼容性不同，导致网页千差万别。

（2）在速度和安全性方面的投入上远远高于 C/S 结构。

（3）依赖性比较强（根据浏览器厂家而定）。

由于 C/S 结构的软件编写界面比较复杂，涉及 Swing 组件的使用、布局管理、事件监听器等相关知识，因此本章示例采用 B/S 结构，并在 Eclipse 环境下实现。服务器使用的是 Tomcat 服务器。

7.2 Java Web 项目开发

7.2.1 搭建 Java Web 项目的开发环境

1. JDK 的安装与配置

JDK，即 Java Development Kit，是 Java 开发工具包。在编写好 Java 程序之后，需要将其编译成字节码文件，然后在 Java 虚拟机上执行。JDK 主要提供 Java 语言的编译和运行环境。

JDK 的安装与配置可以查阅网上的相关资料，此处就不详细介绍了。

2. Tomcat 服务器

Tomcat 服务器主要用于托管和运行 Java Web 应用程序。它提供了一个 Web 容器，用于处理和执行 Servlet、JSP 等 Java Web 组件。Tomcat 是一个免费开源的 Java 应用服务器，也是最流行的 Java Web 服务器之一。

可以从 Tomcat 服务器的官方网站上下载相应的软件包并解压缩到指定目录下。

3. Eclipse

可以从 Eclipse 的官方网站上下载相应的软件包并解压缩到指定目录下。

在下载时，要选择集成了 Web 开发功能的 Eclipse IDE for Java EE Developers 或 Eclipse IDE for Enterprise Java and Web Developers，并选择与自己操作系统匹配的版本。压缩包名

称中要带有 jee 字样。例如，eclipse-jee-2023-12-R-win32-x86_64.zip，其中 jee 表示企业版，是 Java Web 项目开发所需要的环境。

7.2.2 创建 Java Web 项目

（1）启动 Eclipse，设置项目的工作空间（Workspace），如图 7.1 所示。工作空间是项目的保存位置。

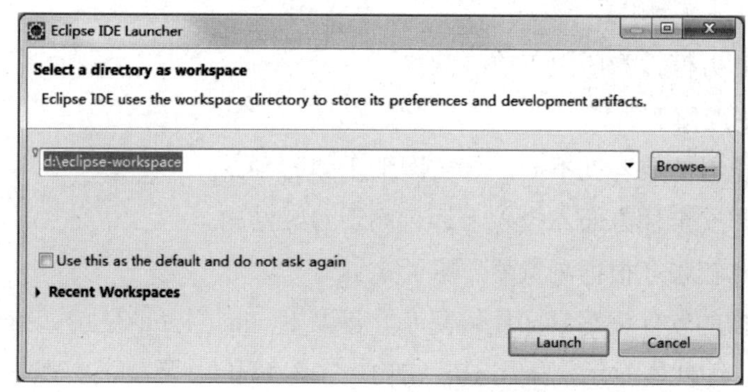

图 7.1　设置项目的工作空间

（2）单击“Launch”按钮，进入 Eclipse IDE，选择菜单栏中的“File”→“New”→“Dynamic Web Project”命令，选择新建项目的类型，如图 7.2 所示。

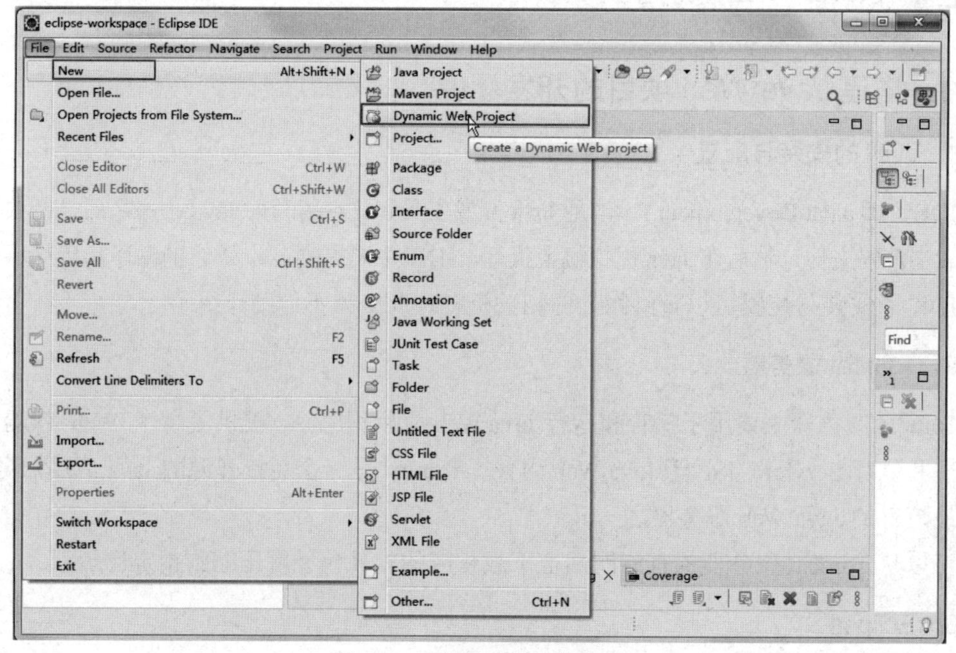

图 7.2　选择新建项目的类型

（3）如图 7.3 所示，在弹出的窗口中为新建项目设置名称，并勾选“Use default location”复选框，之后单击“New Runtime”按钮。

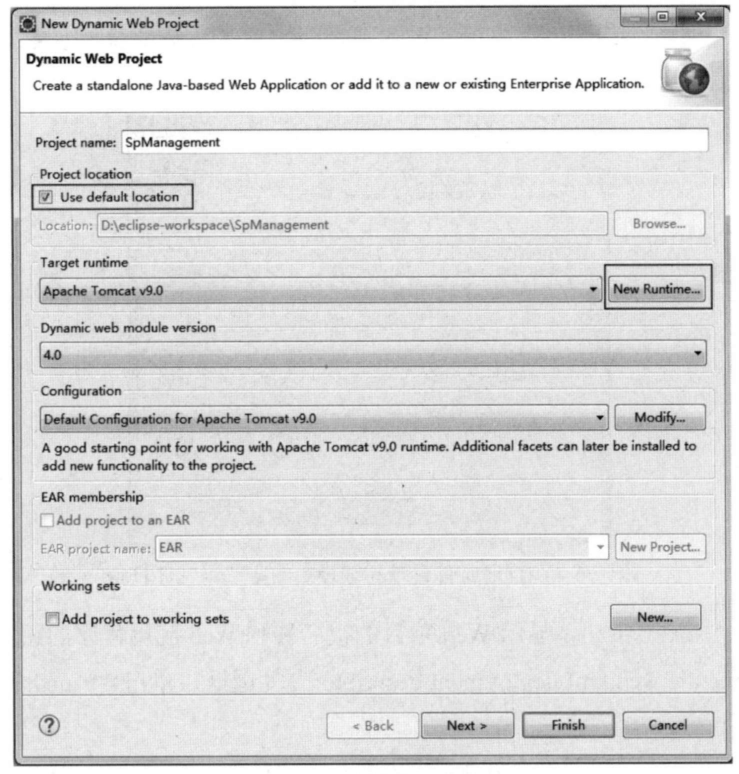

图 7.3　设置项目名称

（4）如图 7.4 所示，在弹出的窗口中配置项目的运行环境，展开“Apache”节点，选择与本机安装一致的 Tomcat 服务器版本，之后单击“Next”按钮。

（5）如图 7.5 所示，在弹出的窗口中设置 Tomcat 服务器的安装目录，之后单击“Finish”按钮，返回如图 7.3 所示的窗口。

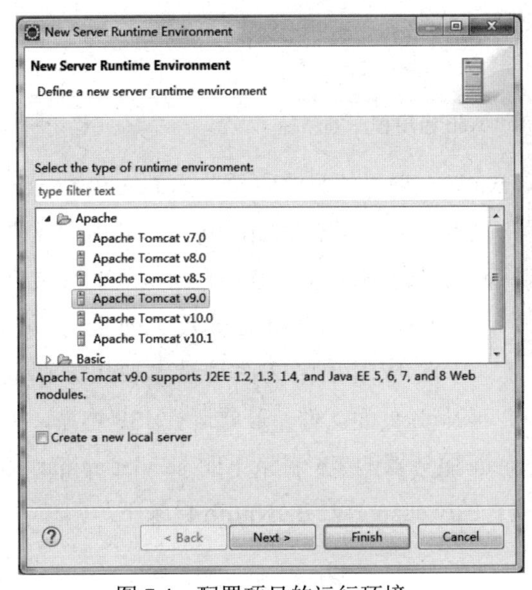

图 7.4　配置项目的运行环境

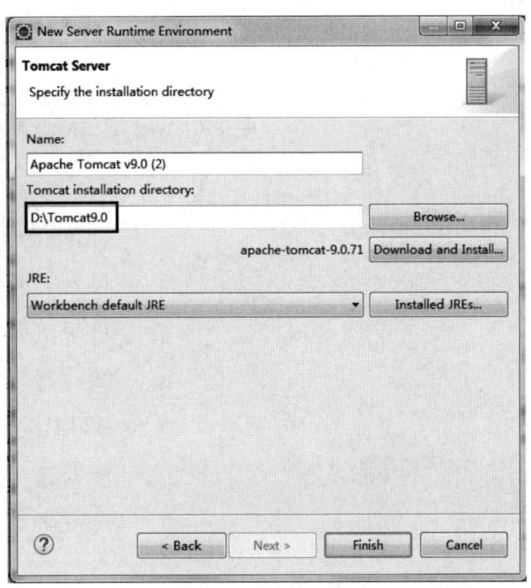

图 7.5　设置 Tomcat 服务器的安装目录

（6）单击“Next”按钮，显示 Java Web 项目的源程序文件目录和编译后的字节码文件目录，如图 7.6 所示。

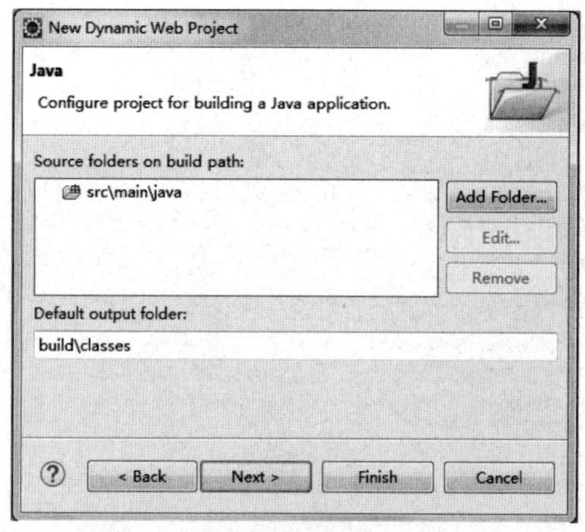

图 7.6　源程序文件目录和编译后的字节码文件目录

（7）单击“Next”按钮，显示 Web 项目的根名称和 Web 应用程序的路径，如图 7.7 所示，勾选“Generate web.xml deployment descriptor”复选框，单击“Finish”按钮，完成项目的创建。

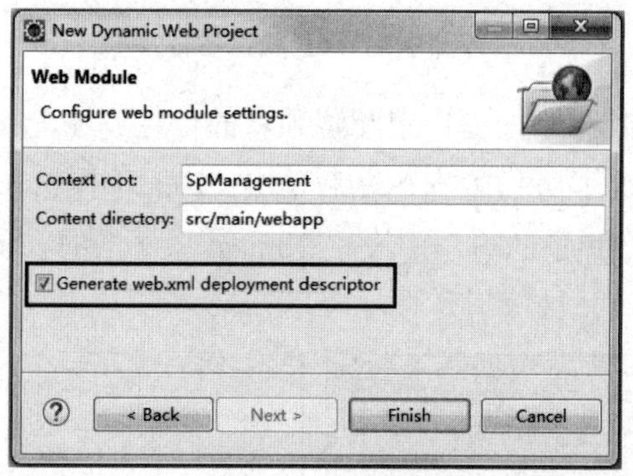

图 7.7　Web 项目的根名称和 Web 应用程序的路径

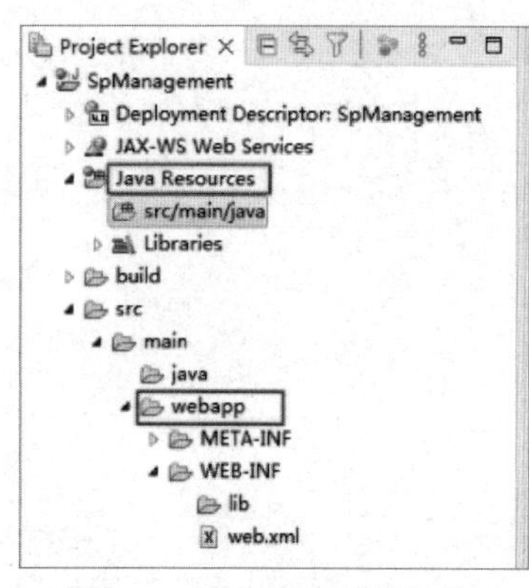

图 7.8　Java Web 项目目录

注意，Java Web 项目的目录主要分为 Java Resources（Java 源程序文件目录）和 webapp（Web 应用程序文件目录）两部分，如图 7.8 所示。其中，Java 源程序文件目录主要用于存放 Servlet、JavaBean 及 Java 类等 Java 源程序文件。Web 应用程序文件目录主要用于存放 HTML、JSP 等 Web 页面文件。若要运行 JSP 程序，则需要将 Tomcat 服务器的 lib 目录下的 servlet-api.jar 文件复制到项目的/webapp/WEB-INF/lib 目录下。

7.3 基于 Java 的数据库访问和连接

7.3.1 下载和安装 SQL Server 数据库驱动程序

1. 下载 SQL Server 数据库驱动程序

SQL Server 数据库驱动程序安装包的最新版本为 Microsoft JDBC Driver 12.6 for SQL Server，该版本支持 Java 8、Java 11、Java 17 和 Java 21 开发环境。

2. 安装 SQL Server 数据库驱动程序

将 SQL Server 数据库驱动程序安装包解压缩到 C:\Program Files\Microsoft JDBC DRIVER 12.6 for SQL Server 目录下，驱动程序 jar 包在\sqljdbc_12.6\chs\jars 目录下，如图 7.9 所示。

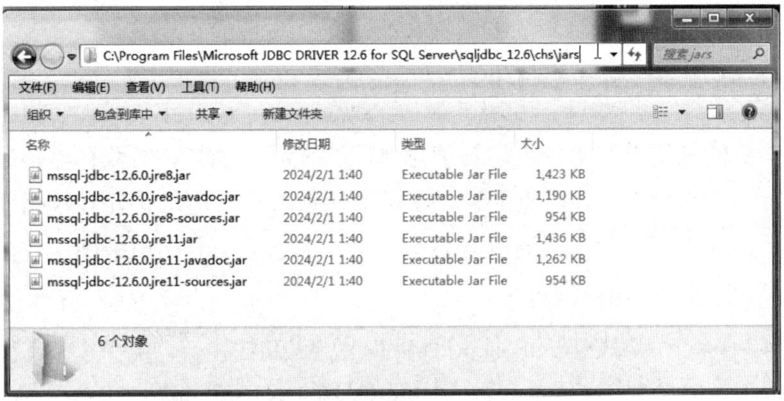

图 7.9　驱动程序 jar 包

3. 为驱动程序 jar 包配置环境变量

将 mssql-jdbc-12.6.0.jre11.jar（如果用户使用的是 JDK 1.8，则选择 mssql-jdbc-12.6.0.jre8.jar）的路径添加到 CLASSPATH 环境变量中，如 C:\Program Files\Microsoft JDBC DRIVER 12.6 for SQL Server\sqljdbc_12.6\chs\jars\mssql-jdbc-12.6.0.jre11.jar。

4. 启用 MSSQLSERVER 的相关协议

打开 SQL Server 配置管理器窗口，展开“SQL Server 网络配置”节点，将“SQLEXPRESS 的协议”和“MSSQLSERVER 的协议”对应的 Named Pipes 和协议 TCP/IP 协议设置为“已启用”状态，如图 7.10 所示。

5. 设置 TCP/IP 协议的端口号

在图 7.10 中，右击窗口右侧“协议名称”列中的“TCP/IP”，在弹出的快捷菜单中选择“属性”命令，弹出“TCP/IP 属性”对话框。切换到“IP 地址”选项卡，将 IP8 所对应的 TCP 端口设置为“1433”，“活动”和“已启用”都设置为“是”；将 IPAll 所对应的 TCP 端口也设置为“1433”，如图 7.11 所示。

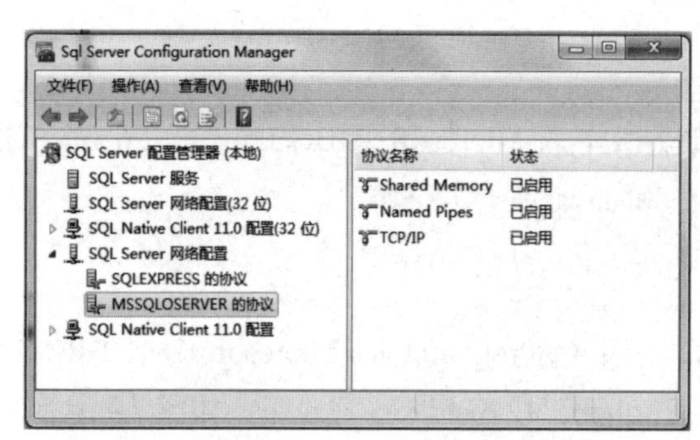

图 7.10　启用 Named Pipes 协议和 TCP/IP 协议

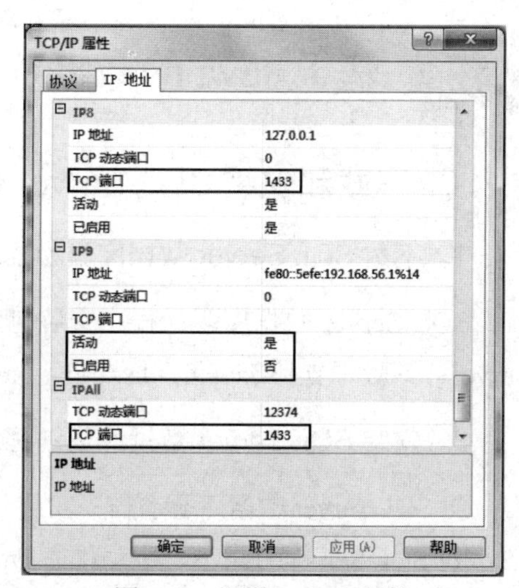

图 7.11　设置 TCP/IP 属性

7.3.2　创建数据库访问工具类

在实际项目的开发过程中，用户对信息进行管理时，经常会对数据库中的数据进行增删改查操作。由于在每次操作数据库时，都需要加载数据库驱动、建立数据库连接及关闭数据库连接，因此为了避免代码的重复编写，可以创建一个专门用于操作数据库的工具类 DBUtils 来封装数据库的连接信息。

（1）按照 7.2.2 节的步骤创建一个 Dynamic Web Project 类型的 Java Web 项目。

（2）将数据库驱动程序 mssql-jdbc-12.6.0.jre11.jar 复制到 webapp\WEB-INF\lib 目录下。

（3）将数据库驱动程序 mssql-jdbc-12.6.0.jre11.jar 发布到类路径下。

右击当前工程文件，在弹出的快捷菜单中选择“Build Path”→“Add External Archives”命令，在项目中添加驱动程序 jar 包，如图 7.12 所示。

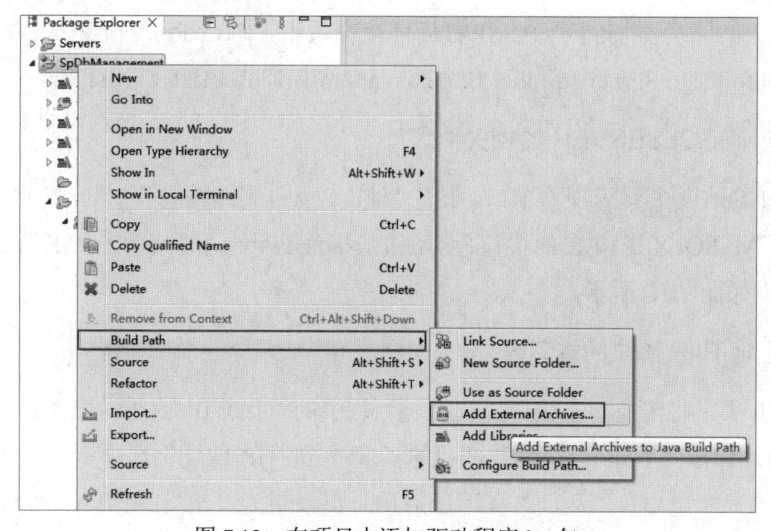

图 7.12　在项目中添加驱动程序 jar 包

在弹出的“JAR Selection”对话框中选中安装目录下的 mssql-jdbc-12.6.0.jre11.jar，单击“打开”按钮，如图 7.13 所示。返回工程目录，会自动生成 Reference Libraries 目录，可以看到驱动程序 jar 包也在该目录下。

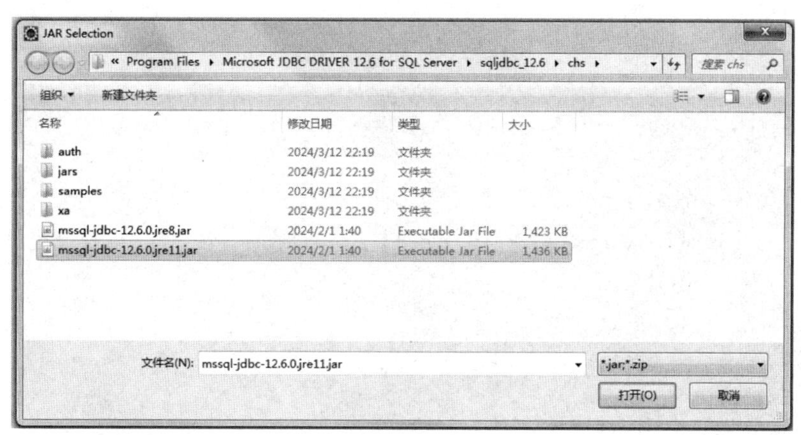

图 7.13　选择要添加的 jar 包

（4）在 Java 源程序的 src 目录下新建一个 sp.db 包，并在该包中创建一个名称为 DBUtils 的类，代码如下。

```
  public class DBUtils {
     // 加载驱动，并建立数据库连接
     public static Connection getConnection() throws SQLException,
ClassNotFoundException {
        Class.forName("com.microsoft.sqlserver.jdbc.SQLServerDriver");
        //SQL Server 数据库端口号是 1433
         String dbURL = "jdbc:sqlserver://localhost:1433;databaseName=sp";
         String username = "sa";       //采用 SQL Server 身份认证
         String password = "Lt123456";
         Connection conn = DriverManager.getConnection(dbURL, username,password);
         return conn;    //返回 Connection
     }
     // 关闭数据库连接，释放资源
     public static void release(Statement stmt, Connection conn) {
         if (stmt != null) {
             try {
                 stmt.close();
             } catch (SQLException e) {e.printStackTrace();  }
             stmt = null;
         }
         if (conn != null) {
             try {
```

```
            conn.close();
        } catch (SQLException e) { e.printStackTrace();   }
        conn = null;
    }
  }
  public static void release(ResultSet rs, Statement stmt, Connection conn){
    if (rs != null) {
        try {
            rs.close();
        } catch (SQLException e) { e.printStackTrace();  }
        rs = null;
    }
    release(stmt, conn);
  }
}
```

（5）在 Java 源程序的 src 目录下新建一个 sp.test 包，并在该包中创建一个名称为 TestDb 的测试类，包含 main 方法，测试数据库连接情况，如图 7.14 所示。在测试成功后，可以将 TestDb 类删除。

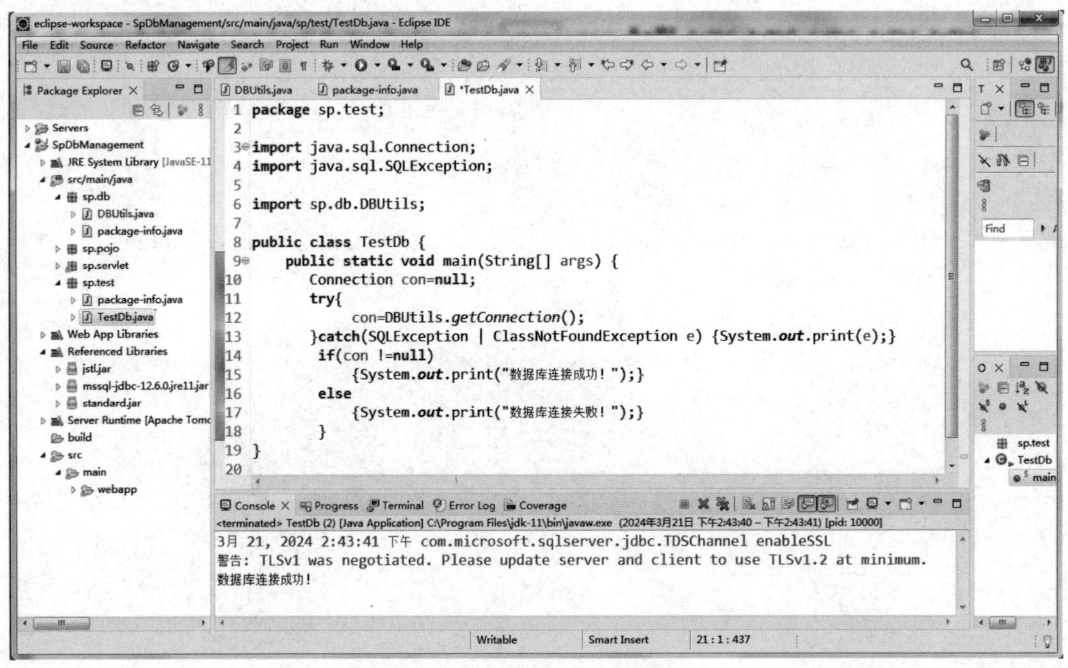

图 7.14　测试数据库连接情况

7.4 数据库操作的实现

7.4.1 创建 DAO 类

DAO（Data Access Object）即数据访问对象。要使用 JDBC 对数据库中的数据进行增删改查操作，需要将表中的数据提取出来，存储到内存中的对象中，并在操作完成后回写到数据库中。因此，需要构建一个与表结构一致的实体类。下面以访问 SP 数据库中的 Student 表为例，创建 Student 类。

在 Java 源程序的 src 目录下新建一个 sp.dao 包，并在该包中创建一个名称为 Student 的类，代码如下。

```
package sp.dao;
public class Student {
 private String Sno;
 private String Sname;
 private String Ssex;
 private Integer Sage;
 private String Dno;
 private String Fname;    //增加系别名称属性，后面查询需要使用

 //无参构造方法
 publicStudent() {
     super();
 }
 //有参构造方法
 publicStudent(String Sno,String Sname,String Ssex,Integer Sage,String Dno,String Fname ) {
     super();
     this.Sno=Sno;this.Sname=Sname;this.Ssex=Ssex;this.Sage=Sage;this.Dno=Dno; this.Fname;
 }
 //各属性的 getter 方法和 setter 方法
 public StringgetSno() {
     return Sno;
 }
 public void setSno(String Sno) {
     this.Sno=Sno;
 }
```

```
    //此处省略其他属性的 getter 方法和 setter 方法
}
```

【小技巧】在设计 Java 类属性时，定义 getter 方法和 setter 方法比较麻烦，Eclipse 提供了自动生成这些方法的功能。在定义完类的成员后，选择菜单栏中的“Source”→“Generate Getters and Setters”命令，会弹出“Generate Getters and Setters”对话框，选择需要生成的方法，系统会自动生成这些方法。

7.4.2 用户登录功能的实现

1. 创建用户 Web 页面

在 webapp 目录下新建一个 SpLogin.html 文件，效果如图 7.15 所示。

图 7.15 用户 Web 页面

表单部分的 HTML 代码如下。

```
<form action="/Login" method="post">
  <div class="register-top-grid">
    <h3>用户登录</h3>
    <div class="input">
      <span>用户名 <label style="color: red">* </label></span>
      <input type="text" name="username" placeholder="请输入用户名" />
    </div>
    <div class="input">
      <span>密码 <label style="color: red">*</label></span>
      <input type="password" name="password"  placeholder="请输入密码" />
    </div>
  </div>
```

```
    <div class="text-center">
      <input type="submit" value="提交" />
    </div>
  </form>
```

代码中的样式定义参见源程序包中 CSS 目录下面的 Style.css 文件。

2. 创建 LoginServlet 类

在 Eclipse 中导入 servlet-api.jar 包（导入方法请在网上查），之后在 Java 源程序的 src 目录下新建一个 sp.servlet 包，并在该包中创建一个 LoginServlet 类 doPost，代码如下。

```
   protected void doPost(HttpServletRequest request, HttpServletResponse response)
throws ServletException, IOException {
         String username = request.getParameter("username");
         String password = request.getParameter("password");
              if(username==null||"".equals(username.trim())||password==null
||"".equals(password.trim())){
              System.out.println("用户名或密码不能为空！");
              response.sendRedirect("Splogin.html");
              return;
         }else{
         try {
              Connection con= DBUtils.getConnection();
              //拼接 SQL 语句，本例以学生的学号为登录密码
              String sql="select * from Student where Sname='" + username
                  + "' and Sno='" + password + "'";
              Statement stmt=con.createStatement();
                   Boolean result=stmt.execute(sql);
                   if(result){
                        System.out.println("登录成功！");
                        request.getSession().setAttribute("username", username);
                        response.sendRedirect("ManageStudent.jsp");
                   }
                   else{
                        System.out.println("用户名或密码错误，登录失败！");
                          response.sendRedirect("Splogin.html");
                          return;
                     }
              }catch(Exception e){ e.printStackTrace(); }
         }
   }
```

7.4.3 系统页面设计

1. 创建“管理学生信息”页面 ManageStudent.jsp

“管理学生信息”页面如图 7.16 所示。

图 7.16 “管理学生信息”页面

部分 HTML 代码如下。

```
<div class="all">
 <h1>管理学生信息</h1>
 <div class="log">
     <uL>
         <li><a href="./AddStudent.jsp">添加学生信息</a></li>
         <li><a href="./ShowStudent.jsp">修改学生信息</a></li>
         <li><a href="./ShowStudent.jsp">删除学生信息</a></li>
         <li><a href="./ShowStudent.jsp">显示学生信息</a></li>
         <br/>
     </uL>
     查找学生信息<br/>
    <form action="/SpDbManagement/SerchStudent" method="post">
        请输入姓名：<input type="text" name="stuName">
        <input type="submit" value="查询">
    </form>
 </div>
</div>
```

2. 创建“显示学生信息”页面 ShowStudent.jsp

为了操作方便，将添加、修改、删除操作都集成在该页面中，如图 7.17 所示。

学号	姓名	性别	年龄	系别号	添加	修改	删除
S202301011	李辉	男	20	DP02	添加	修改	删除
S202301012	张昊	男	18	DP03	添加	修改	删除
S202301013	王翊	女	21	DP02	添加	修改	删除
S202301014	赵岚	女	19	DP01	添加	修改	删除
S202301015	韦峰	男	20	DP04	添加	修改	删除
S202301016	刘瑶瑶	男	18	DP03	添加	修改	删除
S202301017	陈恪	男	22	DP02	添加	修改	删除
S202301018	吴茜	女	21	DP01	添加	修改	删除
S202302058	周五	男	18	Dp02	添加	修改	删除

图 7.17　“显示学生信息”页面

部分 JSP 代码如下。

```
<%Connection conn=null;
 Statement stmt=null;
 ResultSet rs=null;
 String strSql="select * from Student"; //获取所有学生信息
  try{
      conn=DBUtils.getConnection();
      stmt=conn.createStatement();
      rs=stmt.executeQuery(strSql);
      if(rs.next()){
%>
<h1 align="center">显示学生信息</h1>
<div  align="center">
<table border="1">
<thead>
 <th>学号</th><th>姓名</th><th>性别</th><th>年龄</th><th>系别号</th><th>添加</th><th>
修改</th><th>删除</th>
</thead>
<tr>
<td><%=rs.getString (1) %></td> <td><%=rs.getString (2) %></td> <td><%=rs.getString
(3) %></td>
<td><%=rs.getString (4) %></td><td><%=rs.getString (5) %></td>
<td><a href="/SpDbManagement/AddStudent.jsp">添加</a></td>
<td><a  href="/SpDbManagement/ModifyStudent.jsp?sno=<%=rs.getString ( 1 ) %>"> 修 改
</a></td>
<td><a href="/SpDbManagement/DeleteStudent?sno=<%=rs.getString (1) %>">删除</a></td>
```

```
</tr>
<%}
 while(rs.next()) {
%>
<tr>
<td><%=rs.getString (1) %></td> <td><%=rs.getString (2) %></td> <td><%=rs.getString
(3) %></td> <td><%=rs.getString (4) %></td><td><%=rs.getString (5) %></td>
<td><a href="/SpDbManagement/AddStudent.jsp">添加</a></td>
<td><a  href="/SpDbManagement/ModifyStudent.jsp?sno=<%=rs.getString ( 1 ) %>"> 修 改
</a></td>
<td><a href="/SpDbManagement/DeleteStudent?sno=<%=rs.getString (1) %>">删除</a></td>
</tr>
<% }
conn.close();}
 catch(SQLException | ClassNotFoundException e) {out.print(e);}
%>
</table>
</br>
<form action="/SpDbManagement/SerchStudent" method="post">
 请输入姓名：<input type="text" name="stuName">
        <input type="submit" value="查询"><br/>
</form>
<a href="./ManageStudent.jsp">返回管理页面</a> |
<a href="./AddStudent.jsp">添加学生</a></br>
</div>
```

3. 创建添加、修改、查询学生信息等 JSP 页面

（1）单击图 7.16 中的“添加学生信息”文字链接或图 7.17 中的“添加”文字链接，会跳转到如图 7.18 所示的“添加学生信息”页面，对应的文件为 AddStudent.jsp。

图 7.18 “添加学生信息”页面

（2）“修改学生信息”页面如图 7.19 所示，对应的文件为 ModifyStudent.jsp。

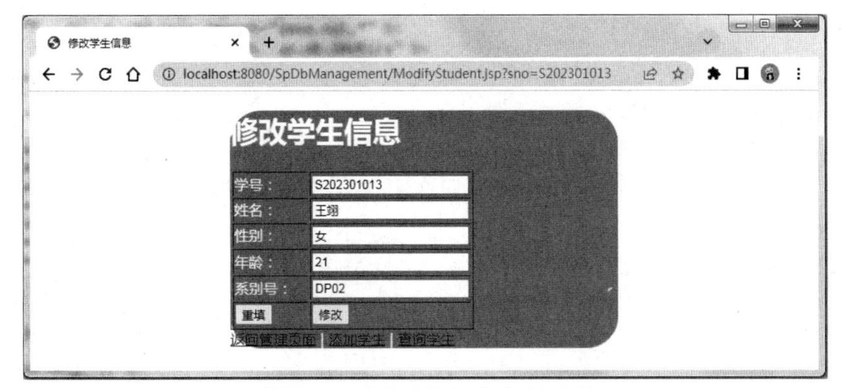

图 7.19　“修改学生信息”页面

在修改学生信息时，需要将要修改的学生的学号通过超链接传递给 ModifyStudent.jsp 页面，并将该学生信息回填到表单中。页面部分代码如下。

```
<%  Connection conn=null;
    Statement stmt=null;
    ResultSet rs=null;
    String sno=request.getParameter("sno");
    String strSql="select * from Student where sno='" +sno +"'";
    try{
        conn=DBUtils.getConnection();
        stmt=conn.createStatement();
        rs=stmt.executeQuery(strSql);
         if(rs.next()){
%>
<div class="reg">
<h1>修改学生信息</h1>
<form action="/SpDbManagement/ModifyStudent" method="post">
<table border="1">
<tr><td>学号：</td>
<td><input type="text" name="sno" value="<%=rs.getString（1）%>"></td></tr>
<tr><td>姓名：</td>
<td><input type="text" name="sname" value="<%=rs.getString（2）%>"></td></tr>
<tr><td>性别：</td>
<td><input type="text" name="ssex" value=<%=rs.getString（3）%>></td></tr>
<tr><td>年龄：</td>
<td><input type="text" name="sage" value=<%=rs.getString（4）%>></td></tr>
<tr><td>系别号：</td>
<td><input type="text" name="dno" value=<%=rs.getString（5）%>></td></tr>
<%    }
 conn.close();
```

```
}catch(SQLException | ClassNotFoundException e) {System.out.print(e);} %>
<tr><td><input type="reset" value="重填"></td>
<td><input type="submit" value="修改"></td></tr>
</table>
</form>
<a href="./ManageStudent.jsp">返回管理页面</a> |  <a href="./AddStudent.jsp">添加学生
</a> |  <a href="./ShowStudent.jsp">查询学生</a>
</div>
```

（3）“查询学生信息”页面如图 7.20 所示，对应的文件为 SearchStudent.jsp。在图 7.16 或图 7.17 中的“请输入姓名”文本框中输入学生姓名，单击“查询”按钮后，会将查询信息发送给 SearchStudent.java 程序。该程序在执行查询后，会生成一个学生列表对象并返回给 SearchStudent.jsp 页面。注意，该查询要求显示系别名称，属于跨表查询。

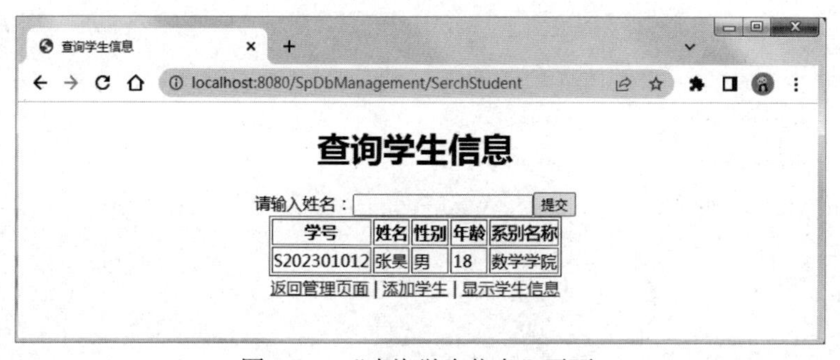

图 7.20 “查询学生信息”页面

7.4.4 系统功能的实现

接下来编写添加、修改、查询和删除学生信息对应的 Servlet 程序。

在 Java 源程序的 src 目录下创建一个 sp.servlet 包，并在该包中分别创建 AddStudent.java、ModifyStudent.java、SearchStudent.java、DeleteStudent.java 等 Servlet 程序。

1. 添加学生信息

添加学生信息对应的 Servlet 程序是 AddStudent.java，其中 doPost 中的代码如下。

```
Connection conn=null;
Statement stmt=null;
Student st=null;
Integer rs=0;
request.setCharacterEncoding("utf-8");
String Sno=request.getParameter("Sno");
String Sname=request.getParameter("Sname");
String Ssex=request.getParameter("Ssex");
Integer Sage=Integer.parseInt(request.getParameter("Sage"));
```

```
    String Dno=request.getParameter("Dno");
    String strSql="insert into Student values('"+Sno+ "','"+Sname+ "','"+Ssex+ "',
"+Sage+ ",'"+Dno+ "')";
    try{
        conn=DBUtils.getConnection();
        stmt=conn.createStatement();
        rs=stmt.executeUpdate(strSql);
        conn.close();
    }catch(SQLException | ClassNotFoundException e) {System.out.print(e);}
    request.getRequestDispatcher("/ShowStudent.jsp").forward(request, response);
```

2. 修改学生信息

修改学生信息对应的 Servlet 程序是 ModifyStudent.java，其中 doPost 中的代码与 AddStudent.java 中的基本相同，主要区别是 SQL 语句：

```
  String strSql="update student set Sname='"+Sname+ "',Ssex'"+Ssex+ "',Sage"
  +Sage+ ",'"+Dno+ "' where Sno='"+ Sno +"'";
```

3. 查询学生信息

查询学生信息主要是按姓名进行模糊查询，其对应的 Servlet 程序是 SearchStudent.java。首先从表单获取的姓名中查询，将查询结果存放到 ResultSet 中，然后对其进行遍历，并将结果存放到学生列表对象 stulist 中，最后将该学生列表对象返回给 SearchStudent.jsp 页面。SearchStudent.java 中 doPost 的部分代码如下。

```
  Connection conn=null;
   Statement stmt=null;
   ResultSet rs=null;
   List<Student> stulist=new ArrayList<>();                //创建学生列表对象
   request.setCharacterEncoding("utf-8");
   String stuname=request.getParameter("stuName");       //获取学生的姓名
   System.out.print(stuname);
   String strSql="select Sno,Sname,Ssex,Sage,Fname from Student,Department";
   strSql+= " where sname like'%"+ stuname +"%'"
         + " and Student.Dno=Department.Dno";
  try{
   conn=DBUtils.getConnection();                          //通过类获取数据库连接对象
   stmt=conn.createStatement();
   rs=stmt.executeQuery(strSql);
   while(rs.next()) {
              String Sno=rs.getString (1) ;               //将读取的第 1 个字段值赋给 Sno
              String Sname=rs.getString (2) ;
```

```
                String Ssex=rs.getString(3);
                Integer Sage=rs.getInt(4);
                String Fname=rs.getString(5);
                Student st1=new Student();
                st1.setSno(Sno);
                st1.setSname(Sname);
                st1.setSsex(Ssex);
                st1.setSage(Sage);
                st1.setDname(Fname);
                stulist.add(st1);
               }
               conn.close();
    }catch(SQLException | ClassNotFoundException e)  {  System.out.print(e);  }
  request.setAttribute("stulist", stulist);
  request.getRequestDispatcher("/serchStudent.jsp").forward(request, response);
```

4. 删除学生信息

删除学生信息对应的Servlet程序是DeleteStudent.java。该程序比较简单，删除指定学生信息后，直接返回当前ShowStudent.jsp页面，重新加载并显示学生信息。其中，doPost中的核心代码如下。

```
String Sno=request.getParameter("Sno");
String strSql="delete from Student where Sno='"+ Sno +"'";
try{
 conn=DBUtils.getConnection();
 stmt=conn.createStatement();
 rs=stmt.executeUpdate(strSql);
 conn.close();
 }catch(SQLException | ClassNotFoundException e) {System.out.print(e);}
request.getRequestDispatcher("/ShowStudent.jsp").forward(request, response);
```

以上实现了对学生信息进行简单增删改查操作的相关功能，如果要进一步完善，还需要添加相关的JavaScript提示信息页面、失败后错误处理页面，以及在过滤器中检验是否是合法登录用户等功能。

7.5 本章小结

本章介绍了Java软件体系结构、Java Web项目开发、基于Java的数据库访问和连接，并以一个简单的案例——学生信息管理系统的实现过程介绍数据库操作的实现。

第 8 章

基于 B/S 结构的大学生项目管理系统

使用 Dreamweaver 中的 ASP 进行动态网站的创建可以避免手动编写代码，便于初学者进行系统开发。结合最新的 SQL Server 2022 数据库，开发基于 B/S 结构的大学生项目管理系统，需要综合运用数据库相关知识，熟练掌握数据库系统开发的流程。

8.1 SP 数据库

本章在 Dreamweaver CS6 环境下开发基于 B/S 结构的大学生项目管理系统，本系统的后台数据库包含 4 个数据表，具体结构如图 8.1 所示，显示了 SP 数据库中包含的数据表及数据表的数据格式。

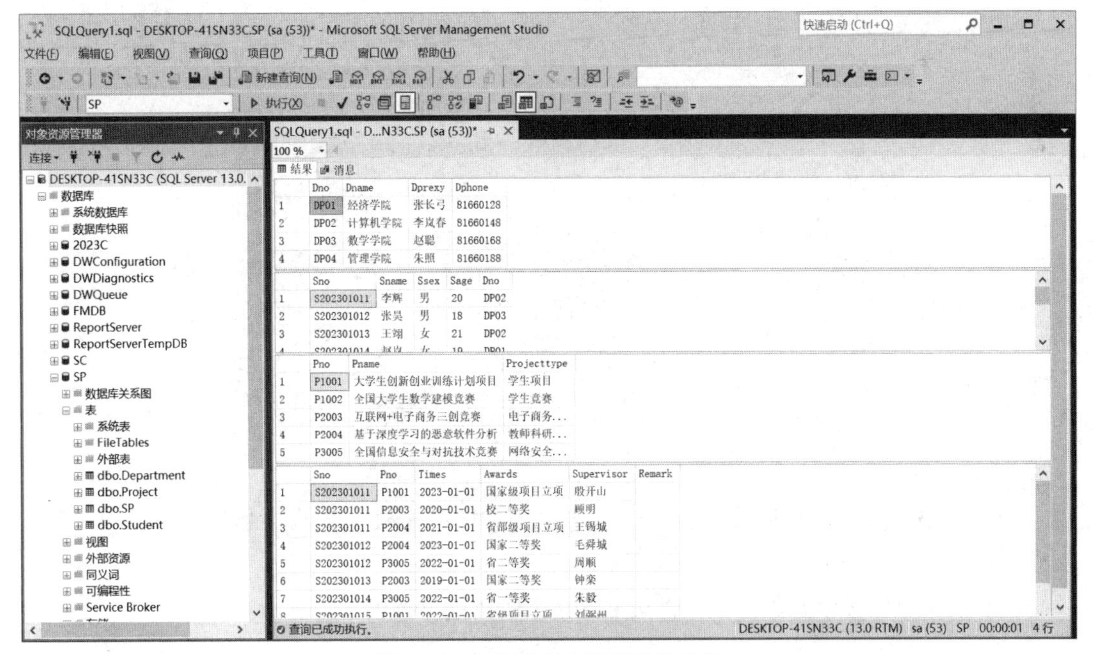

图 8.1 SP 数据库中数据表的结构

8.2 ODBC 数据源的创建和 IIS 的安装

数据库系统中包含数据库、数据库管理员，以及数据库相关的开发软件和配置。本节主要介绍采用 ASP 访问数据库的相关配置，包含 ODBC 数据源的创建，以及 IIS 软件的安装。

8.2.1 Windows 10 系统中 ODBC 数据源的创建

ODBC 和 JDBC 是两种管理数据库的方式。

ODBC 是微软公司开放服务结构（Windows Open Services Architecture，WOSA）中有关数据库的一个组成部分，它建立了一组规范，并提供了一组对数据库访问的标准 API。这些 API 利用 SQL 语句来完成其大部分任务。ODBC 本身也提供了对 SQL 语句的支持，用户可以直接将 SQL 语句传送给 ODBC。

JDBC 是一种用于执行 SQL 语句的 Java API，可以为多种关系数据库提供统一访问功能。它由一组用 Java 编写的类和接口组成。JDBC 提供了一种基准，可以构建更高级的工具和接口，使数据库开发人员能够编写数据库应用程序。

本章采用 ODBC 实现数据库访问技术，创建基于 ODBC 的数据源来管理 SP 数据库。Windows 系统中都有自带的 ODBC 驱动程序，而 SQL Server 2022 中需要使用 ODBC 18 及以上版本的驱动程序。创建对应服务器下的数据源的实现步骤如下。

（1）了解要创建的数据源的服务器名称、数据库登录名和密码信息，如图 8.2 所示。

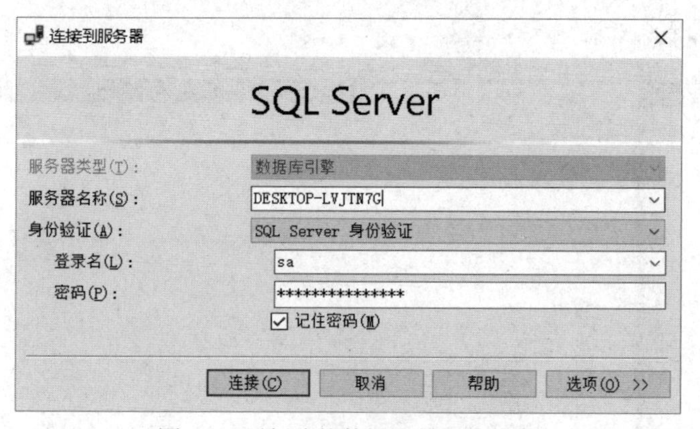

图 8.2　要创建的数据源的相关信息

（2）单击“开始”菜单按钮，打开计算机中的控制面板，找到控制面板中的“管理工具”选项，如图 8.3 所示。

（3）双击“管理工具”选项，弹出如图 8.4 所示的“管理工具”窗口，双击“ODBC 数据源（64 位）”快捷方式。

图 8.3　控制面板中的管理工具

图 8.4　“管理工具”窗口

（4）弹出如图 8.5 所示的对话框，选择“系统 DSN”选项卡，单击“添加”按钮，在弹出的对话框中选择“SQL Server”驱动程序，如图 8.6 所示，单击“完成”按钮。

（5）在弹出的对话框中设置数据源名称为“SPP”，并设置服务器名称为本地计算机名，如图 8.7 所示。

（6）单击“下一页”按钮，输入 SQL Server 数据库登录 ID 和密码，如图 8.8 所示。

（7）单击“下一页”按钮，选择需要操作的数据库为“SP”，如图 8.9 所示。单击“下一页”按钮，再单击“完成”按钮。

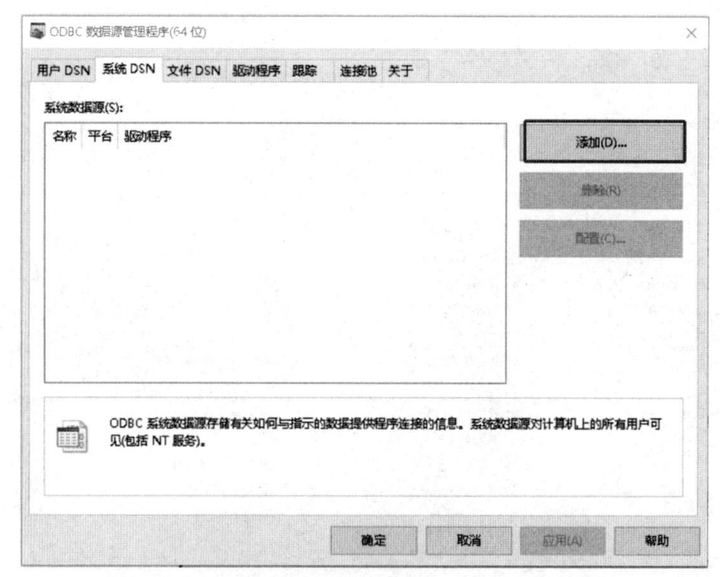

图 8.5　“ODBC 数据源管理程序（64 位）”对话框

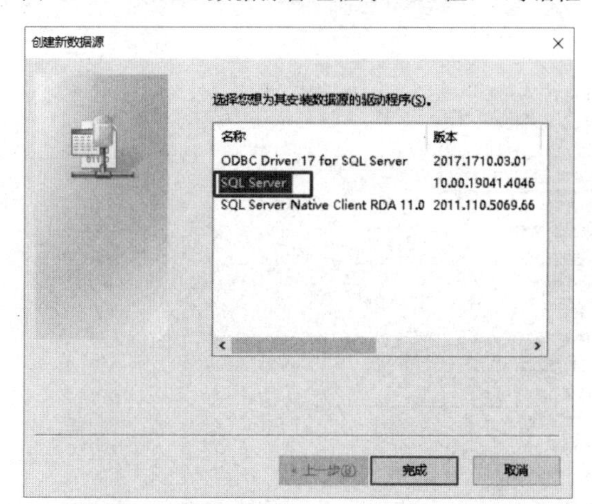

图 8.6　选择“SQL Server”驱动程序

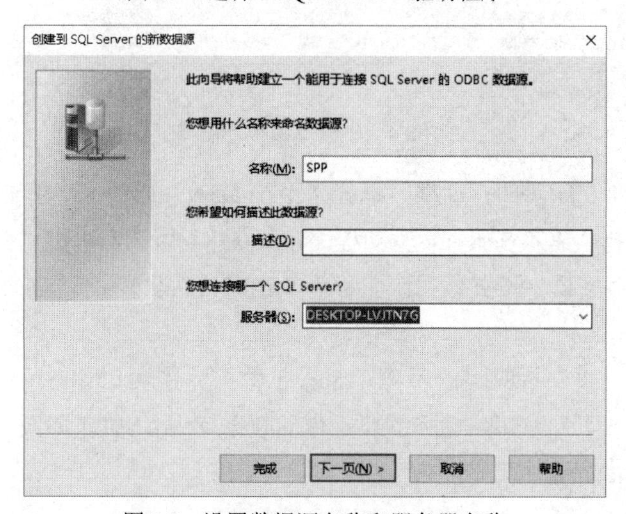

图 8.7　设置数据源名称和服务器名称

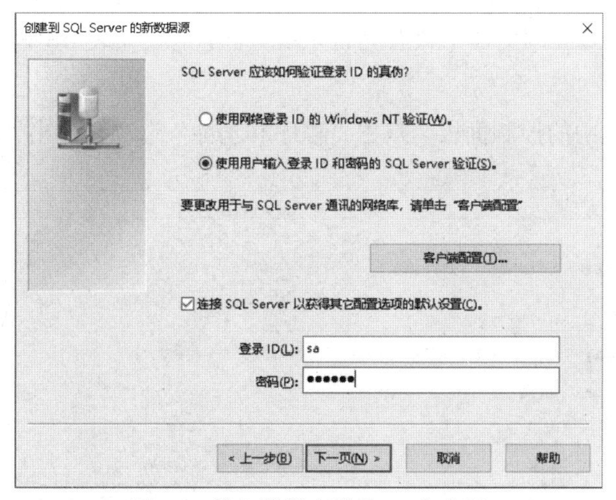

图 8.8　输入数据库登录 ID 和密码

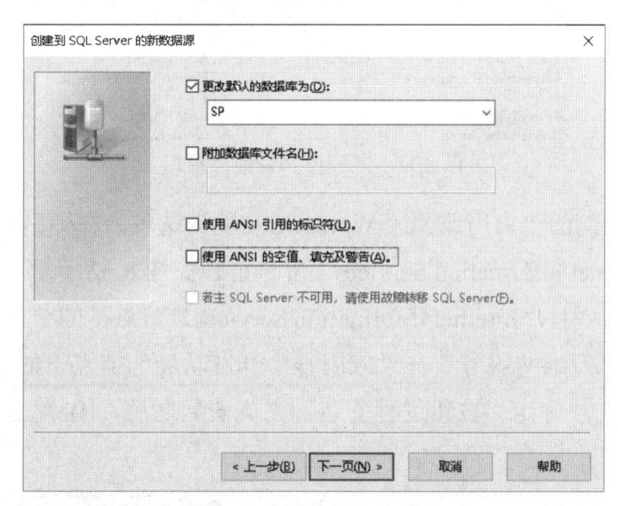

图 8.9　选择数据库"SP"

（8）在弹出的对话框中测试数据库连接，显示测试成功，如图 8.10 所示。至此，SPP 数据源创建完成。

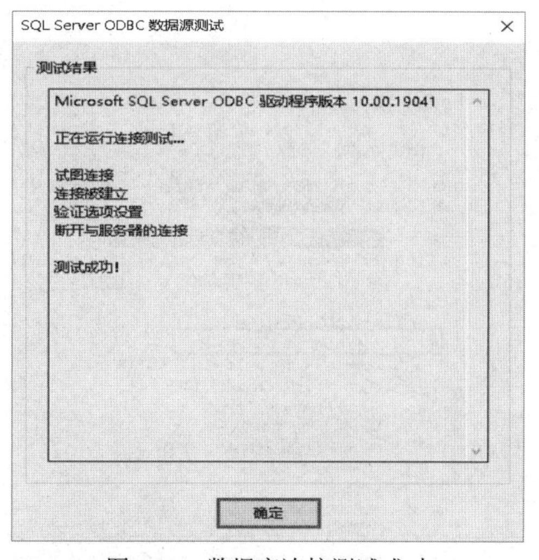

图 8.10　数据库连接测试成功

8.2.2　IIS 的安装及本地服务器的发布

IIS 是 Internet Information Services 的缩写，意为互联网信息服务，是由微软公司提供的基于 Microsoft Windows 运行的互联网基本服务。IIS 是一种 Web 服务组件，其中包括 Web 服务器、FTP 服务器、NNTP 服务器和 SMTP 服务器，分别用于网页浏览、文件传输、新闻服务和邮件发送等方面。要在浏览器中查看完整系统页面，需要安装 IIS 和发布本地服务器，具体操作步骤如下。

（1）打开计算机中的控制面板，双击“程序和功能”选项，弹出“程序和功能”窗口，如图 8.11 所示。

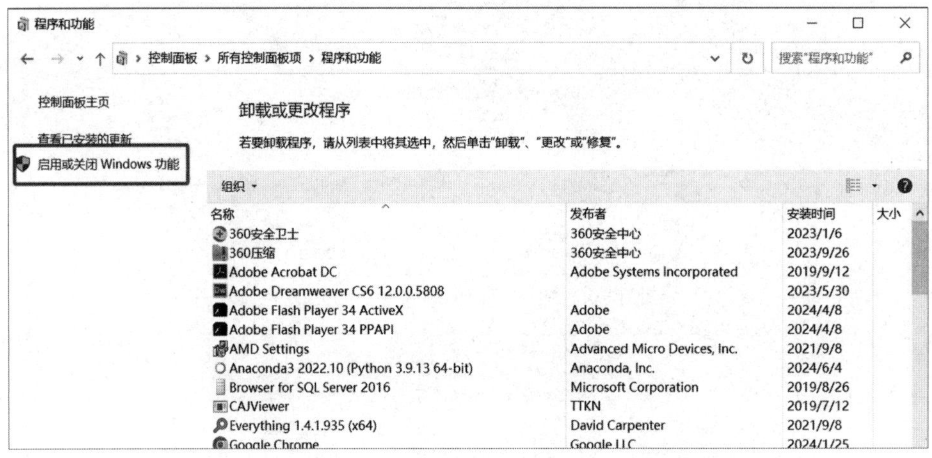

图 8.11　“程序和功能”窗口

（2）选择窗口左侧的“启用或关闭 Windows 功能”选项，在弹出的“Windows 功能”窗口中，勾选“Internet Information Services”复选框，如图 8.12 所示。

（3）在当前窗口中将“Internet Information Services”节点下的节点对应的复选框全部勾选上，主要包括“万维网服务”→“应用程序开发功能”节点下的节点对应的复选框，如图 8.13 所示，单击“确定”按钮进行安装。完成安装之后，IIS 就会出现在计算机管理工具中。

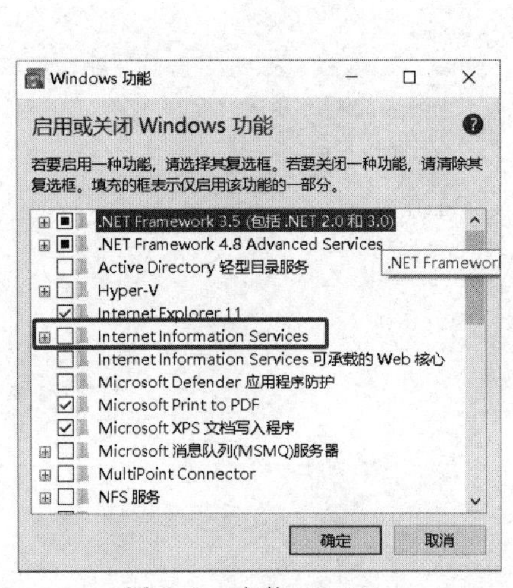

图 8.12　安装 IIS（1）

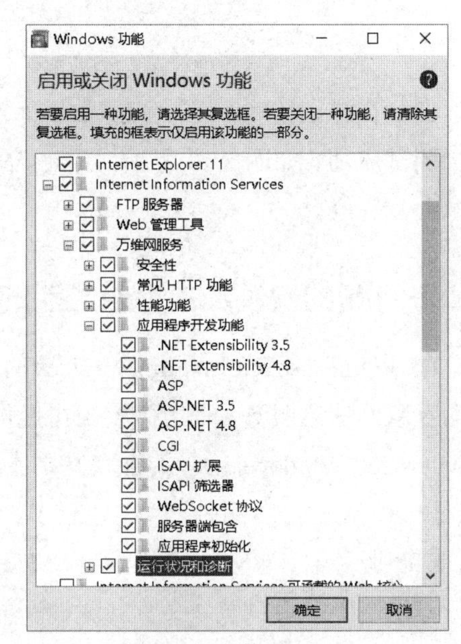

图 8.13　安装 IIS（2）

（4）右击桌面上的“计算机”图标，在弹出的快捷菜单中选择“管理”命令，弹出“计算机管理”窗口，在左侧的列表框中展开“服务器和应用程序”节点，可以看到“Internet Information Services(IIS)管理器”，如图 8.14 所示。

图 8.14　查看 IIS

（5）打开并配置 IIS 管理器，在服务器名称上单击并展开相应的服务器节点，选择“网站”→“Default Web Site”节点，显示 Default Web Site 主页，如图 8.15 所示。

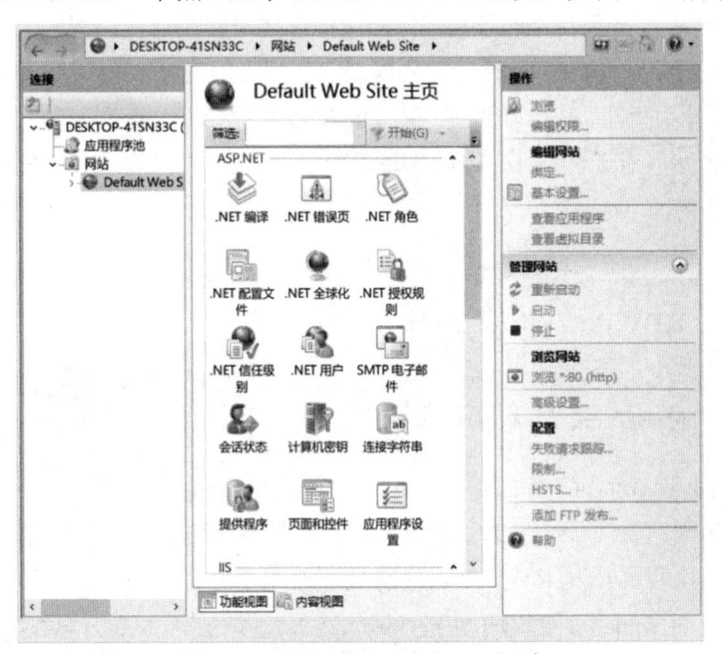

图 8.15　显示 Default Web Site 主页

（6）右击“Default Web Site”节点，在弹出的快捷菜单中选择“管理网站”→“高级设置”命令，弹出“高级设置”对话框，如图 8.16 所示，设置物理路径为后面 Dreamweaver 中设置的站点的位置，并更改默认数据库，设置系统发布的本地位置，MyWeb 为已建好的文件夹，最后单击“确定”按钮。

图 8.16　“高级设置”对话框

在使用 ASP 进行系统开发的过程中，采用图形化界面操作，不需要手动编写代码，便于初学者对系统开发流程的学习和对整体框架的理解，但是在实现的过程中会出现连接不顺畅等问题，此时可以添加辅助服务器或集成服务器等相关工具。本书推荐使用 AspWebServer2005，对于图 8.16 中的物理路径，选择 AspWebServer2005 安装目录下的 wwwroot 目录即可。

8.3 Dreamweaver 及 ASP

8.3.1 Dreamweaver 及 ASP 简介

Adobe Dreamweaver，简称“DW”，中文名为“梦想编织者”，是 Macromedia 公司开发的集网页制作和网站管理于一身的“所见即所得”的网页编辑器。它是第一套针对专业网页设计师的视觉化网页开发工具，可以轻而易举地制作出跨越平台限制和浏览器限制的充满动感的网页。Macromedia 公司成立于 1992 年，2005 年被 Adobe 公司收购。Dreamweaver 使用“所见即所得”的接口，兼具 HTML 的编辑功能。

ASP 可以用来创建动态交互式网页和强大的 Web 应用程序。当服务器收到对 ASP 文件的请求时，它会处理包含在发送给浏览器的 HTML 网页文件中的服务器端脚本代码。除服务器端脚本代码之外，ASP 文件也可以包含文本、HTML 和 COM 组件调用。

本章在 Dreamweaver 环境下开发数据库系统前台界面，并采用 ASP 开发。

8.3.2　Dreamweaver 中站点的创建

站点包含系统中的所有元素，并将它们以整体形式发布在服务器上（在系统开发中一般以本地主机为服务器）。本节讲解站点的建立，具体操作步骤如下。

（1）打开 Dreamweaver CS6，在导航页面中单击“更多”按钮，选择“ASP VBScript”页面类型，如图 8.17 所示。

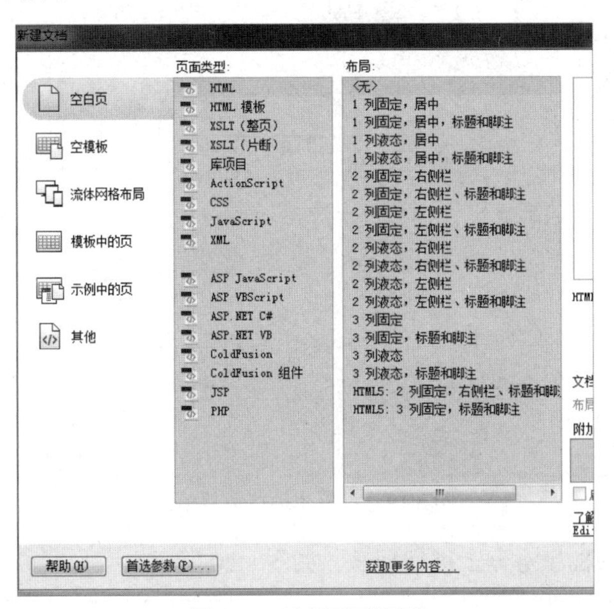

图 8.17　选择页面类型

（2）在 E 盘根目录下创建 MyWeb 文件夹，作为站点的存储位置。在 Dreamweaver 操作界面的菜单栏中选择“站点”命令，并在弹出的对话框中设置“站点名称”为“SP”，“本地站点文件夹”为“E:\MyWeb\”（如果使用 ASP 服务器，则设置“本地站点文件夹”为 AspWebServer2005 安装目录下的 wwwroot 目录），如图 8.18 所示。

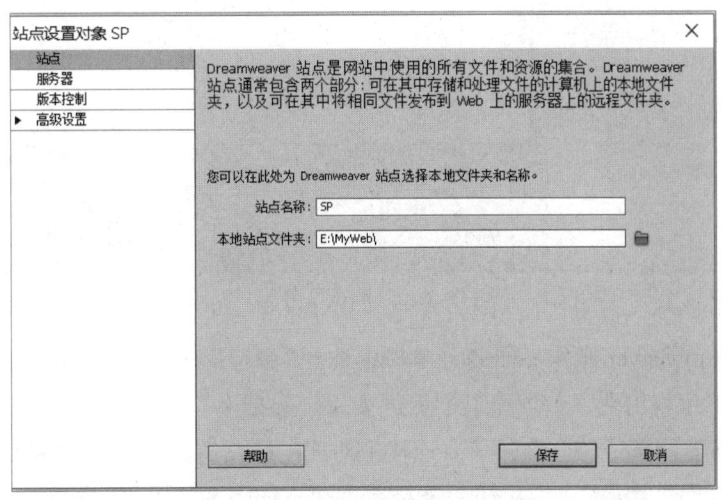

图 8.18　设置站点名称和本地站点文件夹

（3）在“服务器”选项卡中单击左下角的“+”按钮，在弹出的对话框中设置“服务器名称”为“SP”，“连接方法”为“本地/网络”，“服务器文件夹”为站点存储位置，“Web URL”为“http://localhost/”（如果使用 ASP 服务器，则设置“Web URL”为“http://localhost:8080/”），如图 8.19 所示。

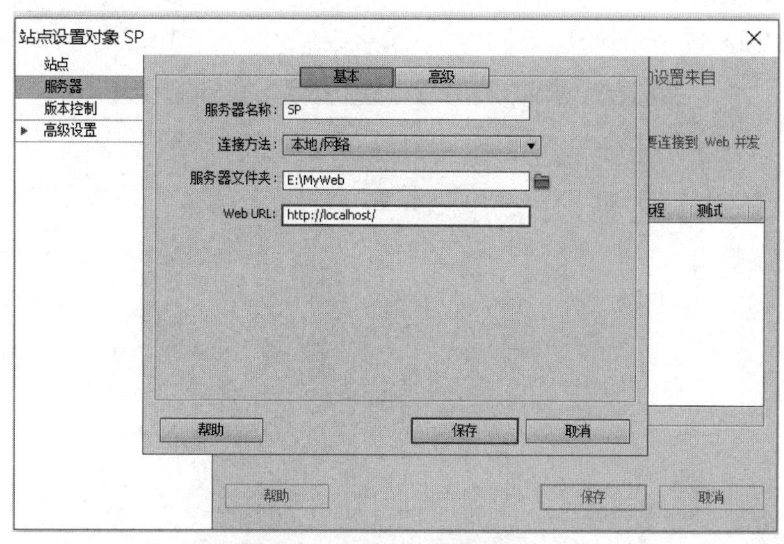

图 8.19　设置本地服务器信息

（4）在设置完成的服务器上进行测试，如图 8.20 所示。

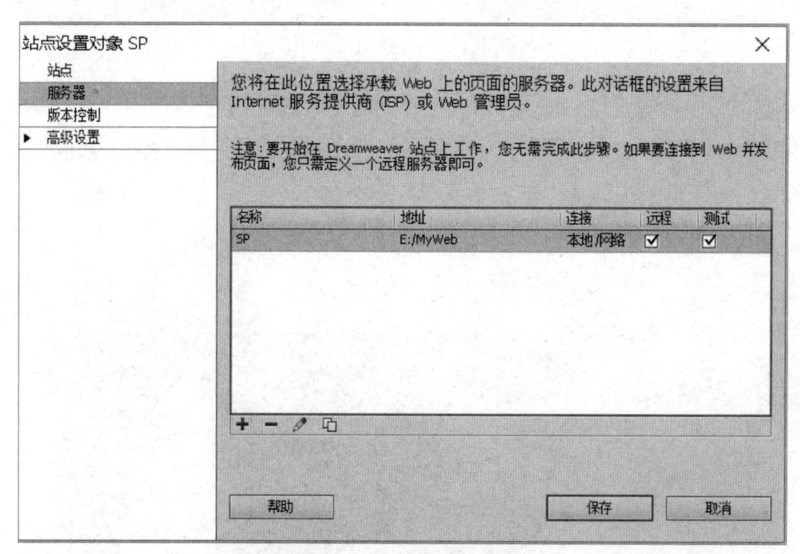

图 8.20　测试服务器

（5）在 Dreamweaver 操作界面的菜单栏中选择“窗口”→“数据库”命令，Dreamweaver 操作界面的右下角将出现“数据库”面板。如果“数据库”面板中前 3 个选项前面都有对号，就说明服务器测试成功，这时只要连接上对应的数据源，就可以管理和访问数据库了。单击“数据库”面板中的“+”按钮，连接数据源，如图 8.21 所示。

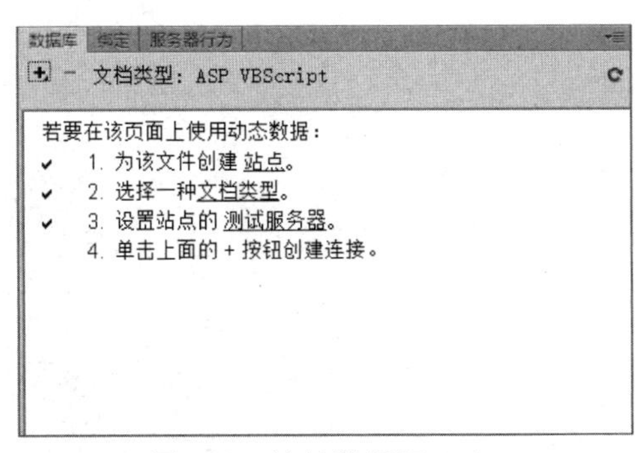

图 8.21　连接数据源（1）

（6）在弹出的对话框中，输入数据源名称“SPP”，也可以将“连接名称”命名为“SPP”，并输入数据库的用户名和密码，如图 8.22 所示。单击对话框右侧的“测试”按钮，如果弹出如图 8.23 所示的对话框，显示“成功创建连接脚本”，则表示 ASP 和数据库连接成功，单击“确定”按钮，此时在 Dreamweaver 操作界面右下角的“数据库”面板中会出现如图 8.24 所示的列表。

图 8.22　连接数据源（2）

图 8.23　ASP 成功连接数据库（1）

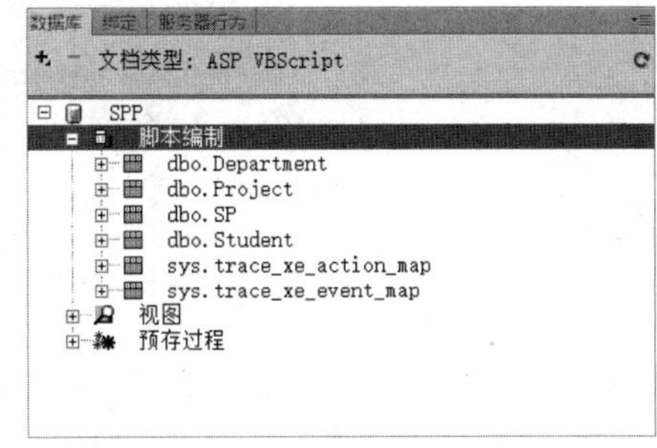

图 8.24　ASP 成功连接数据库（2）

（7）在“数据库”面板中单击“绑定”选项卡中的“+”按钮，在弹出的下拉列表中选择“记录集（查询）”选项，如图 8.25 所示。以 ASP 建立 Student 表的查询为例，在弹出的“记录集”对话框中，设置“连接”为“SPP”，“表格”为“dbo.Student”，如图 8.26 所示。单击对话框右侧的“测试”按钮，结果如图 8.27 所示，说明 Student 表绑定成功。

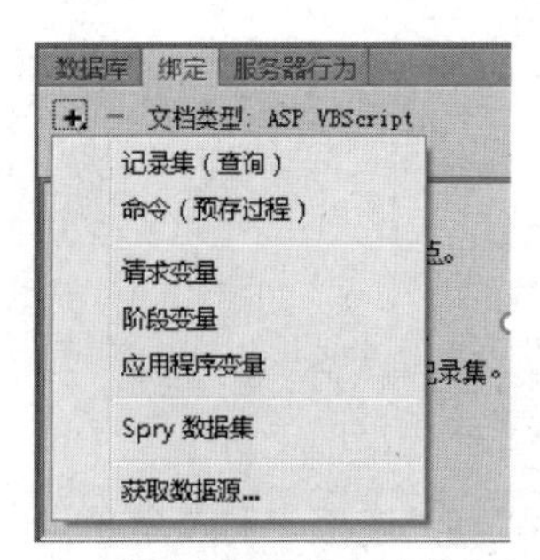

图 8.25　选择“记录集（查询）”选项

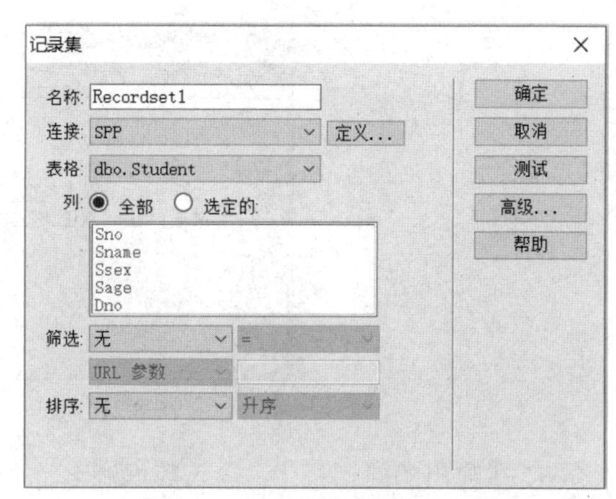

图 8.26　记录集绑定 Student 表

测试SQL指令

记录	Sno	Sname		Ssex	Sage	Dno
1	S202301011	李辉	...	男	20	DP02
2	S202301012	张昊	...	男	18	DP03
3	S202301013	王翊	...	女	21	DP02
4	S202301014	赵岚	...	女	19	DP01
5	S202301015	韦峰	...	男	20	DP04
6	S202301016	刘瑶瑶	...	男	18	DP03
7	S202301017	陈恪	...	男	22	DP02
8	S202301018	吴茜	...	女	21	DP01

图 8.27　记录集绑定测试结果

（8）在“数据库”面板的“绑定”选项卡中可以看到新的记录集及相应的数据表的字段，如图 8.28 所示，此时可以在 ASP 中对 Student 表的数据进行操作。

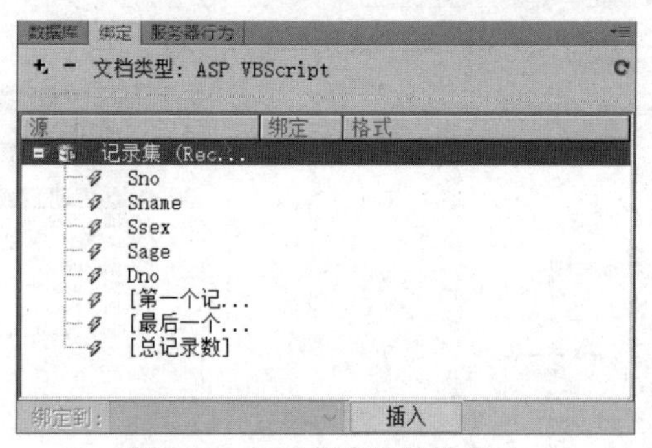

图 8.28　记录集绑定结果显示

8.4 基于 ASP 的大学生项目管理系统的开发

前面的准备工作完成后，本节开始进行大学生项目管理系统的开发，主要包括首页的制作，以及插入页面、更新页面和登录页面的实现。以 Student 表为例，首页用于 Student 表的查询，插入页面用于 Student 表数据的插入，更新页面用于 Student 表数据的修改，登录页面用于登录系统，页面后缀名均为.asp。

8.4.1　首页 default.asp 的制作

（1）打开 Dreamweaver CS6，选择“ASP VBScript”页面类型，新建一个空白页面，并完成 8.3 节中的站点设置、数据源连接及记录集的操作，保存新页面名称为“default.asp”。在 default.asp 页面中插入一个 2 行 5 列的表格，设置其宽度为 600 像素，在页面中居中对齐，并在表格第一行分别输入 Student 表的表头，如图 8.29 所示。

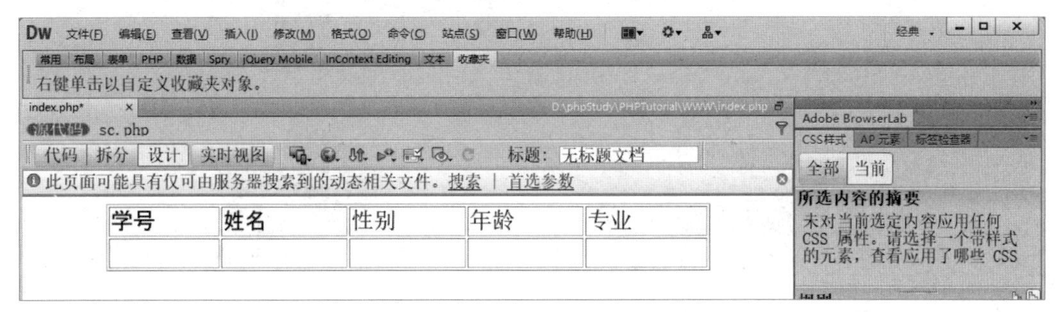

图 8.29　插入表格并输入表头

（2）将记录集中的字段拖动到表格第二行的相应字段中，如图 8.30 所示。

图 8.30　拖动记录集中的字段

（3）保存 default.asp 页面，按快捷键 F12 进行预览，效果如图 8.31 所示。（此页面为添加了 ASPWebServer 服务器后的运行结果。）

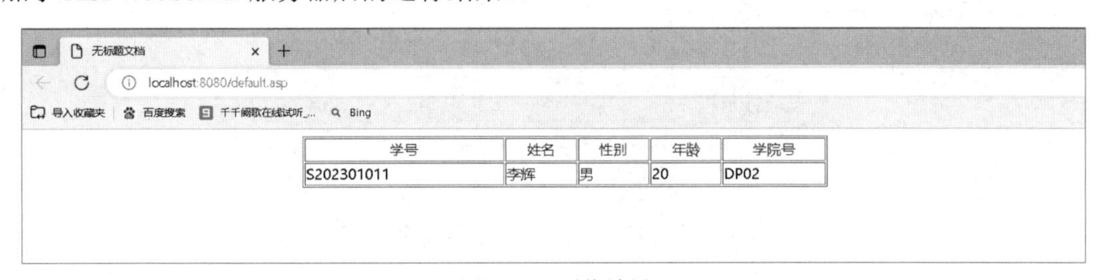

图 8.31　预览效果

（4）此时在 default.asp 页面中只显示了一条记录，如果想显示多条记录，则先在表格中选中第二行单元格，或者在屏幕左下方选择“<tr>”标签，如图 8.32 所示，然后在“数据库”面板中选择“服务器行为”选项卡，单击“+”按钮，在弹出的下拉列表中选择“重复区域”选项，如图 8.33 所示。

<body><table><tr><td>

图 8.32　选择“<tr>”标签

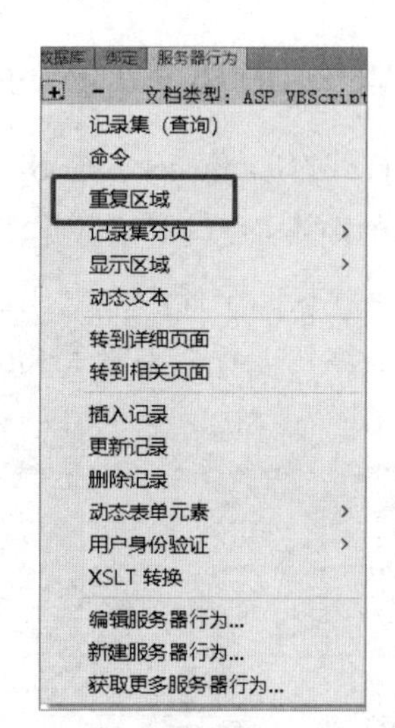

图 8.33　选择“重复区域”选项

（5）在弹出的“重复区域”对话框中设置一个页面显示的记录数量，如图 8.34 所示。单击“确定”按钮后，按快捷键 F12 进行预览，可以显示多条记录，效果如图 8.35 所示。

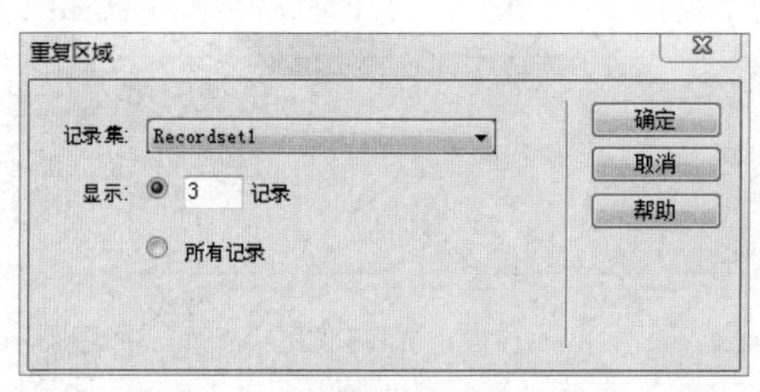

图 8.34　设置显示的记录数量

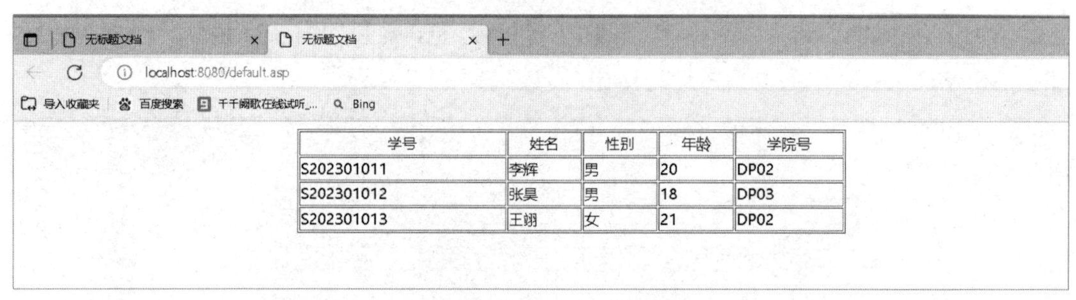

学号	姓名	性别	年龄	学院号
S202301011	李辉	男	20	DP02
S202301012	张昊	男	18	DP03
S202301013	王翊	女	21	DP02

图 8.35　多条记录的预览效果

（6）在 Dreamweaver 操作界面的菜单栏中选择“插入”→“数据对象”→“记录集分页”→“记录集导航条”命令，如图 8.36 所示，插入记录集分页导航条。

（7）在插入记录集分页导航条后，效果如图 8.37 所示，按快捷键 F12 进行预览，效果如图 8.38 所示。至此，default.asp 页面制作完成。

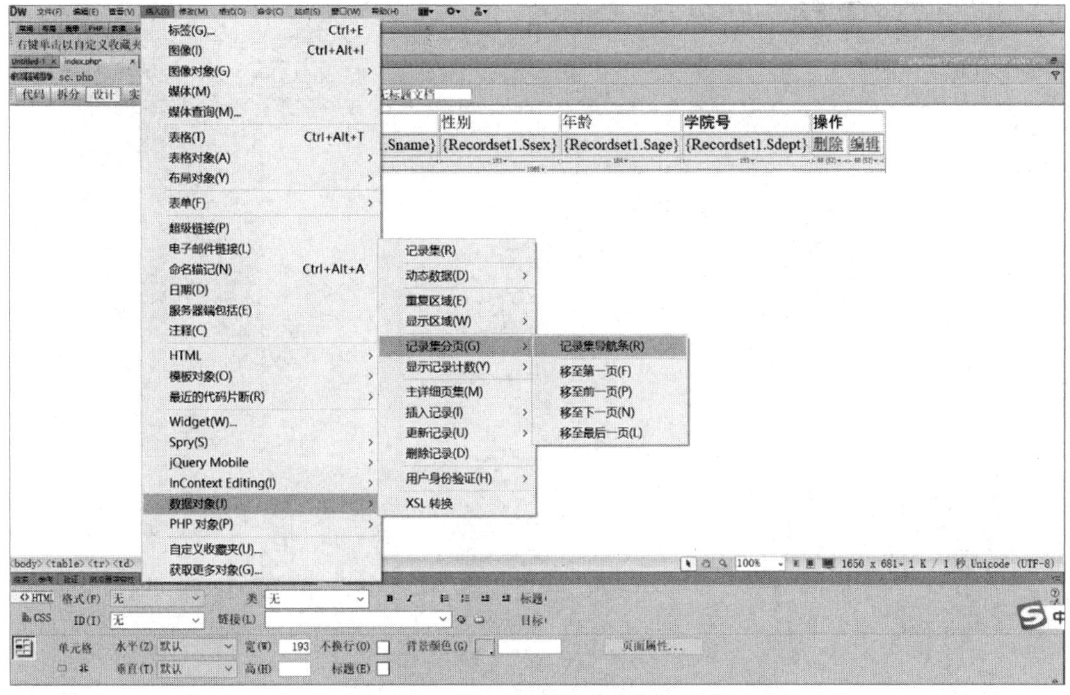

图 8.36　选择"记录集导航条"命令

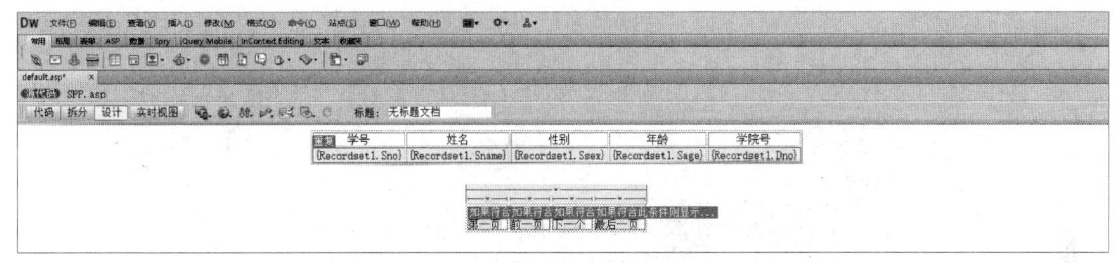

图 8.37　记录集分页导航条效果

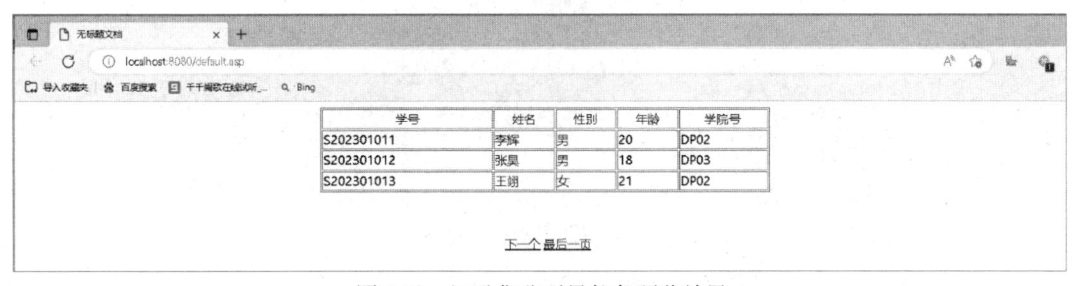

学号	姓名	性别	年龄	学院号
S202301011	李辉	男	20	DP02
S202301012	张昊	男	18	DP03
S202301013	王娟	女	21	DP02

图 8.38　记录集分页导航条预览效果

8.4.2　插入页面 insert.asp 的实现

将在 Student 表中插入数据的插入页面命名为 insert.asp，实现的步骤如下。

（1）新建 insert.asp 页面，在 Dreamweaver 操作界面的菜单栏中选择"插入"→"数据对象"→"插入记录"→"插入记录表单向导"命令，如图 8.39 所示。

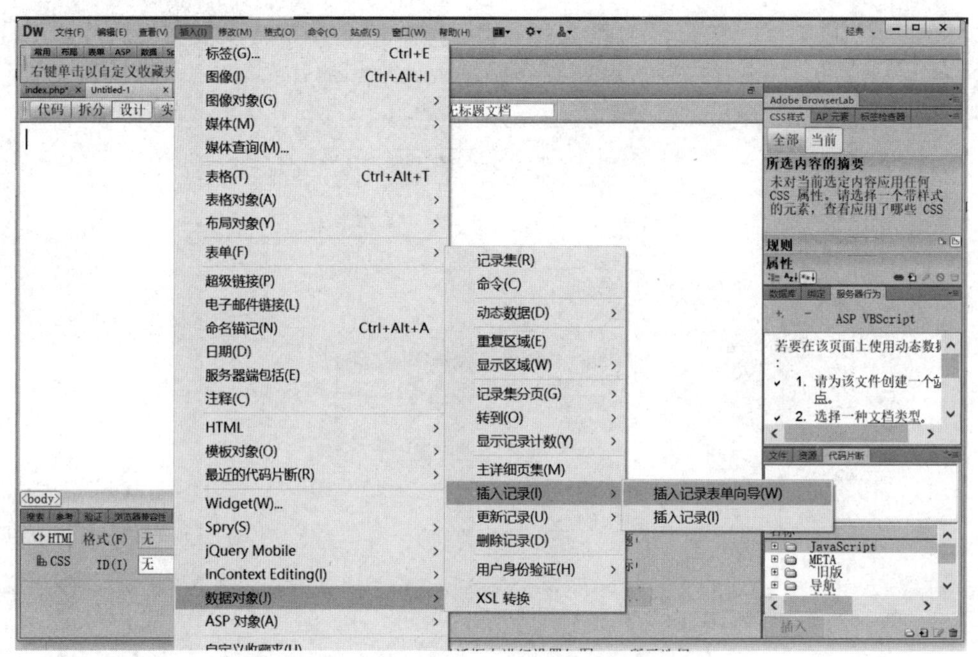

图 8.39　选择“插入记录表单向导”命令

（2）在弹出的对话框中进行 insert.asp 页面设置，如图 8.40 所示。

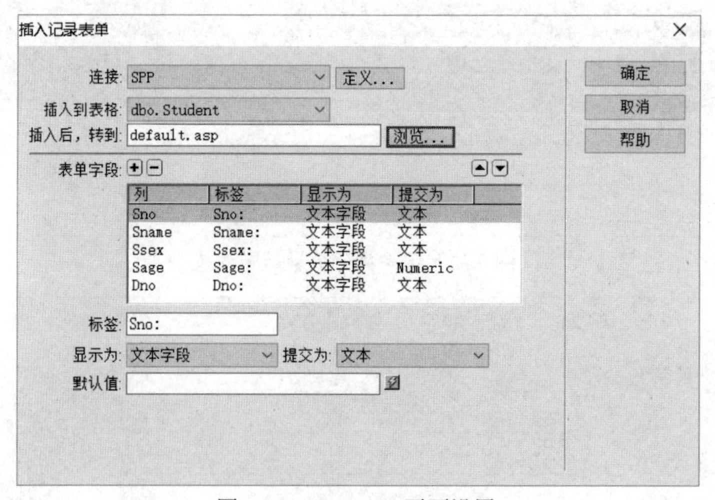

图 8.40　insert.asp 页面设置

（3）将“Ssex”标签设置为“单选按钮组”，如图 8.41 所示，在图 8.42 中进行单选按钮组属性设置，设置其选项为“男”或“女”。

（4）单击“确定”按钮，弹出如图 8.43 所示的 insert.asp 页面，保存该页面。

（5）在浏览器地址栏中输入“http://localhost/insert.asp”并按 Enter 键，进入 insert.asp 页面，插入一条记录，效果如图 8.44 所示。

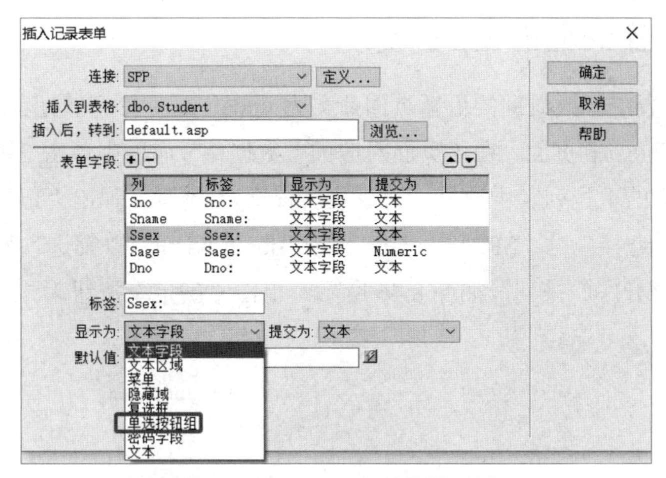

图 8.41　“Ssex”标签属性设置

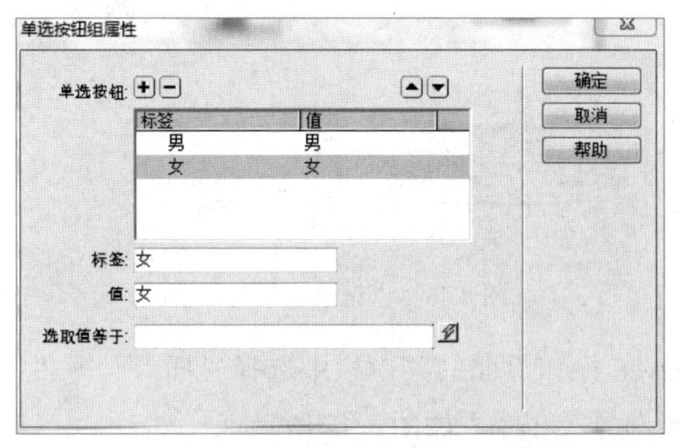

图 8.42　单选按钮组属性设置

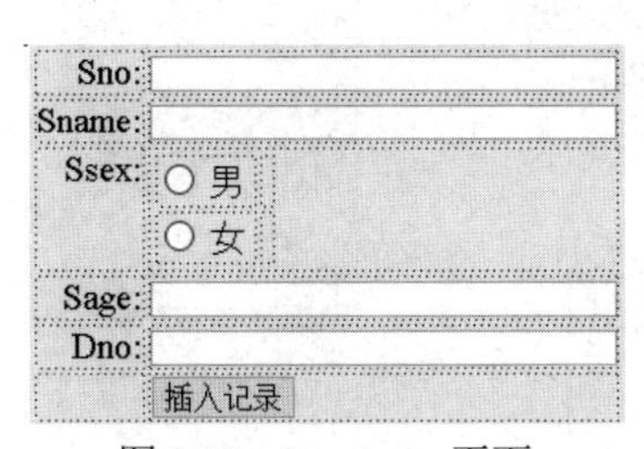

图 8.43　insert.asp 页面

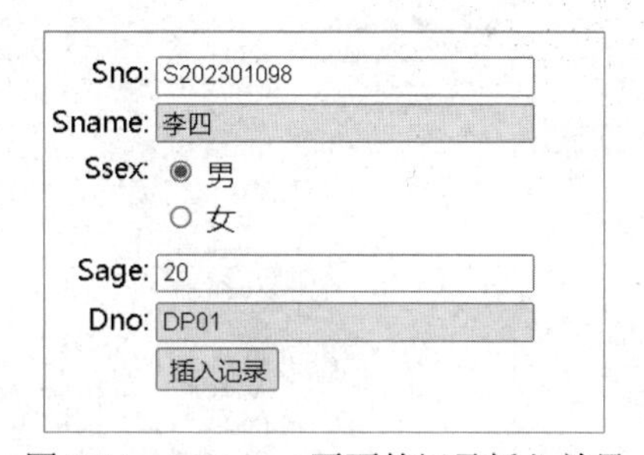

图 8.44　insert.asp 页面的记录插入效果

（6）在浏览器中，可以看到插入记录之后的效果，如图 8.45 所示。

学号	姓名	性别	年龄	学院号
S202301017	陈恪	男	22	DP02
S202301018	吴茜	女	21	DP01
S202301098	李四	男	20	DP01

第一页 前一页 下一个 最后一页

图 8.45　插入记录之后的效果

8.4.3 更新页面 update.asp 的实现

将在 Student 表中修改数据的更新页面命名为 update.asp，实现的步骤如下。

（1）新建 update.asp 页面，在该页面对应的“数据库”面板中单击“绑定”选项卡中的“+”按钮，在弹出的下拉列表中选择“记录集（查询）”选项，弹出“记录集”对话框。在该对话框中设置“连接”为“SPP”，“表格”为“dbo.Student”，“筛选”为“Sno”，“排序”为“Sno”，并按“升序”排列，如图 8.46 所示，单击“确定”按钮。

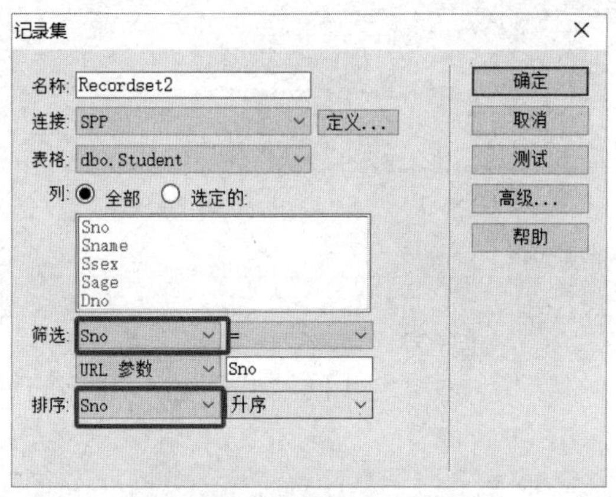

图 8.46 “记录集”对话框

（2）在 Dreamweaver 操作界面的菜单栏中选择“插入”→“数据对象”→“更新记录”→“更新记录表单向导”命令，如图 8.47 所示。

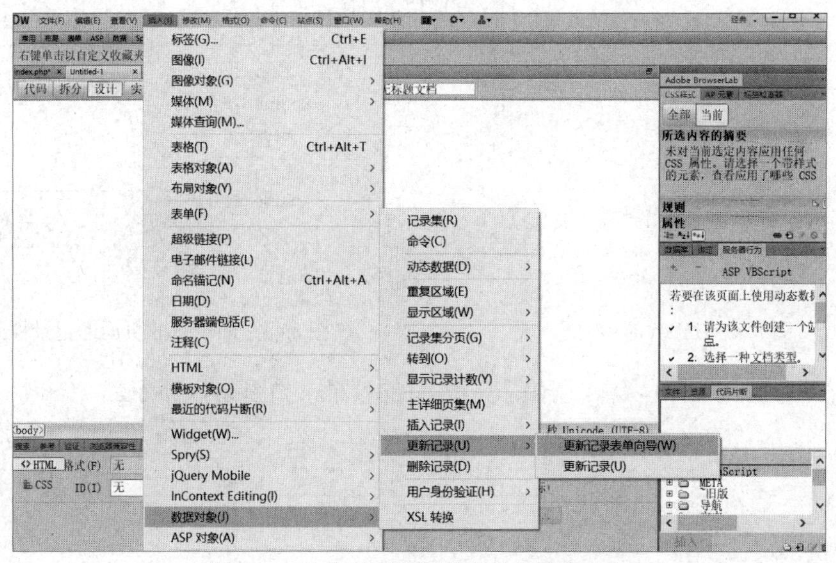

图 8.47 选择“更新记录表单向导”命令

（3）在弹出的对话框中，根据提示更新记录表单设置，如图 8.48 所示，设置“连接”为“SPP”，“要更新的表格”为“dbo.Student”，“唯一键列”为“Sno”，“在更新后，转到”为“default.asp”，其他选项保持默认设置，单击“确定”按钮，在 update.asp 页面中就会自动创建如图 8.49 所示的页面元素，保存 update.asp 页面。

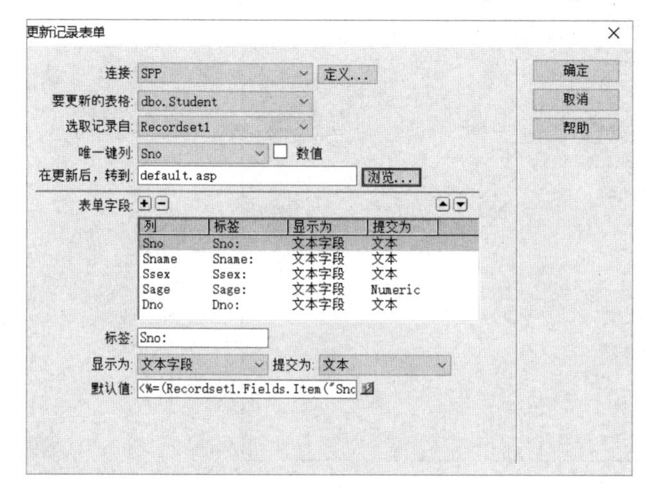

图 8.48　更新记录表单设置

图 8.49　update.asp 页面

（4）打开 default.asp 页面，在表格上增加一列，在新列的第二行添加文本“编辑”，如图 8.50 所示。

图 8.50　更新记录操作

（5）选中“编辑”文本，在“数据库”面板中单击“服务器行为”选项卡中的“+”按钮，在弹出的下拉列表中选择“转到详细页面”选项，如图 8.51 所示。在弹出的对话框中进行 update.asp 页面设置，并单击“确定”按钮，保存所有信息，如图 8.52 所示。

图 8.51　选择“转到详细页面”选项

图 8.52　update.asp 页面设置

（6）在 update.asp 页面上添加一个记录集，使用 URL 参数传递 Sno，如图 8.53 所示。

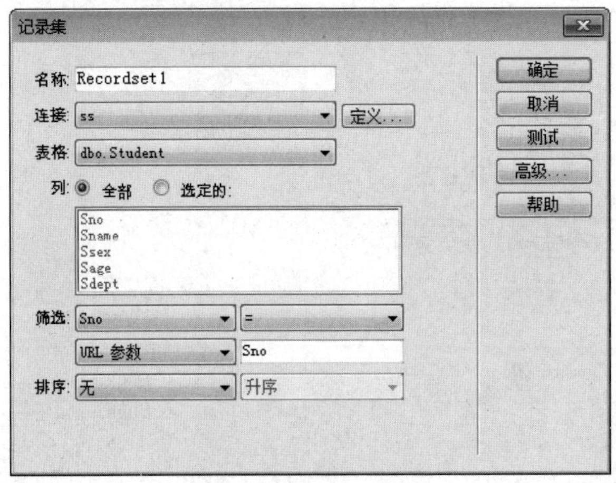

图 8.53　添加记录集设置

（7）在浏览器中打开 http://localhost/default.asp，浏览效果如图 8.54 所示。

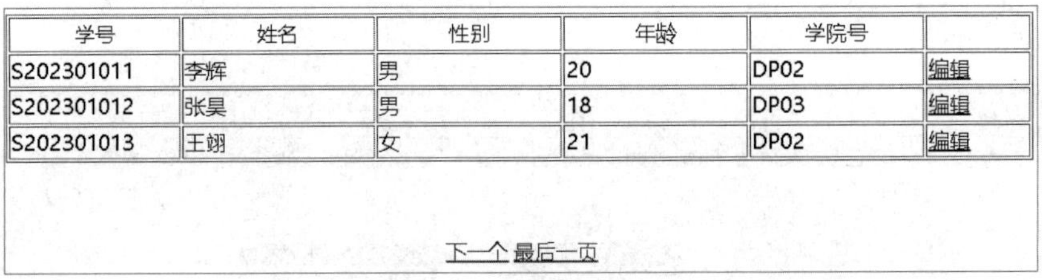

学号	姓名	性别	年龄	学院号	
S202301011	李辉	男	20	DP02	编辑
S202301012	张昊	男	18	DP03	编辑
S202301013	王翊	女	21	DP02	编辑

下一个 最后一页

图 8.54　浏览效果

（8）单击第二条记录对应的“编辑”文本，即可打开 update.asp 页面，对应编辑的是第二条记录，将 Sage 从“18”修改为“20”，如图 8.55 和图 8.56 所示。

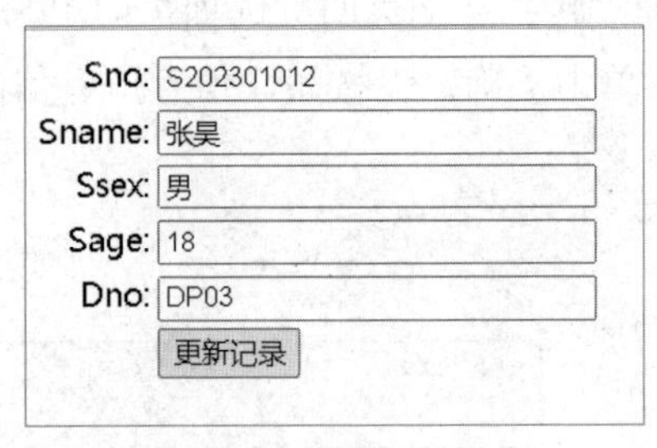

图 8.55　修改记录操作

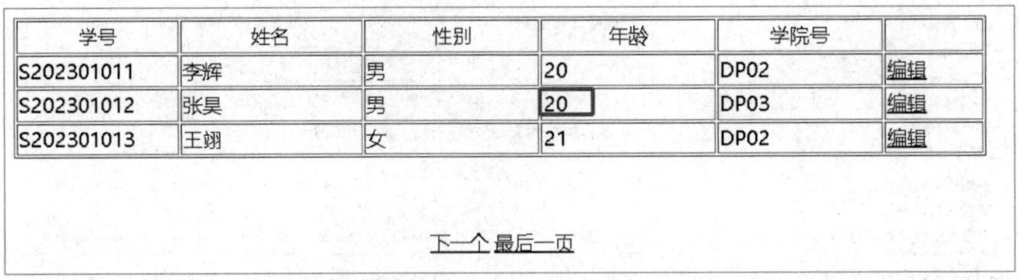

学号	姓名	性别	年龄	学院号	
S202301011	李辉	男	20	DP02	编辑
S202301012	张昊	男	20	DP03	编辑
S202301013	王翊	女	21	DP02	编辑

下一个 最后一页

图 8.56　修改记录操作结果

8.4.4　登录页面 login.asp 的实现

在 ASP 中实现登录页面 login.asp 的步骤如下。

（1）在 SQL Server 2022 中创建用户表 user，如图 8.57 所示。

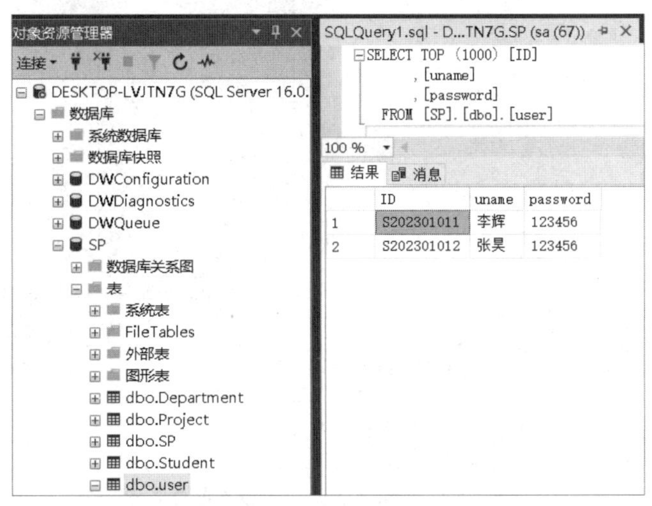

图 8.57　创建用户表

（2）在 Dreamweaver CS6 中新建页面，将其命名为 login.asp。之后，在该页面中插入表单，并在表单中插入一个 3 行 2 列的表格，设置其宽度为 300 像素；插入标签“用户名”和“密码”，将“密码”文本框的内容显示类型设置为“密码字段”，并将两个文本框的 ID 分别设置为“user”和“pwd”；同时设置“提交”按钮和“重置”按钮，如图 8.58 所示。

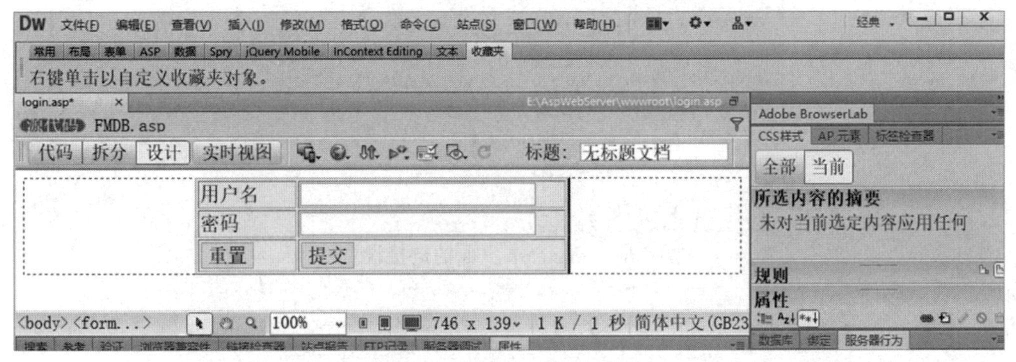

图 8.58　制作 login.asp 页面

（3）在“数据库”面板中，单击“服务器行为”选项卡中的“+”按钮，在弹出的下拉列表中选择“用户身份验证”→“登录用户”选项，如图 8.59 所示。如果希望在未进行登录时无法打开首页，则选择“用户身份验证”→“限制对页的访问”选项。

（4）在弹出的对话框中进行如图 8.60 所示的设置。

（5）在浏览器地址栏中输入“http://localhost/login.asp”并按 Enter 键，进入 login.asp 页面，输入正确的用户名和密码，可以跳转到相应的 default.asp 页面，如图 8.61 和图 8.62 所示。

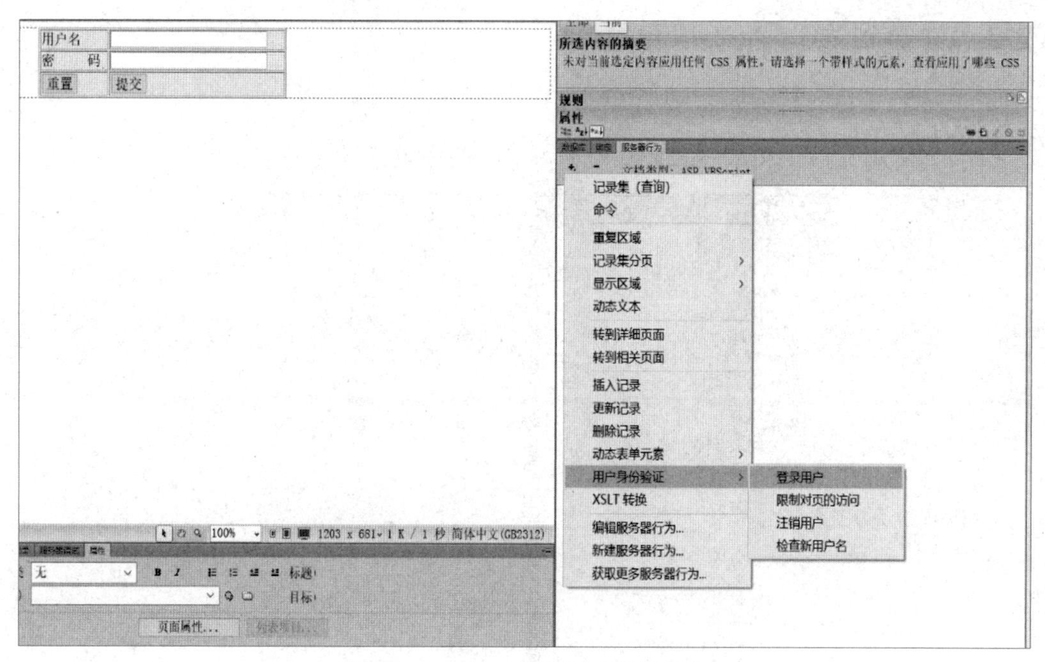

图 8.59　login.asp 页面的服务器行为

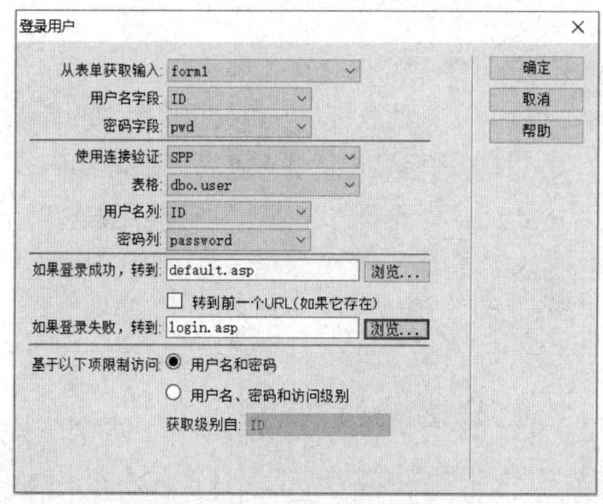

图 8.60　login.asp 页面的链接设置

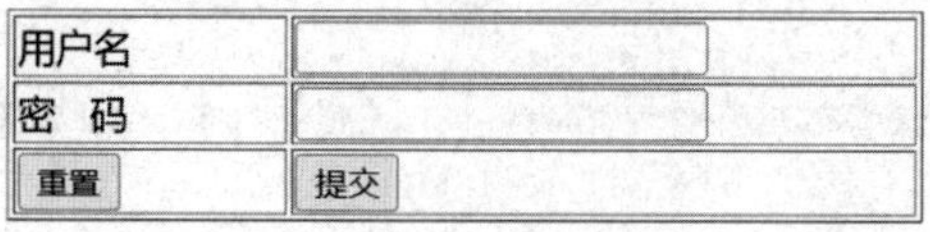

用户名	
密 码	
重置	提交

图 8.61　login.asp 页面

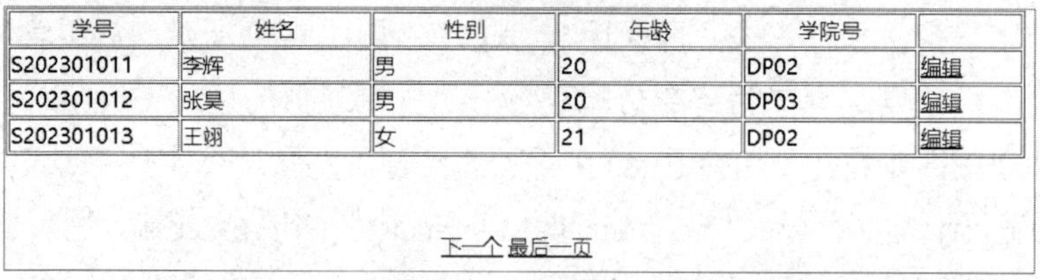

学号	姓名	性别	年龄	学院号	
S202301011	李辉	男	20	DP02	编辑
S202301012	张昊	男	20	DP03	编辑
S202301013	王翊	女	21	DP02	编辑

下一个 最后一页

图 8.62　登录成功

在大学生项目管理系统中，还可以增加用于删除数据的删除页面，实现步骤和更新页面、插入页面的实现步骤都是类似的，这里不再赘述。在系统的开发过程中，还需要结合数据库建模的结果进行设计和规划。

8.5 本章小结

本章在 Windows 10 系统下实现了基于 B/S 结构的大学生项目管理系统，介绍了 ODBC 数据源的创建和 IIS 的安装、Dreamweaver 中站点的创建，并重点介绍了首页的制作过程，以及插入页面、更新页面和登录页面的实现过程。

读者在学习本章时，要努力掌握书中介绍的方法和步骤，能在实际项目进一步推广和应用，为实现优质数据库的开发奠定基础。

第 9 章

数据库系统测试和维护

9.1 常见的软件测试方法

软件测试是伴随着软件的产生而产生的。计算机问世以来，软件的编制与测试就同时摆在人们的面前。在早期的软件开发过程中，开发人员将软件测试等同于代码调试，目的是解决软件中已知的故障，常常由开发人员自己完成这部分工作。直到 1957 年，软件测试才开始与代码调试区别开，作为一种发现软件缺陷的活动出现。由于一直存在着“为了看到产品在工作，就需要将测试工作往后推一推”的思想，导致测试仍然是后于开发的活动。人们对测试的投入少、介入晚，常常是直到代码形成、产品基本完成时才进行测试。测试在软件开发中并没有得到应有的重视，导致测试的方法和理论研究进展缓慢。除一些非常关键的程序系统之外，大部分程序的测试都是不完善的。在开发工作结束后，有缺陷的程序很可能会被直接投入运行，然而这些隐藏的缺陷一旦暴露，就会给用户和维护者带来不同程度的影响。

9.1.1 软件测试方法的分类

1. 根据内部结构分类

（1）白盒测试：将测试对象看作一个透明的盒子。测试人员要清楚地了解盒子内部的东西及其内部是如何运作的。该测试方法对所有逻辑路径进行测试，测试人员需要全面了解被测对象的程序结构。

（2）黑盒测试：将测试对象看作一个不透明的盒子。黑盒测试也称为功能测试，它只检查程序是否按照软件需求规格说明书的规定正常使用，程序的输入数据和输出数据是否正确。

（3）灰盒测试：介于白盒测试与黑盒测试之间，不仅关注程序输入数据和输出数据的正确性，还关注程序的内部逻辑。该方法不会像白盒测试一样实现路径全覆盖，但是比黑盒测试更关注程序的内部逻辑。

2. 根据是否执行代码分类

（1）静态测试：通过对程序静态特征的分析，找出软件的缺陷或可疑点，同时主要通过分析或检查源程序的语法、结构、过程、接口来检查程序的正确性。在一般情况下，需要对软件需求规格说明书、软件设计说明书、源程序进行结构分析和流程图分析。

（2）动态测试：通过运行被测程序，检查运行结果与预期结果的差异，并分析运行效率、正确性和健壮性等。

3. 根据开发过程分类

（1）单元测试：对软件中的最小可测试单元进行检查和验证。注意，须根据实际情况判断具体测试能否实现，如 C 语言中的函数、Java 中的类、图形化软件的一个窗口或一个菜单等。

（2）集成测试：在单元测试的基础上，将所有模块按照设计要求组装成子系统或系统，并进行集成测试。

（3）系统测试：将整个系统的软件、计算机硬件、外部设备、网络等元素结合在一起，进行组装测试和确认测试。该测试是针对整个产品系统进行的测试，目的是验证系统是否满足软件需求规格说明书的内容，并找出与软件需求规格说明书不符或矛盾的地方。

（4）验收测试：一般在系统测试的后期，是软件正式交付用户使用的最后一个测试环节，以用户测试为主，测试人员或质量保障人员也会共同参与测试。

4. 根据测试的实施组织分类

（1）开发者测试（α 测试）：软件开发公司组织内部人员模拟各类用户对即将面市的软件产品（称为 α 版本）进行测试，试图发现错误并修正。被测试的软件由开发人员在可控的环境下进行检验并记录发现的故障和使用中出现的问题。经过 α 测试调整的软件产品称为 β 版本。

（2）使用者测试（β 测试）：软件开发公司组织各类典型用户在日常工作中实际使用 β 版本，并要求用户报告异常情况、提出批评意见。之后，软件开发公司对 β 版本进行改错和完善。该测试一般在开发公司之外，由经过挑选的真正用户群体进行，也就是说，它是在开发人员无法控制的环境下，对要交付的软件进行的实际应用性检验。在测试过程中，用户要记录遇到的所有问题，并且定期向开发人员报告测试情况。

α 测试和 β 测试都要求开发者仔细挑选用户，并要求用户有使用产品的积极性，能提供良好的硬件和软件配置等。

5. 测试的其他概念

（1）人工测试：由测试人员执行测试用例，将实际的结果和预期的结果进行比较，并记录测试结果。

（2）自动化测试：通过录制和回放所编写的自动化脚本，驱动系统运行的测试行为。

（3）回归测试：在再次运行修改后的软件之前，为了查找错误而执行程序曾经使用的且可复用的测试用例，以测试缺陷是否再次出现的行为。

（4）冒烟测试：在软件版本交付后，对其重要的部分先进行大概的测试，检查其主要功能是否正常，再进行后面的测试。

无论软件测试方法如何分类，实际工作中常用的测试类型是：功能测试、性能测试、接口测试、自动化测试、安全测试等。

9.1.2 基于生命周期的软件测试

软件工程界普遍认为：在软件生命周期的每个阶段都应该进行测试，检验本阶段的工作是否达到了预期目标，尽早地发现并消除故障，以免因故障延时、扩散而导致后期测试困难。由此可知，软件测试并不等同于程序测试，软件测试应贯穿软件定义与开发的整个过程。

任何产品都离不开质量检验，在软件投入运行前，需要对软件需求分析、设计说明和编码实现进行最终审定，这些审定工作在软件生命周期中也是非常重要的。在实际的项目中，表现在程序中的故障不一定是由代码引起的，在很多情况下都是由详细设计阶段、概要设计阶段，甚至需求分析阶段的问题引起的。即使针对源程序进行测试，所发现故障的根源也可能存在于开发前期的各个阶段，也就是说，解决问题、排除故障必须追溯到开发前期。

软件开发是一个自顶向下逐步细化的过程，而软件测试则是一个按相反顺序自底向上逐步集成的过程。低一级的测试为上一级的测试准备条件。图 9.1 所示为软件测试的 5 个步骤，即单元测试、集成测试、确认测试、系统测试和验收测试。

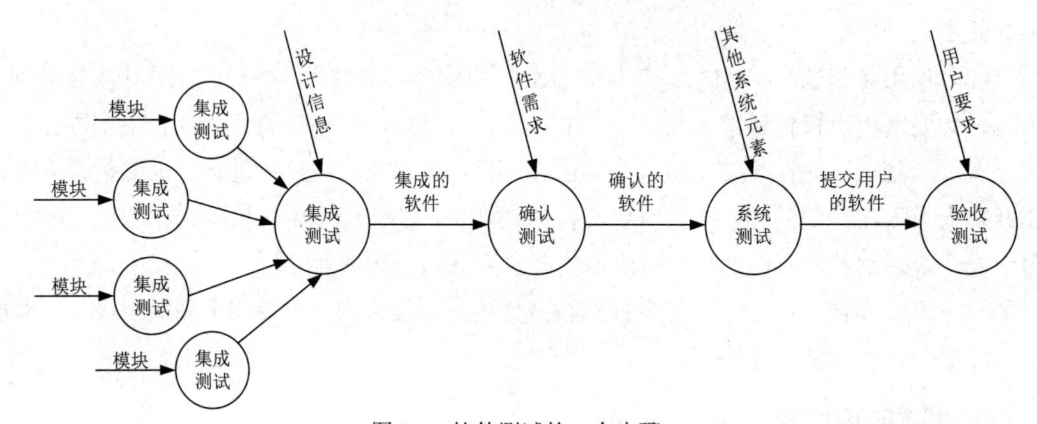

图 9.1　软件测试的 5 个步骤

程序员在完成编程以后需要对程序的每个模块进行单元测试，以确保每个模块能正常工作。在进行单元测试时，通常采用白盒测试方法，尽可能发现并消除模块内部在逻辑和功能方面的故障及缺陷。随后，程序员需要把已测试过的模块组合起来，形成一个完整的软件后进行集成测试，以检测和排除与软件设计相关的程序结构问题。在进行集成测试时，通常采用黑盒测试方法来设计测试用例。在进行确认测试时，通常以软件需求规格说明书规定的需求为尺度，检验开发的软件是否满足所有的功能和性能要求。为了检验开发的软件是否能与系统的其他部分（如硬件、数据库及操作人员）协调工作，在完成确认测试以后，还需要进行系统测试，以确保生产的是合格的软件产品。验收测试主要由用户从使用者的角度，对软件产品的功能和性能进行测试。下面分阶段介绍以上测试过程。

1. 单元测试

单元测试是在软件开发过程中进行的最低级别的测试活动，其测试的对象是软件设计的最小单元。在传统的结构化编程语言（如 C 语言）中，单元测试的对象一般是函数或子过程。在像 C++这样的面向对象语言中，单元测试的对象可以是类，也可以是类的成员函数。

单元测试又称模块测试。模块并没有严格的定义，不过按照一般的理解，模块应该具有以下基本属性：名字、明确规定的功能、内部使用的数据（或称局部数据）、与其他模块或外界数据的联系、实现其特定功能的算法等。

单元测试的目的是检测程序模块中有无故障存在，一开始并不是把程序当作一个整体来测试，而是先集中注意力测试程序中较小的结构块，以便发现并纠正模块内部的故障。单元测试针对程序的每个模块进行，下面主要说明单元测试的 5 个任务。

1）模块接口测试

模块接口测试是单元测试的基础。只有在数据能够正确地输入/输出的前提下，其他测试才有意义。模块接口测试应该考虑下列因素。

（1）模块输入参数的个数与形参的个数是否相同。

（2）模块输入参数的属性与形参的属性是否匹配。

（3）模块输入参数的使用单位与形参的使用单位是否一致。

（4）在调用其他模块时，实参的个数与被调用模块形参的个数是否相同。

（5）在调用其他模块时，实参的属性与被调用模块形参的属性是否匹配。

（6）在调用其他模块时，实参的使用单位与被调用模块形参的使用单位是否一致。

（7）在调用预定义函数时，所使用参数的个数、属性和次序是否正确。

（8）在模块有多个入口的情况下，是否有与当前入口无关的参数引用。

（9）是否修改了只作为输入值的形参。

（10）各模块对全局变量的定义是否一致。

（11）是否把某些常数当作变量来传递等。

如果模块涉及外部的输入/输出，则还应该考虑下列因素。

（1）文件属性是否正确。

（2）OPEN/CLOSE 语句是否正确。

（3）格式说明与输入/输出语句是否匹配。

（4）缓冲区的大小与记录长度是否匹配。

（5）文件使用前是否已经打开。

（6）文件结束条件是否正确。

（7）输入/输出错误处理是否正确。

（8）输出信息中是否有文字性错误等。

2）局部数据结构测试

检测临时存放在模块内的数据在程序执行过程中是否正确、完整是局部数据结构测试的重点。局部数据结构主要涉及内部数据的内容、形式及其相互之间的关系，往往是故障的根源。一般需要注意的几类错误有：不正确或不相容的类型说明、不正确的初始化值或默认值、不正确的变量名（如拼写错或缩写错）和下溢、上溢或地址异常等。除局部数据结构之外，单元测试还应检测全局数据对模块的影响。

3）边界条件测试

边界条件测试用于检测模块在数据边界处能否正常工作。边界条件测试是单元测试的一个关键任务，很可能发现新的软件故障。实践表明，边界是特别容易出现故障的地方。例如，处理 n 维数组的第 n 个元素时很容易出错，循环执行到最后一次时也很容易出错。一些可能与边界有关的数据类型有数值、速度、字符、地址、位置、尺寸、数量等，需要同时考虑这些边界的第一个/最后一个、最小值/最大值、最长/最短、最快/最慢、最高/最低、相邻/最远等特征。

4）覆盖测试

逻辑覆盖要求对被测模块的结构进行一定程度的覆盖。单元测试应对模块中的每条独立路径进行测试以检测出计算错误、比较错误和不适当的控制转向所造成的故障。覆盖测试主要用于检测模块运行能否满足特定的逻辑覆盖。常见的计算错误有：误用或错用运算符优先级、初始化错误、计算精度不够、表达式中符号表示错误、不同类型的数据进行混合运算（如实型数和整型数进行混合运算）。

比较判断常与控制流紧密相关，比较错误势必导致控制流错误，因此单元测试还应致力于发现以下错误。

（1）不同类型的数据进行比较。

（2）错误地使用逻辑运算符或运算符优先级。

（3）本应相等的数据由于精确度而不相等。

（4）变量本身有错。

（5）循环终止不正确或循环不终止。

（6）迭代发散时不能退出。

（7）错误地修改了循环控制变量。

5）出错处理测试

出错处理测试也是单元测试的一个任务。良好的设计应该预先估计到各种可能的出错情况，并给出相应的处理措施，使用户遇到这些情况时不至于束手无策。对于可能的出错处理，应着重检测以下几种情况。

（1）是否可以清晰地理解运行发生错误的描述。

（2）错误与实际遇到的错误是否一致。

（3）程序出错后，是否尚未进行出错处理便进行系统干预。

（4）程序异常处理是否得当。

（5）错误描述中是否提供了足够的错误定位信息。

2. 集成测试

在实际项目中，经常出现每个模块都能单独工作，但将这些模块组合起来之后却不能正常工作的情况。程序在局部反映不出来的问题，很可能在全局暴露出来，影响功能的正常发挥，其主要原因可能是模块相互调用时产生了新的问题。有时也可能是误差不断累积，达到不可接受的程度，或者全局数据结构出现错误等。例如，在数据丢失后，一个模块对另一个模块产生不良的影响，导致几个子功能组合起来不能实现主功能。因此，在每个模块完成单元测试以后，需要按照设计的程序结构图，将它们组合起来进行集成测试。

集成测试是指按设计要求把通过单元测试的所有模块组合在一起，检测与接口有关的各种故障。目前有两种方法：非增式集成测试法和增式集成测试法。非增式集成测试法是指先独立地测试程序的每个模块，再把它们组合成一个整体进行测试。增式集成测试法是指先把下一个待测模块组合到已经测试过的模块上，再对待测模块进行测试，逐步完成集成测试。

图 9.2 所示为一个简单程序的模块调用示例，图中的 7 个矩形分别表示程序的 7 个模块（子程序或过程），模块之间的连线表示程序的控制层次，也就是说，模块 M1 调用模块 M2、M3 和 M4，模块 M2 调用模块 M5 和 M6，等等。

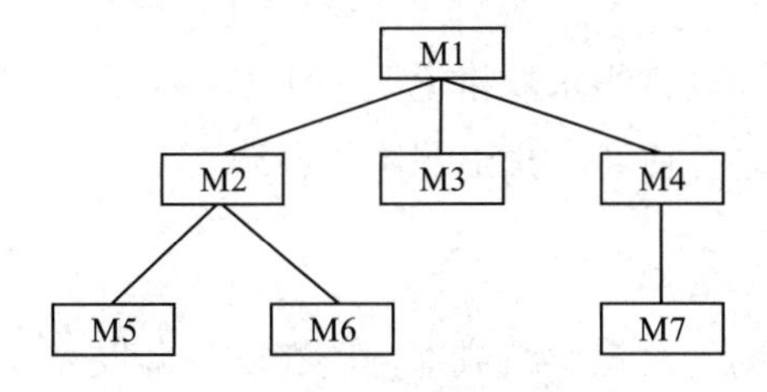

图 9.2　简单程序的模块调用示例

非增式集成测试法的测试过程为：先对程序的每个模块进行单元测试，可以同时测试或逐个测试各模块（在一般情况下，主要由测试环境和参加测试的人数等情况来决定），然后在此基础上按程序结构图将各模块连接起来，并把连接后的程序当作一个整体进行测试。然而，在使用这种方法进行测试时，可能会发现一大堆故障，且定位和纠正每个故障都非常困难，在修复一个故障的同时可能又会产生新的故障，这样新旧故障混杂，很难断定出错的具体原因和位置，从而导致测试混乱。为了解决这个问题，下面介绍另一种集成测试方法——增式集成测试法。

增式集成测试法不是孤立地测试每个模块，而是一开始就把待测模块与已经测试过的模块连接起来。增式集成测试可以从程序底部开始，例如，先由 4 个人平行地测试或顺序地测试模块 M3、M5、M6 和 M7，再测试模块 M2 和 M4，这个过程不是孤立地测试，而是把模块 M2 连接到模块 M5 和 M6 上，把模块 M4 连接到模块 M7 上。也就是说，增式集成测试法的测试过程为：不断地把待测模块连接到已经测试过的模块集或其子集上，对待测模块进行测试，直到最后一个模块测试完毕。

在软件集成阶段，测试的复杂程度远远超过单元测试的复杂程度，需要在测试中非常认真地对待集成测试。

3. 确认测试

确认测试是指对照软件需求规格说明书对软件产品进行评估，以确定其是否满足软件需求的过程。在集成测试完成以后，分散开发的模块被连接起来，构成一个完整的程序。确认测试主要用于测试编写的程序是否符合软件需求规格说明书中的要求，程序输出的信息是否满足用户要求，程序在整个系统的环境中能否正确、稳定地运行等。

在软件开发过程中或软件开发完成后，为了对软件在功能、性能、接口及限制条件等方面做出切实的评价，应当进行确认测试。在开发初期，软件需求规格说明书中可能明确规定了确认标准，但在测试阶段，需要更详细、更具体地在软件测试规格说明书中体现。除了考虑功能、性能，还需要考虑其他方面的要求，如可移植性、兼容性、可维护性、人机接口及开发的文档资料是否符合要求等。

确认测试可以为已开发的软件做出结论性的评价，一般存在以下两种情况。

（1）经过检验，软件在功能、性能及其他方面都已满足软件需求规格说明书中的要求，是一个合格的软件。

（2）经过检验，软件与软件需求规格说明书中的要求有一定的偏离，需要开发部门和用户针对测试的缺陷清单进行协商，找出解决的办法。

4. 系统测试

软件只是计算机系统的一个重要组成部分，在软件开发完成后，应当将其与系统中的其他部分联合起来，进行一系列系统集成和测试，以保证系统各组成部分能够协调地工作。这里所说的系统组成部分除软件之外，还包括硬件及相关的外部设备、数据采集和传输机构、计算机系统操作人员等。系统测试实际上是针对系统各组成部分进行的综合性测试，很接近日常测试实践，比如在购买二手车时要进行系统测试、在订购网络产品时要进行系统测试等。系统测试的目标不是找出软件故障，而是证明系统的性能，比如确定系统是否满足性能要求，确定系统的峰值负载条件及在此条件下程序能否在要求的时间间隔内处理要求的负载量，确定系统使用的资源（如存储器、磁盘空间等）是否会超出限制，确定安装过程是否会导致不正确的安装方式，确定系统或程序出现故障后能否满足恢复性要求，确定系统是否满足可靠性要求等。

系统测试很困难，需要较强的创造性。在一般情况下，开发人员不能进行系统测试，开发机构也不能进行系统测试。主要原因在于，进行系统测试的人员必须善于从用户的角度考虑问题，最好能了解用户的看法和使用环境，以及软件的使用方法等。显然，最好的人选就是一个或多个用户。然而，一般的用户没有前面所说的各类测试能力和专业知识，所以理想的系统测试小组应该由这样一些人员组成：几个职业的系统测试专家、一两个用户代表、一两个软件设计者或分析者等。另一个原因是系统测试没有严格的约束，灵活性很强，而开发机构对自己程序的心理预期往往与这类测试活动的目标不一致。大部分开发机构最关心的是系统测试能否按时圆满地完成，他们往往并不想真正地说明系统是否与其开发目标一致。而独立测试机构通常在测试过程中查错积极性高并且有解决问题的专业知识。因此，系统测试最好由独立的测试机构完成。

5. 验收测试

验收测试是软件产品在完成功能测试和系统测试之后，在发布之前所进行的软件测试活动。它是技术测试的最后一个阶段，也称为交付测试。

验收测试的目的主要是向用户表明系统能够像预期要求的那样工作，软件的功能和性能如同用户所期待的那样。进行验收测试的前提是系统或软件产品已经通过系统测试。

在一般情况下，验收测试的主要内容是验证系统是否达到软件需求规格说明书（可能包括项目或产品验收准则）中的要求，并尽可能地发现软件中存在的缺陷，从而为软件的进一步改善提供帮助，保证系统或软件产品最终被用户接受，比如易用性测试、兼容性测试、安装测试、文档（如用户手册、操作手册等）测试。验收测试涉及的测试点主要包括以下几个。

（1）明确规定通过验收测试的标准。

（2）确定验收测试方法。

（3）确定验收测试的组织者和可利用的资源。

（4）确定测试结果的分析方法。

（5）制定验收测试计划并进行评审。

（6）设计验收测试的测试用例。

（7）审查验收测试的准备工作。

（8）执行验收测试。

（9）分析测试结果，决定是否通过验收测试。

举个简单的例子，验收测试可以类比为建筑的使用者对建筑进行的检验。建筑必须满足规定的工程质量，这需要由建筑的质检人员来保证。而建筑的使用者关注的重点是住在这个建筑中的感受，包括建筑的外观是否美观、各个房间的大小是否合适、窗户的位置是否合适、是否能够满足家庭的需要等。此时建筑的使用者执行的就是验收测试。在进行软件验收测试时，不仅要检验软件某方面的质量，还要进行全面的质量检验并决定软件是否合格。因此，验收测试是一项严格的、正规的测试活动，并且应该在生产环境中而不是在开发环境中进行。

在实际项目中，如果软件是按合同开发的，且合同规定了验收标准，则验收测试由签订合同的用户进行。在一般情况下，可以使用 α 测试和 β 测试进行验收测试，且常常同时使用这两种测试方法，β 测试通常在 α 测试之后进行。

验收测试关系到软件产品的命运，因此应对软件产品做出负责任的、符合实际情况的客观评价。制订验收测试计划是做好验收测试的关键一步。验收测试计划应为验收测试的设计、执行、监督、检查和分析提供全面而充分的说明，规定验收测试的责任者、管理方式、评审机构、所用资源、进度安排、对测试数据的要求、所需的软件工具、人员培训及其他特殊要求等。总之，在进行验收测试时，应尽可能去掉一些人为的模拟条件和一些开发人员的主观因素，使验收测试能够得出真实、客观的结论。

9.1.3 黑盒测试与白盒测试

黑盒测试与白盒测试是两类被广泛使用的软件测试方法。

黑盒测试又称功能测试或基于规格说明的测试。白盒测试又称结构测试或基于程序的测试。在使用黑盒测试设计测试用例时，测试人员所使用的唯一信息就是软件的规格说明，也就是说，在完全不考虑程序的内部结构和内部特性的情况下，只依靠被测程序的输入数据和输出数据之间的关系或程序的功能来设计测试用例，推断测试结果的正确性，即其所依据的只是程序的外部特性。因此，黑盒测试是从用户观点出发的测试。而白盒测试则要求测试人员清楚程序内部结构及程序之间是如何运作的，该测试方法就是在全面了解被测对象的程序内部结构的基础上，对所有逻辑路径进行测试。

任何程序都可以被看作从输入定义域映射到输出值域的函数。黑盒测试将被测程序看作一个打不开的黑盒，测试人员完全不知道黑盒内部的内容，只知道软件要做什么。这时因为测试人员无法看到盒子中的内容，所以不知道软件是如何运作的。很多时候，用户可以利用黑盒知识进行有效操作。例如，大多数人都可以成功地操作汽车，而不需要知道汽车内部的工作原理。再如，在使用 Windows 计算器程序时，只要输入“3.14159”并单击“sqrt”按钮，就会得到 1.772453102341，这时人们一般不关心计算圆周率的平方根需要经历多少次复杂的运算才能得到，只关心它的运算结果是否正确。而白盒测试则将被测程序看作一个打开的盒子，测试人员可以看到被测程序，可以分析被测程序的内部结构。这时测试人员可以完全不考虑程序的功能，只根据其内部结构设计测试用例。

1. 黑盒测试

黑盒测试是一类重要的软件测试方法，它根据软件的规格说明设计测试用例，不涉及程序的内部结构。因此，黑盒测试有两个显著的优点：首先，黑盒测试与软件的具体实现无关，即使软件实现发生了变化，测试用例仍然可以使用；其次，黑盒测试用例的设计可以和软件实现同时进行，因此可以压缩项目的总开发时间。

虽然黑盒测试是一类传统的测试方法，具有严格的规定和系统的测试手段，但是在实践中使用黑盒测试也存在一些问题。一个突出的问题是，程序的功能究竟有哪些？大家应当知道，任何软件作为一个系统都是有层次的。在软件的总体功能之下可能有若干个层次的功能，而测试人员常常只看到较低层次的功能，他们面临的一个实际问题就是在哪个层次上进行测试。如果在高层次上进行测试，就可能忽略一些细节；如果在低层次上进行测试，就可能忽视各功能之间存在的相互作用和相互依赖的关系。因此，测试人员需要考虑并且兼顾各个层次的功能。但是，如果为测试人员提供的是不分层次的、杂乱的规格说明，那么黑盒测试工作必定陷入混乱，也就不可能获得良好的测试效果。

黑盒测试的另一个问题是功能生成问题。软件开发把原始问题转换成计算机能处理的形式，需要进行一系列转换，而在进行这一系列转换的过程中，每一步都可能得到不同形式的中间成果。例如，首先把原始数据转换成表格形式的数据，然后把表格形式的数据转换成文件上的记录，在此过程中便出现了一系列的功能要求：先是填表，再是输入/输出，之后又可能出现安全保密、口令、恢复及出错处理等功能。如果软件的规格说明是按高层次抽象编写的，那么由于规范本身的高度抽象，不可能涉及许多具体的技术性功能，如文件处理、出错处理等。如果测试用例是根据这样的规格说明得到的，那么在实际工程项目中，详尽的功能测试也可能会遗漏代码中的一些重要部分，从而可能会漏掉其中的一些故障。如果软件的规格说明是按低层次抽象编写的，那么其中必定包含许多技术细节。对于这样的规格说明，用户是很难看懂的，因为他们无法理解其中的技术细节，也就无法判断该规格说明是否反映了其真正的需求。为了解决这个矛盾，有人建议编写两份规格说明，一份供用户使用，另一份供测试人员使用，但即使这样，问题也没有真正得到解决，因为很难保证这两份规格说明完全一致。

黑盒测试以规格说明为依据选取测试数据，其正确性依赖于规格说明的正确性。但是人们不能保证规格说明完全正确。如果程序的外部特性本身有问题或规格说明的规定有错误，如规格说明中规定了多余的功能或漏掉了某些功能，这时黑盒测试就无能为力了。所以，测试人员需要实时与用户沟通确认规格说明的内容，优化规格说明的内容描述。

2. 白盒测试

白盒测试是根据被测程序的内部结构设计测试用例的一类软件测试方法，具有很强的理论基础。白盒测试要求对被测程序的结构特性实现一定程度的覆盖，或者可以说，它是“基于覆盖的测试”。测试人员可以严格定义要测试的内容，明确提出要达到的测试覆盖率，以减少测试的盲目性，朝着提高测试覆盖率的方向努力，从而找出那些被忽视的程序故障。

语句覆盖是一种最常见，也是最弱的逻辑覆盖准则，它要求设计若干个测试用例，使被测程序的每条语句都至少被执行一次。而判定覆盖或分支覆盖则要求设计若干个测试用例，使被测程序每个判定的真分支和假分支都至少被执行一次。另外，当判定含有多个条件时，可以要求设计若干个测试用例，使被测程序每个条件的真分支和假分支都至少被执行一次，这就是条件覆盖。在考虑对程序路径进行全面检验时，可以使用路径覆盖。

尽管白盒测试提供了评价测试的逻辑覆盖准则，但 Howden 认为白盒测试是不全面的。理论上，可以通过构造一些程序实例证明：每种基于程序内部结构的测试最终都将达到极限，从而不能发现所有的故障。如果程序内部结构本身有问题，比如程序逻辑有错误或者遗漏了某些规格说明规定的功能，那么无论是哪一种白盒测试，即使其覆盖率达到 100%也是检测不出来的。因此，提高白盒测试的覆盖率只能增强对被测软件的信心，但绝不是万无一失的。

3. 黑盒测试与白盒测试的对比

黑盒测试与白盒测试是两种完全不同的测试方法，它们的出发点不同，并且完全对立，反映了事物的两个极端，它们各有侧重点。Robert Poston 认为：“白盒测试自 20 世纪 70 年代以来一直在浪费测试人员的时间……它不支持良好的软件测试实践，应该从测试人员的工具包中剔除。”而 Edward Miller 则认为：“如果能达到 85%或更好的测试覆盖率，那么白盒测试能找出的软件故障数量，一般是黑盒测试能找出的软件故障数量的两倍。”事实上，黑盒测试和白盒测试在测试实践中都非常有效且非常实用，不能指望其中的一个完全代替另一个。一般而言，在进行单元测试时大多采用白盒测试，而在进行确认测试或系统测试时大多采用黑盒测试，如图 9.3 所示。

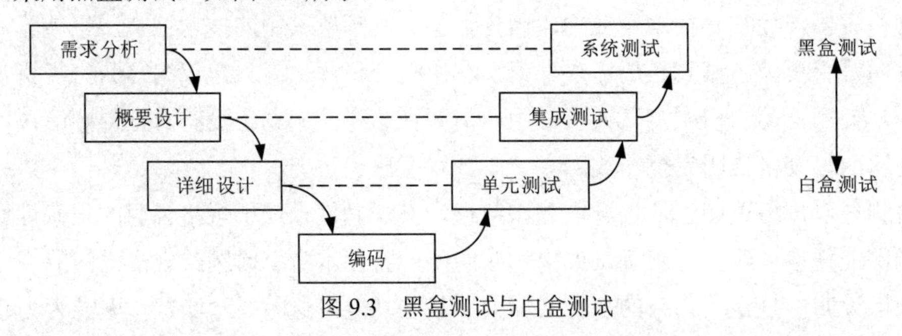

图 9.3　黑盒测试与白盒测试

黑盒测试基于规格说明，从输入数据和输出数据的对应关系出发设计测试用例，对被测程序的内部情况一无所知，完全不涉及程序的内部结构。很明显，如果输出数据有问题或规格说明的规定有错误或程序实现了未被描述的行为（病毒就是这种未被描述的行为的典型例子），那么使用黑盒测试是无法发现的。白盒测试与之完全相反，它只根据程序的内部结构进行测试，而不考虑其外部特性。如果程序结构本身有问题，比如程序逻辑有错误或有遗漏，那么使用白盒测试是无法发现的。如果要求被测软件“做所有它该做的事，不做它不该做的任何事”，就需要把黑盒测试与白盒测试结合起来使用。因此，这两种测试方法都是不可缺少的。表 9.1 给出了黑盒测试与白盒测试的对比。

表 9.1　黑盒测试与白盒测试的对比

项　目	白 盒 测 试	黑 盒 测 试
测试依据	根据程序的内部结构设计测试用例	根据软件的规格说明设计测试用例
优点	能够对程序内部的特定部位进行覆盖测试	能够站在用户立场上进行测试
缺点	无法检测程序的外部特性； 无法对未实现规格说明的程序部分进行测试	无法检测程序内部的特定部位； 无法发现规格说明的错误
方法	语句覆盖； 判定覆盖或分支覆盖； 条件覆盖； 路径覆盖	等价类划分； 边界值分析； 决策表测试

9.1.4　静态测试与动态测试

软件测试方法还可以分为两大类：静态测试与动态测试。静态测试不是通过运行和使用被测程序，而是通过其他手段达到检测的目的。而动态测试则是通常意义上的测试——通过运行和使用被测程序发现软件故障，以达到检测的目的。

例如，在汽车的检测过程中，踩油门、看车漆、打开前盖检查属于静态测试，而发动汽车、听发动机的声音、上路行驶则属于动态测试。所以，检查软件的规格说明属于静态黑盒测试，这是因为软件的规格说明是书面文档，不是可以执行的程序，测试人员可以利用书面文档资料进行静态黑盒测试，认真查找软件缺陷；而检查代码则属于静态白盒测试，测试人员可以在不执行程序的条件下有条理地仔细审查软件设计、体系结构和代码，从而找出软件的故障。

静态测试是对被测程序进行特性分析的一些方法的总称。通常在静态测试阶段进行以下检测活动。

（1）检查算法的逻辑是否正确，检查算法是否实现了所要求的功能。

（2）检查模块接口是否正确，检查形参的个数、数据类型及其顺序是否正确，检查返回值类型及返回值是否正确。

（3）检查输入参数是否有合法性检查。若没有合法性检查，则应确定该参数是否的确不需要合法性检查，否则应添加该参数的合法性检查。经验表明，缺少参数合法性检查的代码是造成软件系统不稳定的主要原因之一。

（4）检查调用其他模块的接口是否正确；检查实参类型是否正确、实参个数是否正确、返回值是否正确、返回值所表示的意思是否会被误解。

（5）检查是否设置了适当的出错处理，以便在程序出错时，能够对出错部分重新安排，以保证其逻辑的正确性。

（6）检查表达式、语句是否正确，是否含有二义性。对于容易产生歧义的表达式或运算符（如<=、=、>=、&&、||、++、--等）的优先级，可以采用“()”运算符以避免二义性。

（7）检查常量或全局变量的使用是否正确。

（8）检查标识符的定义是否规范、一致，变量命名是否能够见名知意、简洁、规范和容易记忆。

（9）检查程序代码是否符合行业规范，所有模块的代码是否风格一致、规范、工整。

（10）检查代码是否可以优化，算法效率是否最高。

（11）检查代码是否清晰、简洁和容易理解（注意：冗长的程序并不一定是不清晰的）。

（12）检查模块内部注释是否完整，是否正确地反映了代码的功能。错误的注释比没有注释更糟糕。

静态测试并不是编译程序所能代替的。静态测试可以完成以下工作。

（1）发现程序缺陷，如局部变量和全局变量的误用、不匹配的参数、不适当的循环嵌套和分支嵌套、不适当的处理顺序、无休止的死循环、未定义的变量、不允许的递归、不存在的子程序调用、标号或代码的遗漏、不适当的连接。

（2）找到问题的根源，如未使用过的变量、不会执行到的代码、未引用过的标号、可疑的计算、潜在的死循环等。

（3）提供程序缺陷的间接信息，如所用变量和常量的交叉引用表、标识符的使用方式、过程的调用层次、是否违背编码规则等。

（4）为进一步查错做准备。

（5）选择测试用例。

（6）进行符号测试。

经验表明，使用静态测试可以发现 30%～70%的逻辑设计错误和编码错误。但是，代码中仍然存在大量无法通过静态测试发现的隐藏故障，因此必须通过动态测试进行详细的分析。

9.1.5 验证测试与确认测试

软件包括程序，以及开发、使用和维护程序所需的所有文档。程序只是软件产品的一个组成部分，表现在程序中的故障，并不一定是由代码引起的。实际上，软件需求分析、设计和实施阶段的问题都是软件故障的主要来源。因此，软件测试不仅包含对代码的测试，还包含对软件文档和其他非执行形式的测试。

按照 IEEE/ANSI 的定义，验证测试是为了确定某一开发阶段的产品是否满足该阶段开始时所提出的要求而对系统或部分系统进行评估的过程。

所谓验证（Verification），是指确定软件开发的每个阶段、每个步骤的产品是否正确，是否与其前面开发阶段和开发步骤的产品一致。验证工作意味着在软件开发过程中开展一系列活动，旨在确保软件能够正确地实现软件的需求，比如有清晰完整的需求吗？有一个好的设计吗？按照设计生产出的产品是什么？验证就是对软件需求规格说明书、设计规格说明书和代码等进行评估、审查和检查的过程，属于静态测试。如果针对代码，其含义就是代码的静态测试——代码评审，而不是动态执行代码。验证测试可以被应用到开发初期的一切可以被评审的事物上，以确保该阶段的产品是用户所期望的。

确认测试则只能通过运行代码来完成。按照 IEEE/ANSI 的定义，确认测试是在开发过程中或开发结束时，对系统或部分系统进行评估，以确定其是否满足软件需求规格说明书中的要求的过程。

所谓确认（Validation），是指确定最后的软件产品是否正确，比如编写的程序与软件需求和用户提出的要求是否相符，或者程序输出的数据是否是用户所要求的数据，或者这个程序在整个系统环境中能否正确、稳定地运行。正式的确认包括实际软件或仿真模型的运行，确认是“基于计算机的测试”过程，属于动态测试。

实际上，测试=验证+确认，而将测试分为验证与确认这种分类方法的确认测试包括前面所讲述的单元测试、集成测试、确认测试和系统测试。

验证和确认相关联，但也有明显的区别。Boehm 是这样描述二者差别的：“验证要回答的是：我们正在开发的软件产品是正确的吗？而确认要回答的是：我们正在开发一个正确的软件产品吗？”相应地，验证测试计划和确认测试计划涉及不同的内容。

（1）在验证测试计划中，要考虑的内容主要有：进行的验证活动（如需求验证、功能设计验证、详细设计验证或代码验证等），使用的验证方法（如审查、走查等），产品中要验证的和不要验证的范围，没有验证的部分所承担的风险，产品需优先验证的范围，与验证相关的资源、进度、设备、工具和责任等。

（2）在确认测试计划中，要考虑的内容主要有：测试方法、测试工具、支撑软件（开发和测试共享）、配置管理和风险（预算、资源、进度和培训）。

总之，验证测试和确认测试互相补充，保证最终软件产品的正确性、完整性和一致性。

9.2 常用的软件测试工具

9.2.1 软件测试自动化概述

软件测试自动化是指通过软件测试工具，按照测试人员预定计划对软件产品进行自动化测试。作为软件测试的一个重要组成部分，软件测试自动化能够完成很多手工测试难以胜任的工作。正确、合适地引入软件测试自动化，能够节省软件测试的成本和资源，提高软件测试的效率和效果，从而提高软件质量。

使用软件测试自动化可以改进所有的测试领域，包括测试程序开发、测试执行、测试结果分析、故障分析和测试报告生成。它还支持所有的测试阶段，包括单元测试、集成测试、系统测试、确认测试和验收测试等。

软件测试自动化涉及测试流程、测试体系、自动化编译和自动化测试等方面，除了需要相应的技术和工具，它还体现了公司文化。首先，它需要公司在资金和管理上予以支持；其次，它需要由专门的测试团队建立合适的自动化测试流程和测试体系；最后，它需要将源代码编译、集成，并进行自动化的功能和性能等方面的测试。

1. 软件测试自动化的优缺点

对于给定需求，测试人员必须评估在项目中实施软件测试自动化是否合适。在通常情况下，与手工测试相比，软件测试自动化有诸多优势。

1）产生可靠的系统

在进行软件测试时，如果只使用手工测试，则能找到的软件缺陷在质与量上都是有限的，但是通过使用软件测试自动化可以实现以下内容。

- 改进需求定义。
- 改进性能测试。
- 改进负载和压力测试。
- 高质量测量与测试最佳化。
- 改进系统开发生命周期。
- 提高软件信任度。

2）改进测试工作质量

通过使用软件测试自动化，可以拓展测试的深度与广度，从而改进测试工作质量，其具体好处如下。

- 改进多平台兼容性测试。
- 改进软件兼容性测试。
- 改进普通测试。
- 更好地利用资源。
- 执行手工测试无法完成的测试。
- 提高软件缺陷重现能力。

3）提高测试工作效率

合理地使用软件测试自动化，能够节省时间并加快测试工作进度，这也是软件测试自动化的主要优点，具体体现在以下方面。

- 减少测试程序开发工作量。
- 减少测试程序执行工作量，加快测试工作进度。
- 更方便进行回归测试，加快回归测试速度。
- 减少测试结果分析工作量。
- 减少错误状态监视工作量。
- 减少测试报告生成工作量。

但是，软件测试自动化也不能完全取代手工测试，因为它也存在很多不完善的地方，主要体现在以下方面。

- 并非所有的测试都可以通过使用软件测试自动化实现，比如使用性测试，需要人通过实际使用才能够感知。
- 软件测试自动化没有创造性，它只能执行测试程序的指令，而不会发掘其他缺陷存在的可能性。
- 软件测试自动化可能会受到项目资源的限制，如时间和人力的限制、资金预算的限制、培训和人员技术的限制等。

因此，软件测试自动化和手工测试各有优缺点，二者应该是互补和并存的。总的来说，在回归测试或涉及大量不同数据输入的功能测试中，用手工测试很难完成难度大的性能测试、负载测试、强度测试时，可以优先考虑采用软件测试自动化。

2. 软件测试自动化的实施过程

要实施软件测试自动化，除了需要具备一套自动化测试的工具，还需要经历计划、实施不断完善的过程，具体包括以下工作。

- 熟悉、分析测试用例。只有通过执行手工测试，对测试用例的步骤和判断准则进行深入了解，才能在编写自动化测试程序时，做到正确模拟手工测试过程且得心应手。
- 把已有的测试用例分类，写成比较简单的软件测试自动化计划书。可以按照软件功能来划分，也可以按照网页来划分等。
- 开始编写自动化测试程序。利用软件测试工具的记录功能，按照测试用例的不同需要进行编辑，加入说明、变量赋值语句、循环结构语句、出错判断语句和出错报告语句等，并在编辑完成后进行测试程序的调试。
- 尽量利用数据驱动将测试覆盖率提高。将所有不同的数据组合到一个编辑文件中，且各数据间用固定的符号或空格分开，每个组合占一行，在原来编辑好的测试程序中加入数据驱动部分，让其在执行时将所有数据组合文件中的数据一行一行地读入并完成所有组合测试。
- 将测试用例编写成自动化测试程序。在建立自动化测试框架后，需要不断地输送新的自动化测试程序，直到将所有测试用例都编写成自动化测试程序为止。

- 不断地完善自动化测试系统。在测试工作中，需要不断地增加新的测试程序或者对已有的测试程序进行修改，也可能会修改软件测试工具，从而改进测试程序。

软件测试自动化是一个庞大的工程，需要在真正动手实现之前把各种因素和可能性研究一遍，之后制定方案，并在制定方案时反复推敲。此外，还要做好自动化测试程序和工具的管理工作。

9.2.2 软件测试工具的分类

现在市场上的软件测试工具很多，我们可以按照用途、支持范围、价位、使用特性等对其进行分类，并针对具体的测试项目，在合适的地方选用合适的软件测试工具。总的来说，根据用途，可以将软件测试工具分为以下几类。

1. 错误捕获工具

错误捕获工具是用来捕获软件错误后进行程序调试的工具。开发人员可以自行编写该工具，还可以使用集成开发环境中自带的这种工具，也可以购买专业的调试软件，如 Compuware NuMega 推出的一系列软件等。

2. 专用代码测试工具

专用代码测试工具是指支持某类语言的测试工具，比如 BoundsChecker 是用于 VC++代码自动侦错和调试的工具，CodeReview 是用于分析 VB 代码的工具，JCheck 是用于分析 Java 语句执行过程并进行图形化展示的工具，此外，还有 Java 环境下的单元测试工具 Junit 和 C++环境下的单元测试工具 CppUnit 等。

3. 白盒测试工具

白盒测试工具针对代码进行测试，可以将测试中发现的缺陷定位到代码级。它可以分为静态测试工具和动态测试工具两类。

① 静态测试工具：不运行代码，直接对代码进行分析，如扫描代码语法、评价代码质量、生成系统调用关系图等。代表性工具有 Telelogic 公司的 Logiscope、PR 公司的 PRQA。

② 动态测试工具：一般会向代码生成的可执行文件中插入一些监测代码，统计程序运行时的数据，要求被测系统实际运行。代表性工具有 Compuware 公司的 DevPartner、IBM Rational 公司的 PurifyPlus 等。

4. 黑盒测试工具

黑盒测试工具适用于黑盒测试的场合，包括功能测试的工具和性能测试的工具。黑盒测试工具一般利用脚本的录制和回放模拟用户操作，将被测系统的输出数据记录下来，并将其与预先给定的结果进行比较。代表性工具有 IBM Rational 公司的 Team Test Robot、Compuware 公司的 QACenter、Mercury Interactive 公司的 WinRunner 和 QTP（Quick Test

Professional）等。

5. 网络测试工具

网络测试工具主要包括网络故障定位工具、网络性能监测工具、网络模拟仿真工具等，用于分析分布式应用的性能，关注应用、网络和其他元素内部的交互式活动，以便网络管理员了解网络不同位置和不同活动的应用行为。代表性工具有 Network Associates 提供的 Network Sniffer 等。

6. 功能测试工具和性能测试工具

功能测试工具能够有效地帮助测试人员对复杂的不同版本的功能进行测试，提高测试人员的工作效率。代表性工具有 WinRunner、QARun 等。

性能测试工具通过模拟真实业务的压力对被测系统进行加压，研究被测系统在不同压力下的表现，找出其潜在的瓶颈。代表性工具有 LoadRunner、QALoad、SILK PERFORMA V 和 E-Test Suite 等。

7. 测试管理工具

测试管理工具对测试需求、测试计划、测试用例、测试实施、测试跟踪、测试报告等活动进行管理。代表性工具有 Mercury Interactive 公司的 TestDirector、IBM Rational 公司的 TestManager 和 Compuware 公司的 TrackRecord 等。

使用软件测试工具可以提高测试效率和效果，但是测试效率和效果的提高不能只依赖软件测试工具本身，还需要对软件测试工具进行合理的引入、学习和使用。软件测试工具的选择和引入时机非常重要，既要考虑到项目本身的特性，也要考虑到软件测试工具对项目的资源和成本方面所带来的风险。

9.2.3　几种常用的软件测试工具

1. 功能测试工具 WinRunner

Mercury Interactive 公司的 WinRunner 是一种企业级的功能测试工具，用于检测应用程序是否能够实现预期的功能并正常运行。通过自动录制、检测和回放用户的应用操作，WinRunner 能够有效地帮助测试人员对复杂的企业级应用的不同发布版本进行测试，提高测试人员的工作效率和软件的质量，确保跨平台的、复杂的企业级应用无故障发布及长期稳定运行。

WinRunner 具有如下功能。

1）轻松创建测试

使用 WinRunner 创建一个测试，只需通过单击鼠标和轻敲键盘进行相应操作，就能完成一个标准的业务操作流程。WinRunner 自动记录操作并生成所需的脚本。这样，即使业务用户的计算机技术知识有限，也可以轻松创建完整的测试。还可以直接修改测试脚本以满足各种复杂测试的需求。WinRunner 支持这两种测试创建方式，以满足测试团队中业务用户和专业技术人员的不同需求。

2）插入检查点

在记录一个测试的过程中，可以插入检查点，并检查在某个时刻/状态下，应用程序是否运行正常。在插入检查点后，WinRunner 会收集一套数据指标，并在测试运行时对其进行一一验证。WinRunner 支持几种不同类型的检查点，包括文本、GUI、位图和数据库。

3）检验数据

除了创建并运行测试，WinRunner 还能验证数据库的数值，从而确保业务交易的准确性。例如，在创建测试时，可以设定哪些数据库表和记录需要检测；在运行测试时，测试程序会自动核对数据库内的实际数值和预期数值。WinRunner 会自动显示检测结果，并在有更新/删除/插入的记录上突出显示以引起注意。

4）增强测试

为了全面地测试一个应用程序，WinRunner 需要使用不同类型的数据来测试。WinRunner 的数据驱动向导（Data Driver Wizard）可以实现用户仅单击几下鼠标就能把一个业务流程测试转化为数据驱动测试的功能，从而反映多个用户各自独特且真实的行为。

WinRunner 还可以通过 Function Generator 实现增强测试的功能。使用 Function Generator 可以从目录列表中选择一个功能并增加到测试中以提高测试能力。

针对相当数量的企业应用中的非标准对象，WinRunner 提供了 Virtual Object Wizard 来识别过去未知的对象。使用 Virtual Object Wizard 可以选择未知对象的类型、设定标识和命名。在录制使用该对象的测试时，WinRunner 会自动对应它的名字，从而提高测试脚本的可读性和测试质量。

5）运行测试

在创建好测试脚本，并插入检查点和添加必要的功能后，就可以开始运行测试了。在运行测试时，WinRunner 会自动操作应用程序，就像一个真实的用户根据业务流程执行每一步操作一样。在运行测试的过程中，如果有网络消息窗口或其他意外事件出现，则 WinRunner 会根据预先的设定排除这些干扰。

在运行测试结束后，需要分析测试结果。WinRunner 通过交互式的报告工具来提供详尽的、易读的报告。报告中会列出测试中发现的错误内容、位置、检查点和其他重要事件，有助于用户对测试结果进行分析。这些测试结果还可以通过 Mercury Interactive 的测试管理工具 TestDirector 来查阅。

6）维护测试

随着时间的推移，开发人员会对应用程序做进一步的修改，并增加另外的测试。在使用 WinRunner 时，不必对程序的每一次改动都重新创建测试。WinRunner 可以创建在整个应用程序生命周期内都可以重复使用的测试，从而大大节省时间和资源。

在每次记录测试时，WinRunner 都会自动创建一个 GUI Map 文件以保存应用对象。将这些对象分层次组织，既可以总览所有的对象，也可以查询某个对象的详细信息。一般而言，对应用程序的任何改动都会影响到成百上千个测试。通过修改一个 GUI Map 文件而非无数个测试，WinRunner 可以方便地实现测试重用。

随着无线设备种类和数量的增加，应用程序测试需要同时满足传统的基于浏览器的设备和无线浏览设备，如移动电话、传呼机和个人数字助理。无线应用协议是一种公开的、全球性的网络协议，用来支持标准数据格式化和无线设备信号的传输。使用 WinRunner，测试人员可以利用微型浏览模拟器来记录业务流程操作，然后回放并检查这些业务流程功能的正确性。

在实际使用 WinRunner 进行测试时，一般可以分为 6 个步骤。

（1）识别应用程序的 GUI。在 WinRunner 中，可以使用 GUI Spy 来识别各种 GUI 对象。在识别对象后，WinRunner 会将其存储到 GUI Map File 中，它提供两种 GUI Map File 模式，分别为 Global GUI Map File 和 GUI Map File per Test。

（2）建立测试脚本。在建立测试脚本时，一般先进行录制，然后在录制形成的脚本中手动加入需要的 TSL（WinRunner 中编写代码及录制自动生成脚本时使用的语言）。录制脚本有两种模式，分别为 Context Sensitive 和 Analog，选择模式的依据主要在于是否对鼠标轨迹进行模拟。

（3）测试脚本除错。在 WinRunner 中有一个专门的工具包 Debug Toolbar，用于对测试脚本除错，可以使用 step、pause、breakpoint 等命令来控制、跟踪测试脚本和查看各种变量值。

（4）运行测试脚本。当应用程序有新版本发布时，可以使用已有的脚本对应用程序的各种功能包括新增功能进行测试，比如批量运行这些测试脚本以测试旧的功能点能否正常工作。

（5）分析测试结果。当运行完某个测试脚本后，会生成一个测试报告。从这个测试报告中，可以发现应用程序的功能性缺陷、实际结果和期望结果之间的差异，以及在测试过程中产生的各类对话框等。

（6）汇报缺陷。在分析完测试结果后，按照测试流程需要汇报应用程序的各种缺陷，并将这些缺陷发送给指定人员，以便进行修改和维护。

2. 黑盒测试工具 QACenter

Compuware 公司的 QACenter 集成了一些强大的自动化工具，这些工具符合大型机应用的测试要求，可以使开发组获得一致且可靠的应用性能。QACenter可以帮助测试人员创建一个快速、可重用的测试过程。而这些自动化工具可以自动帮助测试人员管理测试过程，快速分析和调试程序，包括针对回归、强度、单元、并发、集成、移植、容量和负载建立测试用例，自动运行测试和生成文档结果。

QACenter主要包括以下几个模块。

- QARun：应用的功能测试工具。
- QALoad：高负载下应用的性能测试工具。
- QADirector：测试的组织设计、创建及管理工具。
- TrackRecord：集成的缺陷跟踪管理工具。
- EcoTOOLS：高层次的性能监测工具。

1）功能测试工具QARun

在 QACenter 测试产品套件中，QARun 组件主要用于客户机/服务器架构的应用客户端的功能测试。在功能测试中，主要包括对应用GUI的测试及对客户端处理逻辑的测试。而现在以RAD（Rapid Application Develop，快速应用开发）方式开发的应用，由于开发速度比较快，可以根据用户多变的需求而不断地调整应用，所以对软件测试有更严格的要求。有人可能存在这样的疑问：基于GUI 的测试及客户端事务逻辑的测试，用手动的方式也可以进行，工具在这方面又能给我们一些什么帮助呢？在这里，不断变化的需求将导致不同版本的应用产生，且每个版本的应用都需要进行测试，又因为每个被调整的内容都容易隐含错误，所以回归测试是测试中最重要的阶段。而回归测试通过手动的方式是很难实现的，只有工具在这方面可以大幅度提高测试效率，使测试更具完整性。

QARun组件的测试实现方式是通过移动鼠标、敲击键盘来操作被测应用，从而得到相应的测试脚本，并且可以对该脚本进行编辑和调试。在记录的过程中，可以针对被测应用中包含的功能点进行基线值的建立，换句话说，就是在插入检查点的同时建立期望值。在这里，检查点是目标系统的一个特殊方面在一个特定点的期望状态，用于确定实际结果与期望结果是否相同。通常，检查点在QARun组件提示目标系统执行一系列事件之后被执行。

2）性能测试工具QALoad

QALoad是企业范畴的负载测试工具，该工具支持的范围广、测试的内容多，可以帮助软件测试人员、开发人员和系统管理人员对分布式应用执行有效的负载测试。负载测试能够模拟大量用户的活动，从而发现大量用户负载下对C/S系统的影响。

QALoad具有以下特点。

（1）操作简便。测试人员只需操作被测应用，执行性能关键的事务处理，并在QALoad脚本中通过服务器上应用调用的需求类型开发这些事务处理。QALoad Script Development Workbench 很容易创建完整的功能脚本。QALoad 的测试脚本开发是由捕获会话、将捕获的会话转换为脚本，以及修改和编译脚本等一系列过程组成的。一旦脚本编译通过后，使用 QALoad 的组织就会把脚本分配到测试环境中相应的机器上，并驱动多个 play agent 模拟大量用户的并发操作，实施应用的负载测试，从而减轻以往大量的人工工作，节省时间，提高效率。

（2）广泛的适用性。QALoad 支持 DB2、DCOM、ODBC、Oracle、Netload、Corba、QARun、SQL Server、SAP、Sybase、Telnet、TUXEDO、UNIFACE、WinSock 和 WWW 等。

3）应用可用性管理工具 EcoTOOLS

在应用的性能测试完成之后，如何对应用的可用性状况进行分析呢？很多因素都能影响应用的可用性。因为用户的桌面、网络，应用的服务器、数据库环境及各种子组件都链接在一起，所以任何一个组件都可能引起整个应用对最终用户不可用。

EcoTOOLS 是 EcoSYSTEM 组件产品的基础，用于应对应用可用性中计划、管理、监控和报告的挑战。EcoTOOLS 提供了一个覆盖范围广的打包的 Agent 和 Scenarios，可以立即在测试或生产环境中激活、计划和管理以商务为中心的应用的可用性。EcoTOOLS 支持一些主流成型的应用，如 SAP、PeopleSoft、Baan、Oracle、UNIFACE 和 LotusNotes，以及定制的应用。

QALoad 对服务器加载方面的性能问题是一个极好的测试工具，但不承担诊断问题的工作。而 QALoad 与 EcoTOOLS 集成则为所有加载测试和计划项目需求功能提供了全面的解决方案。

EcoTOOLS 有数百个 Agents 用于监控服务器资源，尤其是监控 Windows NT、UNIX、Oracle、Sybase、SQL Server 和其他应用包。通过使用 QALoad 与 EcoTOOLS，测试人员可以在系统中生成一个负载，同时监控资源的利用问题。

QALoad 与 EcoTOOLS 集成允许在图形中查看 EcoTOOLS 资源利用数据，并使用 QALoad 的分析组件展示。在使用 EcoTOOLS 和 QALoad 之前，需要做下列事情。

- 安装 EcoTOOLS 监控服务器。
- 如果希望与 QALoad 集成 EcoTOOLS NT 数据，则需要设置一个 ODBC 数据源来存储关于如何链接 EcoTOOLS 的信息。
- 配置 QALoad，从 EcoTOOLS NT 或 EcoTOOLS UNIX 中提取资源利用数据。

一旦设置了 EcoTOOLS 监控服务器，它就会定时地搜集资源利用数据。当执行一个加载测试时，QALoad 用 EcoTOOLS 同步并运行测试。在完成测试之前，QALoad 需要使用 EcoTOOLS 在测试期间搜集的资源利用数据，并通过 QALoad 的分析组件展示这一数据。

4）应用性能优化工具 EcoSCOPE

EcoSCOPE 是一套定位于应用（服务提供者本身）及其所依赖的所有网络计算资源的解决方案。EcoSCOPE 可以提供应用视图，并标出应用是如何与基础架构关联的。这种视图是其他网络管理工具所不能提供的。EcoSCOPE 能解决在大型企业复杂环境下分析与测试应用性能的难题。通过提供应用的性能级别及其支撑架构的信息，EcoSCOPE 能帮助 IT

部门就如何提高应用性能提出多方面的决策方案。EcoSCOPE 具有以下优势。

（1）贯穿整个应用生命周期的性能分析。EcoSCOPE 使用综合软件探测技术无干扰地监控网络，可自动发现应用、跟踪在 LAN/WAN 上的应用流量、采集详细的性能指标。EcoSCOPE 将这些信息关联到一个交互式用户界面（Interactive Viewer）中，并自动识别低性能的应用、受影响的服务器与用户、性能低下的程序。交互式用户界面以一种智能方式访问大量的 EcoSCOPE 数据，可以很快地找到性能问题的根源，并在几个小时内解决而不是几周甚至几个月。另外，EcoSCOPE 的长期数据采集可以通过预先趋势分析和策略规划预测未来的问题。

（2）确保成功部署新应用。EcoSCOPE 允许使用从运行网络中采集的实际数据来创建一个测试环境。利用此环境，可以在不影响其他应用的情况下，测试新应用在已存架构中的适应性（网络能力），还可以测试出其与网络共享资源的可交互性。它能揭示性能问题，如低伸缩性或瓶颈，还能调整应用和定位基础架构上的缺陷。一旦性能得到了提高，EcoSCOPE 就可以重新评估，验证应用是否达到了预期目标。这些数据可以用来作为部署应用的基准，以确保达到预期目标。

（3）维护应用的服务水平。EcoSCOPE 的性能评分卡 scorecard 可以很容易地显示出关键应用是如何运行的，以及它们是否达到了预期的服务水平。对于必须满足服务水平协议（SLA）的应用，EcoSCOPE 可以为其设置性能要求，并监控是否有偏离。如果一个应用超出了性能的上下限，则 EcoSCOPE 将认为其服务水平异常，并根据受影响用户的数量和性能降低的时间细分问题的严重程度。这些信息使 IT 维护人员能优先关注对业务影响最大的应用问题。

EcoSCOPE 的 scorecard 以图形方式按时间周期显示响应时间和流量，以及受应用影响的关键服务器和最终用户。在 scorecard 中，可以通过比较和关联这些信息来确定应用使用量、响应时间、特定的最终用户和服务器之间的因果关系，并在业务被阻碍前，跟踪每天的变化趋势，控制性能波动，快速找出性能瓶颈。

一旦 EcoSCOPE 发现性能低下的应用，它将提供详细信息来隔离造成瓶颈的根源。EcoSCOPE 图形化界面交互地观察单个受影响的工作站、服务器及网段。EcoSCOPE 提供的大量信息有助于进行问题根源的分析，确定问题扩散的原因、受影响的服务器和用户及其性能受损是否有共性。

EcoSCOPE 对瓶颈的分析不局限于网络基础架构和资源，还包括其他关键计算资源，如桌面和服务器。

（4）加速问题检测与纠正的高级功能。完善的 EcoSCOPE 技术被动地监视网络，可以收集到关于应用与协议的独特信息，不局限于 IP 与 IPX 流量，还可以更好地分析与排除应用的性能问题。EcoSCOPE 可以自动发现几百种打包的内部应用，如 SAP/R3、MS Exchange、Oracle、SNA LU2 与 LU6.2、Web、IPX/SPX 和 UNIX NOS。不像其他产品需要预先配置才能识别应用流量，EcoSCOPE 只需通过跟踪 LAN/WAN 架构中的应用流量，就能显示出应用使用的流量最大路径及某个服务器的特定路径。

EcoSCOPE 通过收集 3 类指标数据来提供应用性能的完整视图：会话层响应时间、业务交易响应时间和应用流量。

EcoSCOPE 的内置智能技术可以识别构成业务交易的 Oracle 与 SQL Server 数据库使用的不同谓词的独特标志，并跟踪它的响应时间。

（5）定制视图有助于高效地分析数据。EcoSCOPE 将信息关联起来并显示到一个单一的交互式用户界面上。这个界面允许按应用或用户来灵活地创建定制的逻辑数据视图，并以最有效的方式来分析信息。也就是说，可以使用多种视图显示来自跨越部门和地理界限的大企业的数据。

EcoSCOPE 可以把历史信息导出到建模和仿真工具中，如 CACI、NetMaker。这些工具可描绘发展趋势和模拟未来的增长情况，从而使用户明白未来的瓶颈在哪里。

5）数据库测试数据自动生成工具 TESTBytes

在数据库开发的过程中，为了测试应用程序对数据库的访问性能，应当在数据库中生成测试数据。我们可能会发现当数据库中只有少量的数据时程序并没有问题，但是当把它真正投入应用中并产生大量数据时就出现问题了，这往往是因为程序的编写无法实现一些功能，所以一定要尽早地在数据库中生成大量测试数据，以帮助开发人员尽快完善这部分功能和性能。那么，如何生成大量测试数据呢？长期以来，这些工作都是靠手动完成的，需要占用开发人员和测试人员大量的宝贵时间。

TESTBytes 是一个用于自动生成测试数据的强大、易用的工具，支持通过简单的单击式操作来确定需要生成的数据类型（包括特殊字符的定制），以及通过与数据库的连接来自动生成数百万行正确的测试数据，可以极大地提高数据库开发人员、QA 测试人员、数据仓库开发人员、应用开发人员的工作效率。

3. 白盒测试工具 Logiscope

Logiscope 是 Telelogic 公司推出的用于软件质量保证和软件测试的产品。其主要功能是对软件进行质量分析和测试以保证软件的质量，并且支持认证、反向工程和维护，特别是针对要求高可靠性和高安全性的软件项目和工程。该工具可以应用于软件的整个生命周期，贯穿于软件的整个质量验证过程：需求分析阶段→设计阶段→代码开发阶段→测试阶段（代码审查、单元测试、集成测试和系统测试）→维护阶段。

在设计阶段和代码开发阶段，使用 Logiscope 可以对软件的体系结构和编码进行确认；可以尽可能地在早期阶段检测关键部分，寻找潜在的错误，并在禁止更改和维护工作之前做更多的工作；可以在构造软件的同时定义测试策略；可以帮助编制符合企业标准的文档，改进不同开发组之间的交流方式。在测试阶段，使用 Logiscope 可以使测试更加有效；可以针对软件结构，度量测试覆盖的完整性，评估测试效率，确保满足要求的测试等级。特别地，Logiscope 还可以自动生成相应的测试分析报告。在维护阶段，使用 Logiscope 可以验证现有软件是否是质量已得到保证的软件。对于状态不确定的软件，Logiscope 可以迅速提交软件质量评估报告，大幅度减少理解性工作，避免非受控修改引发的错误。

Logiscope 包括以下 3 个工具。

（1）Logiscope RuleChecker：根据工程中定义的编程规则自动检查软件代码错误，可以直接定位错误。该工具包含大量标准规则，允许用户定制规则，自动生成测试报告。

（2）Logiscope Audit：定位错误模块，可以评估软件质量及复杂程度，提供代码的直观描述，自动生成软件文档。

（3）Logiscope TestChecker：测试覆盖分析，显示没有测试的代码路径，基于源码结构分析；直接反馈测试效率和测试进度，协助进行衰退测试；既可以在主机上测试，也可以在目标板上测试；支持不同的实时操作系统及多线程；可以累积、合并多次测试结果，自动鉴别低效测试和衰退测试，自动生成定制报告和文档。

这 3 个工具分别实现了 Logiscope 的 3 个功能：静态分析功能、语法规则分析功能和动态测试功能。

1）静态分析功能

Logiscope 采用的是包括软件质量标准化组织制定的 ISO9126 模型在内的质量模型。该质量模型描述了从 Halstead、McCabe 的质量方法学引入的质量因素（Factor）、质量准则（Criteria）和质量度量元（Metrics），即本模型是一个三层的结构组织。

质量因素从用户角度出发，对软件的质量特性进行总体评估；质量准则从软件设计者角度出发，设计为保障质量因素所必须遵循的准则；质量度量元从软件测试者角度出发，验证软件是否遵循质量准则。一个质量因素由一组质量准则来评估；一个质量准则由一组质量度量元来验证。

Logiscope 从应用（Application）、类（Class）和函数（Function）3 个层次详细规定了上述质量模型及其组成关系。

静态分析部件 Audit 可以将软件与所选的质量模型进行对比，生成软件质量分析报告，并显示软件质量等级的概要图形，因此用户可以把精力集中到需要修改的代码部分；可以对度量元和质量模型不一致的地方做出解释，并提出纠正的方法；可以通过对软件质量进行评估及生成控制流图和调用图，发现最大可能发生错误的部分，并且一旦发现这些部分，就可以使用度量元及控制流图、调用图等手段做进一步分析。

2）语法规则分析功能

Logiscope 提供编码规则与命名检验规则。这些规则是根据业界标准和经验制定的，我们可以据此建立企业共同遵循的规则与标准，避免自我不良的编程习惯及彼此不相容的困扰。同时，Logiscope 还提供规则的裁剪和编辑功能，可以用 TCL（Tool Command Language，脚本和编程语言）定义新的规则。

3）动态测试功能

为控制测试的有效性，必须定义准则和策略以判断何时结束测试阶段。准则必须是客观和可最化的元素。Logiscope 推荐对指令、逻辑路径和调用路径进行覆盖测试。根据应用的准则和项目相关的约束，可以定义使用的度量方法和要达到的覆盖率，度量测试的有效性。

TestChecker 产生每个测试的覆盖信息和累计信息；可以用直方图显示覆盖率，并根据测试运行情况实时更改；可以随时显示新的测试所反映的覆盖情况。TestChecker 允许所有的测试依据其有效性进行管理。用户可以减少那些用于非回归测试的测试。被执行过的函数，一旦经过修改需要重新运行时，Logiscope 就会将其标出。优化测试过程在测试阶段的第一步执行的测试是功能测试，其目的是检查所期望的功能是否已实现。在测试初期，覆盖率会迅速提高，测试工作一般能达到 70%的覆盖率。但是，要继续提高覆盖率是十分困难的，主要是由于测试覆盖了相同的测试路径，因此在该阶段需要对测试策略做一些改变。这时可以执行结构化测试，即要检测没有执行的逻辑路径，需要定义适当的测试来覆盖这些路径。在测试执行期间，当测试策略改变时，综合地运用 TestChecker 检测关键因素可以提高测试效率。将 TestChecker 与静态分析结合使用，能够帮助用户分析未测试的代码，显示用户所关心的代码，并通过对执行未覆盖的路径的观察得到有关的信息。信息以图形（控制流图）和文本（伪代码和源文件）的形式提交，并在其间建立导航关联。TestChecker 管理系统可以声明新的测试、编制有关文档、定义启动命令及自动执行的方法。

同时，Logiscope 支持对嵌入式领域的软件进行测试。众所周知，嵌入式领域软件的测试是最为困难的，因为它的开发是采用交叉编译的方式进行的。在目标机（Target）上，没有多余的空间用于记录测试的信息，必须实时地将测试信息通过网线/串口传送到宿主机（Host）上，并实时、在线地显示。因此，对源代码的插装，以及对目标机上的信息收集与回传成为关键。Logiscope 很好地解决了这些技术问题，成为嵌入式领域测试工具的佼佼者。它支持各种实时操作系统（RTOS）上的应用程序的测试，也支持逻辑系统的测试。Logiscope 提供了 VxWorks、pSOS、VRTX 实时操作系统的测试库。

4. 测试管理工具 TestDirector

TestDirector 是全球最大的软件测试工具提供商 Mercury Interactive 生产的企业级测试管理工具，也是业界第一个基于 Web 的测试管理工具。它可以在公司内部或外部进行全球范围内的测试管理。通过在一个整体的应用系统中集成测试管理的各部分，包括需求管理、测试计划、测试执行及错误跟踪等，TestDirector 极大地加速了测试过程。

电子商务的发展推动了许多公司制订发展计划和建立自己的 IT 系统，一个 Web 应用软件很快就能被创建、开发并展现在客户、供应商或合作伙伴的面前。然而，由于紧凑的开发计划和复杂的系统架构，Web 应用软件的测试经常被忽视。为了与新经济发展同步，必须开发经过系统测试的高品质的 Web 应用软件。

通常需要设立一个中央点来管理测试过程，而一套基于 Web 的测试管理系统提供了一个协同合作的环境和中央数据仓库。由于测试人员分布在各地，因此需要一个集中的测试管理系统让测试人员无论在何时何地都能参与整个测试过程。IT 部门的规模增长会非常快，人员也会不断流动，因此必须以最快的速度培训新的测试人员，教会他们所有与测试有关的技能，重点在于管理复杂的开发和测试过程，改善部门间的沟通效果，加速测试的成功。

TestDirector 能消除组织机构间、地域间的障碍，让测试人员、开发人员和其他的 IT 人员通过一个中央数据仓库就能在不同地方交互测试信息。TestDirector 将测试过程流水化——从测试需求管理到测试计划、测试日程安排、测试执行，再到出错后的错误跟踪仅在一个基于浏览器的应用中即可完成，不需要每个客户端都安装一套客户端程序。

程序的需求驱动整个测试过程。TestDirector 的 Web 界面简化了这些需求管理过程，可以验证应用软件的每个特性和功能是否正常。它通过提供一个比较直观的机制将需求和测试用例、测试结果和报告的错误联系起来，从而确保能达到最高的测试覆盖率。

一般有两种方式可以将需求和测试联系起来。

第一种方式：TestDirector 捕获并跟踪所有首次产生的应用需求，之后在这些需求的基础上生成一份测试计划，并将测试计划与需求对应。

第二种方式：由于 Web 应用是不断更新和变化的，因此测试人员可以加减或修改需求，并确定目前的应用需求已拥有了一定的测试覆盖率。它们可以帮助测试人员决定一个应用软件的哪些部分需要测试，哪些测试需要开发，完成的应用软件是否满足了用户的要求。对于任何想要动态地改变 Web 应用的测试，必须审阅测试计划是否准确，确保其符合当前的应用要求。

测试计划的制订是测试过程中至关重要的环节，它为整个测试提供了一个结构框架。TestDirector 的 Test Plan Manager 在测试计划期间，为测试小组提供了一个关键要点和 Web 界面来协调团队间的沟通。Test Plan Manager 指导测试人员将应用需求转化为具体的测试计划，这种直观的结构能帮助定义应用软件的测试方法，从而组织起明确的任务和责任。Test Plan Manager 提供了多种方式来建立完整的测试计划，可以从草图上建立一份测试计划，或者根据 Requirements Manager 所定义的应用需求，通过 Test Plan Wizard 快捷地生成一份测试计划。如果已经将计划信息以文字形式处理，如以 Microsoft Word 方式存储，则可以再次利用这些信息，并将它导入 Test Plan Manager。它把各种类型的测试计划汇总在一个可折叠式目录树内，使用户可以在一个目录下查询到所有的测试计划。

Test Plan Manager 还能进一步帮助测试人员完善测试计划并以文件形式描述每个测试步骤，包括用户对每项测试的反应顺序、检查点和预期结果。TestDirector 还能为每项测试添加附属文件，如 Word、Excel、HTML 文件等，用于更详尽地记录测试计划。

Web 应用软件日新月异，应用需求也随之不断改变，因此需要相应地更新测试计划，优化测试内容。即使应用软件频繁地更新，TestDirector 仍然能简单地将应用需求与相关的测试对应起来。TestDirector 还支持用户使用不同的测试方式来适应公司特殊的测试流程。

多数测试项目需要采用人工测试与自动测试相结合的方式，包括健全、还原和系统测试。而且即使是符合自动测试要求的工具，在大部分情况下也需要人工操作。启用一个演变性的而非革新性的自动化切换机制，可以让测试人员决定将哪些重复的人工测试转变为自动测试脚本以提高测试速度。

TestDirector 还可以简化将人工测试转变为自动测试脚本的机制，并且可以立即启动测试设计过程。

9.3 数据库测试

数据库测试主要是对创建的数据库进行全面的逻辑检查和性能检查，一般包括数据库完整测试和数据库容量测试。

1. 数据库完整测试

数据库完整测试是指测试关系数据库中的数据是否完整，用于防止对数据库的意外破坏，提高完整性检测的效率。

数据库的完整性原则如下。

（1）实体完整性。实体完整性规定主码的任何属性都不能为空，并通过主码的唯一性标识实体。

（2）参照完整性。参照完整性是对关系间引用数据的一种限制。参照完整性通过外码来体现，外码必须等于对应实体的主码或者为空。

（3）用户自定义完整性。用户自定义完整性是对数据表中字段属性的约束。例如，可以通过用户自定义完整性将员工的年龄限制在 20～35 岁，如果用户输入的年龄不在这个范围内，就违反了“用户自定义完整性”的原则。

2. 数据库容量测试

数据库容量测试用于测试数据库存储数据量的极限，还可以用于确定在给定时间内能够持续处理的最大负载。

9.4 数据库维护

在使用 SQL Server 数据库的过程中，为了保证数据的完整性、一致性，防止数据的缺失，需要定期对数据库进行维护。如果这些维护操作都需要手动进行，就会非常费时、费力。用户可以使用 SQL Server 数据库中的“维护计划”功能，自定义维护计划的内容。在设置完成后，系统会按照用户定义的维护计划自动执行各项维护内容，并将维护任务生成的结果作为报表写入文本文件，极大地提高了数据库的维护效率。

下面以 SQL Server 2022 数据库为例，介绍具体操作步骤。

（1）启动 SQL Server Management Studio，在“对象资源管理器”窗格中选择数据库实例，之后选择“管理”→“维护计划”节点并右击，在弹出的快捷菜单中选择“维护计划向导”命令，如图 9.4 所示。

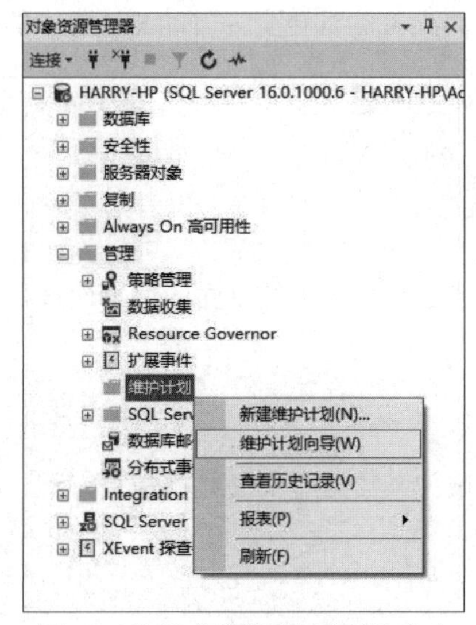

图 9.4　选择“维护计划向导”命令

（2）弹出“维护计划向导”界面，如图 9.5 所示，单击“下一步”按钮。

图 9.5　“维护计划向导”界面

（3）弹出“选择计划属性”界面，如图 9.6 所示。在“名称”文本框中输入维护计划的名称，在“说明”文本框中输入维护计划的说明文字（可以不填）。在“计划”选项组中单击“更改”按钮，将频率更改为每天（可以根据自己的实际情况设置频率为每周、每月等），即自动备份的时间。在设置完成后，单击“下一步”按钮。

图 9.6　“选择计划属性”界面

（4）弹出“选择维护任务”界面，如图 9.7 所示。在该界面中，可以选择一项或多项维护任务。本例选择“检查数据库完整性”任务和“备份数据库（完整）”任务，并单击“下一步”按钮。

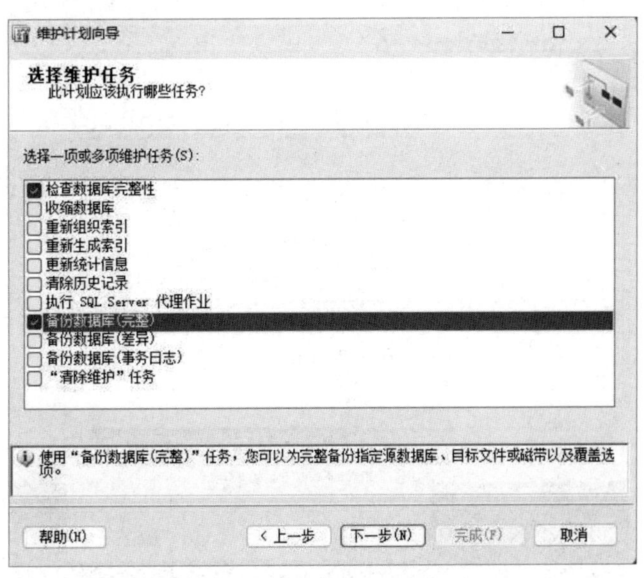

图 9.7　“选择维护任务”界面

（5）弹出“选择维护任务顺序”界面，如图 9.8 所示。如果有多项维护任务，则可以在此处通过单击“上移”按钮或“下移”按钮来设置维护任务的执行顺序。在设置完成后，单击“下一步”按钮。

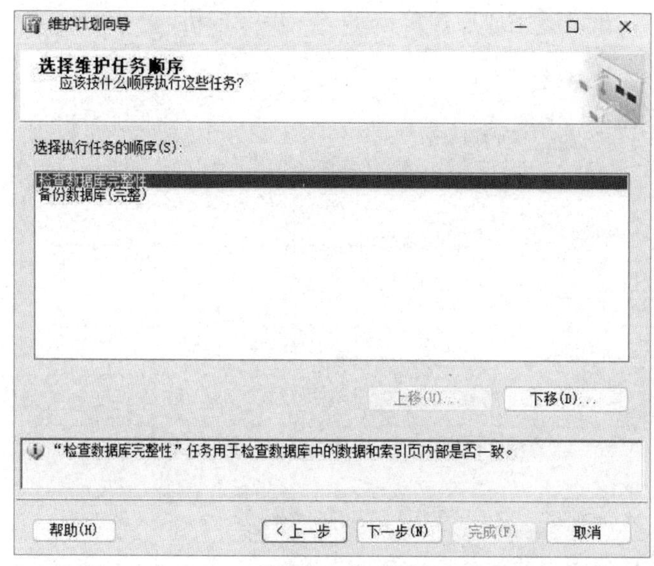

图 9.8　“选择维护任务顺序”界面

（6）弹出“定义‘数据库检查完整性’任务”界面，如图 9.9 所示，在“数据库”下拉列表中选择要备份的数据库。之后，在该界面“常规”选项卡的“备份组件”选项组中选中“数据库”或“文件和文件组”单选按钮，还可以在“目标”选项卡中设置备份介质和备份文件的存放位置等，如图 9.10 和图 9.11 所示。在设置完成后，单击“下一步”按钮。

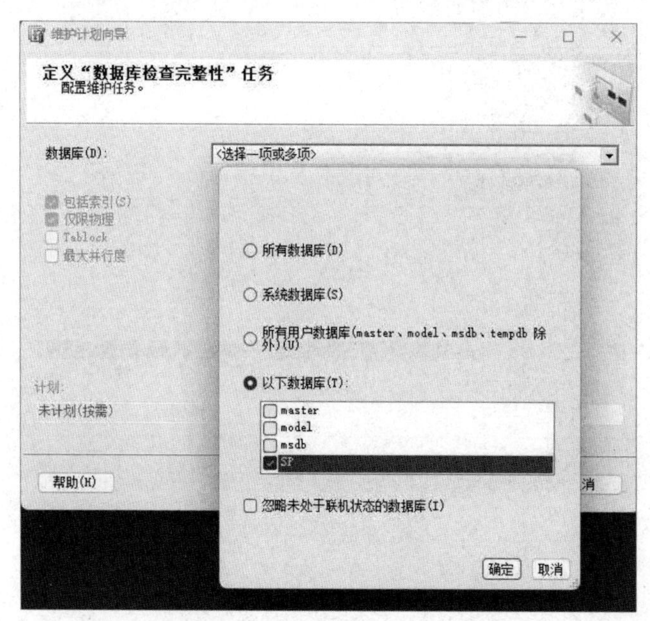

图 9.9　“定义‘数据库检查完整性’任务”界面

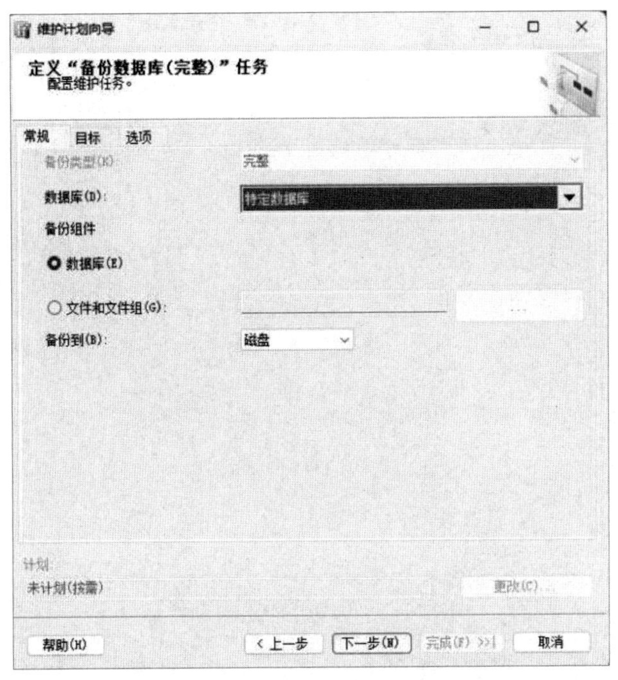

图 9.10　“常规”选项卡

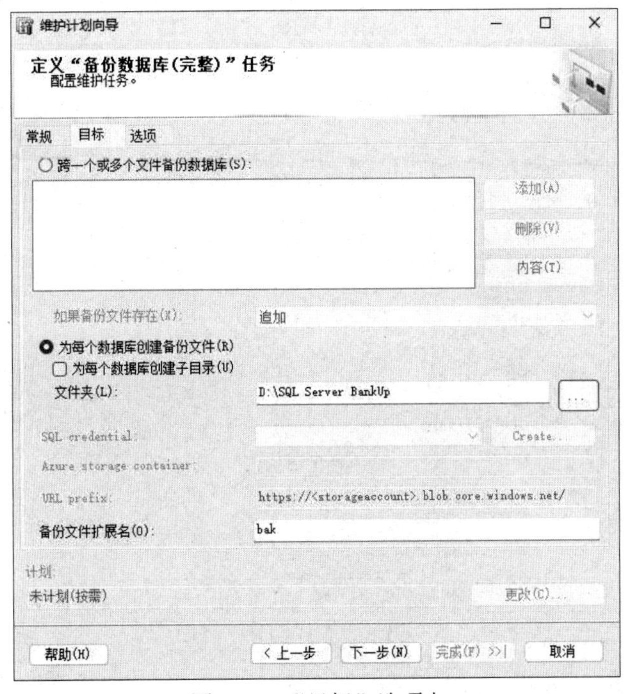

图 9.11　“目标”选项卡

（7）弹出“选择报告选项”界面，如图 9.12 所示。在该界面中勾选“将报告写入文本文件”复选框，可以将维护计划的操作报告写入文本文件；或者勾选“以电子邮件形式发送报告”复选框，可以将维护计划的操作报告通过电子邮件发送给数据库管理员。在设置完成后，单击“下一步”按钮。

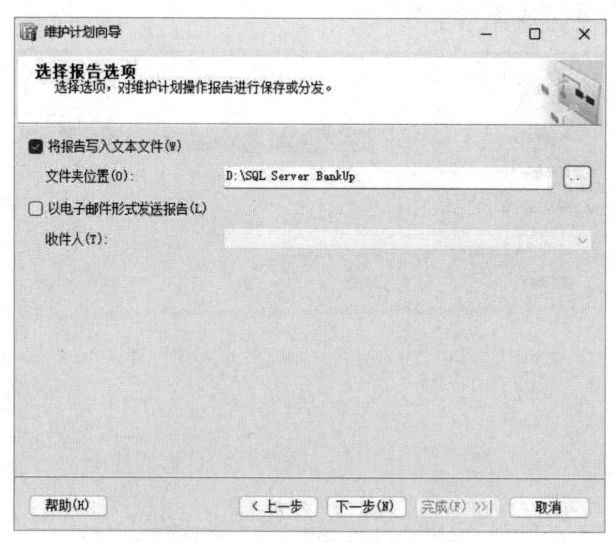

图 9.12 “选择报告选项”界面

（8）弹出“完成向导”界面，如图 9.13 所示。在该界面中单击“完成”按钮，完成维护计划的创建。

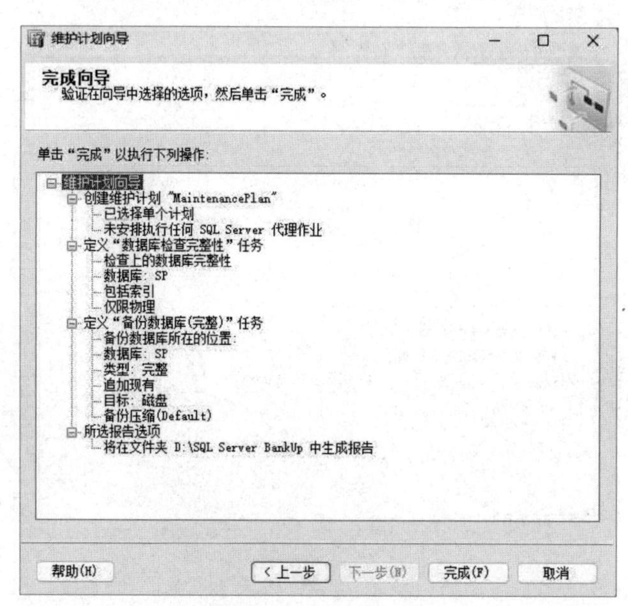

图 9.13 “完成向导”界面

（9）弹出“维护计划向导进度”界面，如图 9.14 所示。在该界面中单击“关闭”按钮，关闭操作界面。

（10）在维护计划创建完成后，需要确认 SQL Server 代理是否启动。启动方法为在“对象资源管理器”窗格中右击“SQL Server 代理（已禁用代理 XP）”节点，在弹出的快捷菜单中选择“启动”命令，如图 9.15 所示。

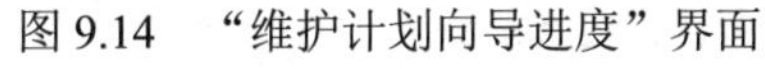
图 9.14　“维护计划向导进度”界面

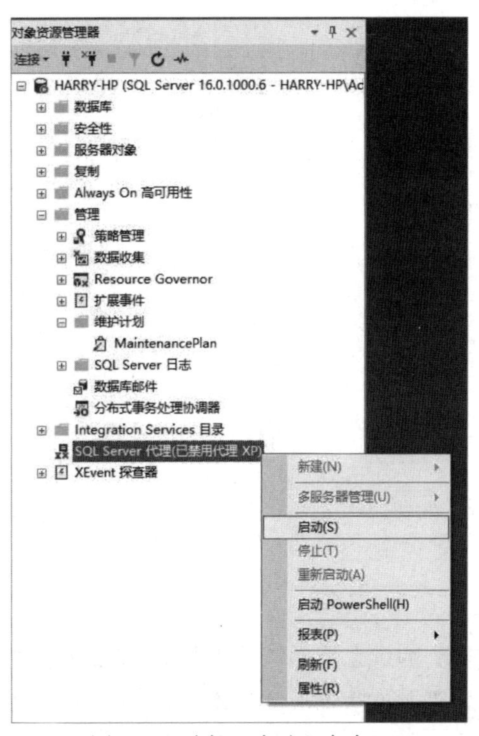

图 9.15　选择“启动”命令

（11）测试作业能否成功执行。在“对象资源管理器”窗格中展开“SQL Server 代理”→“作业”节点，右击新建的维护计划“MaintenancePlan.Subplan_1”，在弹出的快捷菜单中选择“作业开始步骤”命令，如图 9.16 所示。作业执行情况反馈界面如图 9.17 所示；文件查看界面如图 9.18 所示。

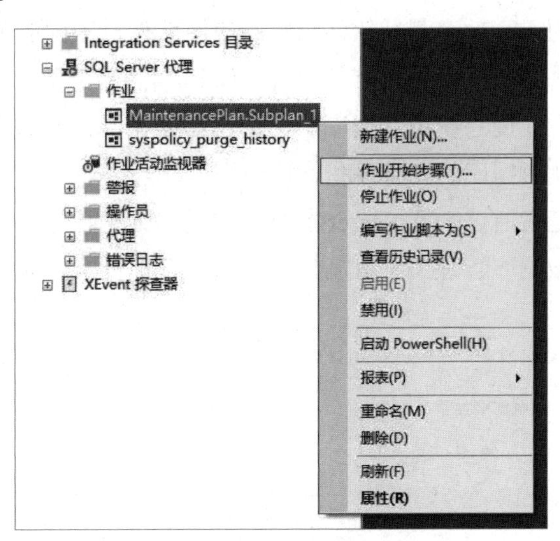

图 9.16　选择“作业开始步骤”命令

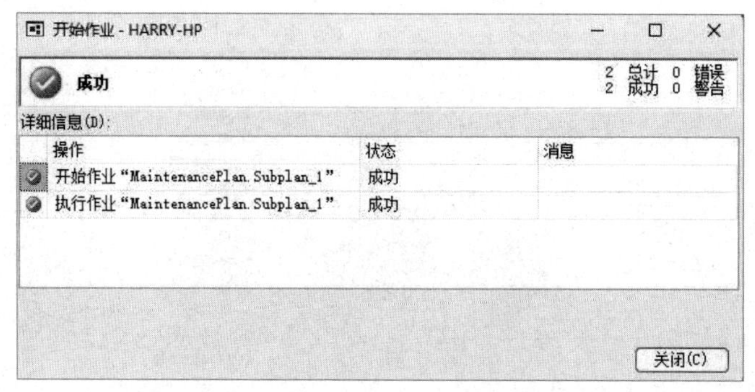

图 9.17　作业执行情况反馈界面

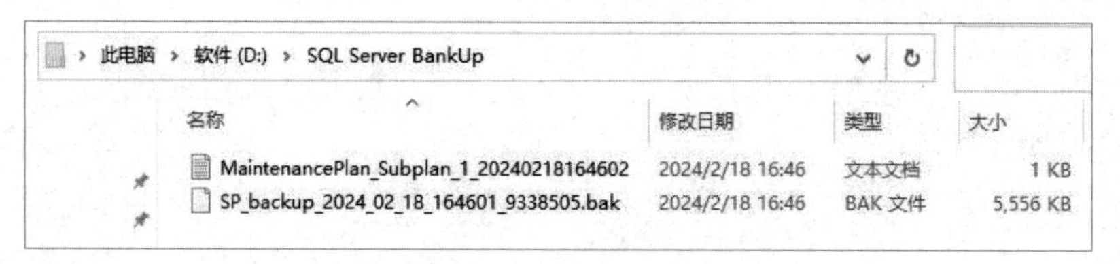

图 9.18　文件查看界面

通过上述操作结果可知，数据库的维护任务被成功创建并正确执行，生成了对应的.bak文件，说明本次的配置有效。

9.5 本章小结

软件测试方法用于检测软件系统的功能和性能是否满足设计方案的要求，是检测软件的完成情况和质量的重要方法。

软件测试工具是用于高效率测试软件功能的应用软件，不同的测试方法有对应的专业软件测试工具，能够快速、准确地完成各种测试任务。

数据库测试是指对应用系统中数据库的结构、数据类型、数据约束、表间关系等进行检查和验证，用于检测数据库的完整性和一致性等。

数据库维护主要是指通过 SQL Server 数据库中的“维护计划”功能，自定义数据库的各项维护任务，并由数据库管理系统自动执行数据库管理员定义的各项任务，保证数据库的安全性和可靠性。

参考文献

［1］ 尹志宇，郭晴．数据库原理与应用教程——SQL Server 2008[M]．3 版．北京：清华大学出版社，2021.

［2］ 尹志宇，郭晴，李青茹，等．数据库原理与应用教程——SQL Server 2012[M]．2 版．北京：清华大学出版社，2023.

［3］ 马俊，徐冰，乔世权．SQL Server 2016 数据库管理与开发[M]．北京：人民邮电出版社，2023.

［4］ 马桂婷，梁宇琪，刘明伟．SQL Server 2016 数据库原理及应用[M]．北京：人民邮电出版社，2023.

［5］ 高玉珍，杨云，王建侠，等．SQL Server 2016 数据库管理与开发项目教程[M]．北京：人民邮电出版社，2023.

［6］ 陈丽霞，黄淑芬，黄航．网站数据库应用基础——SQL Server 2017[M]．2 版．北京：高等教育出版社，2021.

［7］ 李超燕，张启明，章雁宁．SQL Server 数据库技术及应用项目教程[M]．北京：高等教育出版社，2021.

［8］ 蒋辉．SQL Server 2019 数据库应用教程[M]．重庆：重庆大学出版社，2021.

［9］ 张保威，朱付保．数据库系统原理与应用——SQL Server 2019[M]．北京：人民邮电出版社，2023.

［10］宋金玉，郝建东，陈刚．数据库原理与应用学习和实验指导[M]．北京：清华大学出版社，2023.

［11］王雪梅，李海晨．SQL Server 数据库实用案例教程[M]．北京：清华大学出版社，2023

［12］D．ULLMAN J，WIDOM J．数据库系统基础教程[M]．岳丽华，金培权，万寿红，等，译．北京：机械工业出版社，2009.

［13］王珊，萨师煊．数据库系统概论[M]．5 版．北京：高等教育出版社，2018.

［14］王珊，杜小勇，陈红．数据库系统概论[M]．6 版．北京：高等教育出版社，2023.

［15］何玉洁．数据库系统教程[M]．2 版．北京：人民邮电出版社，2023.

［16］潘勇浩，杨克戎，刘舒婷．数据库原理[M]．成都：电子科技大学出版社，2018.

[17] 西尔伯沙茨，科思，苏达尔尚．数据库系统概念[M]．杨冬青，李红燕，张金波，等，译．北京：机械工业出版社，2021.
[18] 赵文栋，张少娴，徐正芹．数据库原理[M]．北京：清华大学出版社，2019.
[19] 蒙祖强，许嘉．数据库原理与应用[M]．3 版．北京：清华大学出版社，2023.
[20] 张乾，王娟，饶彦，等．数据库原理及应用教程[M]．北京：清华大学出版社，2023.
[21] 刘亚琦，刘元刚，张习博．网络数据库[M]．北京：电子工业出版社，2023.
[22] 李红．数据库原理与应用[M]．3 版．北京：高等教育出版社，2019.
[23] 赵明渊．SQL Server 数据库实用教程[M]．北京：人民邮电出版社，2023.
[24] 杨云，高玉珍．数据库管理与开发项目教程[M]．北京：人民邮电出版社，2023.
[25] 吴汝明，辛小霞，陈辑源．数据库系统原理与应用[M]．北京：人民邮电出版社，2023.
[26] 刘中胜．SQL Server 数据库技术项目化教程[M]．北京：中国铁道出版社，2019.
[27] 陈红顺，黄秋颖，周鹏．数据库系统原理与实践[M]．北京：中国铁道出版社，2018.
[28] 赵明渊，唐明伟．SQL Server 数据库基础教程[M]．北京：电子工业出版社，2022.
[29] 王焕杰，田成，兰翔．ASP 动态网页设计与应用[M]．北京：电子工业出版社，2014.
[30] 马建红，潘丹姝．ASP 动态网站开发基础教程[M]．北京：清华大学出版社，2016.
[31] MAIVALD J．Adobe Dreamweaver 2022 经典教程[M]．武传海，译．北京：人民邮电出版社，2023.
[32] 耿祥义，张跃平．Java 课程设计[M]．3 版．北京：清华大学出版社，2021.
[33] 姜凤茹，孙印杰，张聪品．Dreamweaver CS3 中文版应用教程[M]．北京：电子工业出版社，2009.
[34] 莫振杰．从 0 到 1 HTML+CSS+JavaScript 快速上手[M]．北京：人民邮电出版社，2019.